ISBN 978-3-662-42735-4 ISBN 978-3-662-43012-5 (eBook)
DOI 10.1007/978-3-662-43012-5
Softcover reprint of the hardcover 1st edition 1900

Vorwort.

Von den im vorliegenden Bande vereinigten Abhandlungen sind die vier ersten, welche sich auf die Theorie der eindeutigen Functionen einer Veränderlichen beziehen, in den Jahren 1876, 1880, 1881 geschrieben und aus den Denkschriften und den Monatsberichten der Berliner Akademie ohne wesentliche Veränderungen abgedruckt worden. Die fünfte Abhandlung, welche eine Reihe von Sätzen über die eindeutigen Functionen mehrerer Argumente enthält, von denen ich in meinen Vorlesungen über die Abel'schen Transcendenten Gebrauch mache, habe ich im Jahre 1879 für meine Zuhörer lithographiren lassen, ohne sie in den Buchhandel zu geben. Die darauf folgende, den Monatsberichten aus dem Jahre 1876 entnommene Abhandlung „Neuer Beweis eines Hauptsatzes der Theorie der periodischen Functionen von mehreren Veränderlichen" hat beim Neudrucke verschiedene redactionelle Aenderungen erfahren. Die letzte Abhandlung endlich „Über die Theorie der analytischen Facultäten", welche ich aus dem in der Einleitung angegebenen Grunde aufgenommen habe, ist im Ganzen so geblieben, wie sie (im Jahre 1854) in dem 51. Bande des Crelle'schen Journals erschienen; ich überzeugte mich aber während des Druckes von der Nothwendigkeit, an vielen Stellen, namentlich in der Einleitung und in den §§ 7, 8 Berichtigungen und Verbesserungen anzubringen. Eine gänzliche Umgestaltung der Arbeit mit den gegenwärtig von der Functionenlehre dargebotenen Hülfsmitteln vorzunehmen, konnte ich mich nicht entschliessen.

Weierstrass.

Inhaltsverzeichniss.

Zur Theorie der eindeutigen analytischen Functionen.

Aus den Abhandlungen der Königl. Akademie der Wissenschaften zu Berlin vom Jahre 1876.

Zur Theorie der eindeutigen analytischen Functionen.

1. Einleitung.

Unter den eindeutigen analytischen Functionen einer Veränderlichen zeichnen sich die rationalen durch eine charakteristische Eigenthümlichkeit aus, die zunächst festgestellt werden soll.

Ich will von einer eindeutigen analytischen Function $f(x)$ der complexen Veränderlichen x sagen, sie verhalte sich regulär in der Umgebung einer bestimmten Stelle $(x = a)$, wenn sie innerhalb eines gewissen Bezirks, dessen Mittelpunkt a ist, überall einen endlichen und mit x stetig sich ändernden Werth hat. Nach einem bekannten Satze existirt dann eine Potenzreihe $\mathfrak{P}(x \mid a)$, welche innerhalb des genannten Bezirks die Function darstellt. Dies gilt auch, wenn $a = \infty$ ist, indem unter $\mathfrak{P}(x \mid \infty)$ eine Potenzreihe von $\frac{1}{x}$ zu verstehen ist.*)

Die Gesammtheit der Stellen, an denen $f(x)$ diese beiden Eigenschaften besitzt, nenne ich den Stetigkeitsbereich der Function.

Dieser Bereich ist — wenn man von dem Fall absieht, wo $f(x)$ sich auf eine Constante reducirt — stets ein begrenzter, wie sich folgendermassen beweisen lässt.

---

*) Ich bediene mich zur Bezeichnung einer Reihe von der Form

$$\sum_{\nu} A_{\nu} x^{\nu} \qquad (\nu = 0, 1, 2, \ldots \infty)$$

in Fällen, wo es auf die Werthe der von x unabhängigen Coëfficienten $A_0, A_1, A_2, \ldots$ nicht ankommt, des Zeichens $\mathfrak{P}(x)$, auszusprechen „Potenzreihe von x." Ist ferner a ein bestimmter Werth von x, so schreibe ich $\mathfrak{P}(x \mid a)$ für $\mathfrak{P}(x - a)$, um hervorzuheben, dass a der Mittelpunkt des Convergenzbezirks der Reihe ist. Diese Bezeichnungsweise behalte ich auch bei, wenn $a = \infty$ ist, indem ich in diesem Falle der Formel

$$x - \infty$$

die Bedeutung $\frac{1}{x}$ gebe.

Es sei a irgend eine im Endlichen liegende Stelle und r der Radius des Convergenzbezirkes der Reihe $\mathfrak{P}(x|a)$, welche die Function $f(x)$ in einer gewissen Umgebung von a darstellt.

Hat r einen endlichen Werth, so giebt es unter denjenigen Werthen von x, für welche $|x-a| \overline{\gtrless} r$ ist*), mindestens einen (x'), der dem in Rede stehenden Bereich nicht angehört. Dann ist entweder x' selbst eine Grenzstelle des Bereichs, oder es findet sich eine solche in der Strecke $(x' \ldots a)$ zwischen x' und a.

Ist dagegen $r = \infty$, so giebt es unendlich grosse Werthe von x, denen auch unendlich grosse Werthe von $f(x)$ entsprechen; in diesem Falle ist also die Stelle $(x = \infty)$ — und zwar diese allein — vom Stetigkeitsbereich der betrachteten Function ausgeschlossen und bildet die Begrenzung desselben.

Hiermit ist festgestellt, dass für jede Function $f(x)$ im Gebiete der Veränderlichen x nothwendig singuläre Stellen, wie ich sie nennen will, existiren, welche Grenzstellen des Stetigkeitsbereichs der Function sind, ohne diesem selbst anzugehören. (Das Letztere ergiebt sich unmittelbar aus der Definition des Stetigkeitsbereichs.)

Ist a' irgend eine solche singuläre Stelle, so giebt es innerhalb eines beliebigen Bezirks, dessen Mittelpunkt a' ist, unendlich viele Stellen, die dem Stetigkeitsbereich von $f(x)$ angehören. Möglicherweise gilt dies, wenn der Radius des Bezirks hinlänglich klein angenommen wird, von allen Stellen des letzteren, und dann kann es vorkommen, dass sich $f(x)$ durch Multiplication mit einer ganzen Potenz von $x - a'$ in eine in der Umgebung von a' regulär sich verhaltende Function verwandeln lässt. Jenachdem dies der Fall ist oder nicht, nenne ich a' in Beziehung auf die Function $f(x)$ eine ausserwesentliche oder eine wesentliche singuläre Stelle.

Hierzu ist noch Folgendes zu bemerken. Eine Function $f(x)$ kann so beschaffen sein, dass es im Gebiete von x Stellen giebt, die weder dem Stetigkeitsbereiche der Function (A) angehören, noch Grenzstellen desselben sind. An diesen Stellen, deren Gesammtheit mit A'' bezeichnet werden möge, ist dann die Function nicht definirt. Es ist aber A'' ein Bereich von derselben Beschaffenheit wie A; nimmt man in demselben eine Stelle a'' beliebig an, so liegen auch alle einer gewissen Umgebung von a'' angehörigen Stellen in A''. Daraus folgt, dass der Bereich A'' ein begrenzter ist, seine Grenzstellen aber nicht zu ihm ge-

*) Ich bezeichne den absoluten Betrag einer complexen Grösse x mit $|x|$.

hören, also, da sie auch nicht in A liegen, nothwendig mit Grenzstellen des letzteren Bereichs zusammenfallen, und zwar mit solchen, die wesentliche singuläre Stellen für die betrachtete Function sind. Nun liegt aber in jeder Strecke, die einen Punkt von A'' mit einem Punkte von A verbindet, mindestens eine Grenzstelle des Bereichs A''; es hat also die Function $f(x)$ in dem angenommenen Falle unendlich viele wesentliche singuläre Stellen.

Nach diesen Auseinandersetzungen lässt sich nun die Klasse der rationalen Functionen einer Veränderlichen (x) definiren als die Gesammtheit derjenigen eindeutigen Functionen von x, für die es im Gebiete dieser Grösse nur ausserwesentliche singuläre Stellen giebt.

Ist nämlich erstens $f(x)$ eine rationale Function — im gewöhnlichen Sinne — und a irgend ein bestimmter Werth von x, so kann man $f(x)$ zunächst als Quotienten zweier ganzen Functionen von $(x - a)$, die für $x = a$ nicht beide gleich Null sind, darstellen und sodann, wenn von den nicht verschwindenden Gliedern des Divisors das niedrigste von der $m$ten Ordnung ist, bei hinlänglich kleinen Werthen von $(x - a)$

$$(x-a)^m f(x)$$

in eine Reihe $\mathfrak{P}(x|a)$ entwickeln; d. h. es existiren für die Function $f(x)$ nur ausserwesentliche singuläre Stellen.

Angenommen zweitens, es sei $f(x)$ eine irgendwie definirte eindeutige Function, von der sich feststellen lässt, dass für sie wesentliche singuläre Stellen im ganzen Gebiete von x nicht existiren, so dass in der Umgebung jeder beliebig angenommenen Stelle a die Function in der Form

$$(x-a)^{-m}\,\mathfrak{P}(x|a)$$

darstellbar ist, wo m eine ganze, nicht negative Zahl bedeutet. Nimmt man zunächst $a = \infty$, so giebt es nach dem Obigen im Innern des Convergenzbezirkes der Reihe $\mathfrak{P}(x|a)$, jenachdem $m \gtreqless 0$ ist, entweder gar keine singuläre Stelle, oder nur die eine ∞. Sämmtliche singuläre Stellen — ausser ∞ — sind also in einem ganz im Endlichen liegenden Bereiche zu suchen. In demselben kann es aber nur eine endliche Anzahl solcher Stellen geben. Existiren nämlich für irgend eine eindeutige Function im Innern eines begrenzten Bereichs unendlich viele ausserwesentliche singuläre Stellen, so giebt es im Innern oder an der Grenze des Bereichs wenigstens eine Stelle, welche sich dadurch auszeichnet, dass in jeder Umgebung derselben von ihr verschiedene singuläre Stellen vorhanden sind, und die deshalb nothwendig eine **wesentliche** singuläre Stelle für die Function ist. Es ergiebt sich also aus der angenommenen Beschaffenheit der betrachteten Function $f(x)$ mit Nothwendigkeit, dass es für sie nur eine endliche Anzahl singulärer Stellen geben kann.

Es ist nun zunächst der Fall möglich, dass $f(x)$ in der Umgebung jeder im Endlichen liegenden Stelle sich regulär verhält, also durch eine für jeden endlichen Werth von x convergirende Reihe von der Form

$$A_0 + A_1 x + A_2 x^2 + \cdots$$

dargestellt werden kann. Dann hat die Function nur die **eine** singuläre Stelle ∞, und da diese der Voraussetzung nach eine ausserwesentliche ist, so muss sich eine ganze, nicht negative Zahl m so bestimmen lassen, dass

$$\left(\frac{1}{x}\right)^{m+1} f(x)$$

für jeden unendlich grossen Werth von x unendlich klein ist. Dies aber ist nach einem bekannten Satze nur möglich, wenn in der vorstehenden Reihe jeder Coefficient, dessen Index grösser als m ist, verschwindet. Es ist also in dem betrachteten Falle $f(x)$ eine **ganze rationale** Function.

In dem Falle ferner, dass $f(x)$ im Endlichen singuläre Stellen besitzt, mögen dieselben mit

$$a_1, \ldots a_r$$

bezeichnet werden, und es sei m_k die kleinste ganze Zahl, durch welche bewirkt werden kann, dass die Function

$$(x - a_k)^{m_k} f(x)$$

in der Umgebung der Stelle a_k sich regulär verhält. Dann ist

$$(x - a_1)^{m_1} \ldots (x - a_r)^{m_r} f(x)$$

eine Function, welche in der Umgebung jeder im Endlichen liegenden Stelle sich regulär verhält, woraus nach dem Bewiesenen folgt, dass $f(x)$ in der Form

$$\frac{G(x)}{(x - a_1)^{m_1} \ldots (x - a_r)^{m_r}}$$

dargestellt werden kann, wo $G(x)$ eine ganze rationale Function von x bedeutet.

Hiermit ist bewiesen, dass durch die gegebene Definition wirklich die charakteristische Eigenthümlichkeit der rationalen Functionen einer Veränderlichen ausgesprochen wird.

Durch die vorstehenden Erörterungen ist aber auch für die Untersuchung und Classification der transcendenten eindeutigen Functionen eines Arguments ein Fingerzeig gegeben.

Werden dem Stetigkeitsbereich einer Function diejenigen von seinen Grenzstellen, welche ausserwesentliche singuläre Stellen für die Function sind, hinzugefügt, so entsteht ein Bereich A', von welchem man, dem soeben Festgestellten gemäss, sagen kann, dass in ihm $f(x)$ überall wie eine rationale Function sich verhalte. Dieser Bereich ist ein unbegrenzter oder ein begrenzter, je nachdem $f(x)$ eine rationale oder eine transcendente Function ist, und wird im letztern Falle seine Begrenzung von den wesentlichen singulären Stellen der Function gebildet, deren Anzahl endlich oder auch unendlich gross sein kann.

Betrachtet man nun als einer Klasse angehörend alle Functionen $f(x)$, für welche der definirte Bereich A' ein und derselbe ist, so bildet nach dem Vorhergehenden die Gesammtheit der rationalen Functionen von x eine solche Klasse. Dagegen existiren unzählige Klassen von transcendenten Functionen $f(x)$; um für die Eintheilung derselben in Gattungen ein sachgemässes Princip zu gewinnen, wird man zu untersuchen haben, welche wesentliche Verschiedenheiten in der Begrenzungsweise eines Bereichs A', der für eine Klasse eindeutiger Functionen von x die angegebene Bedeutung hat, möglich sind. Aber auch ohne auf diese Untersuchung näher einzugehen, wird man in den eindeutigen Functionen mit einer endlichen Anzahl wesentlicher singulärer Stellen die den rationalen Functionen am nächsten stehenden erkennen, und als einer Gattung angehörend alle diejenigen betrachten, für welche die Zahl solcher Stellen dieselbe ist.

Man überzeugt sich leicht, dass es Functionen dieser Art mit beliebig vielen, und zwar vorgeschriebenen wesentlichen singulären Stellen wirklich giebt.

Wie oben bemerkt worden, wird durch jede unendliche Reihe

$$A_0 + A_1 x + A_2 x^2 + \cdots,$$

deren Coëfficienten gegebene Constanten und so beschaffen sind, dass die Reihe für alle endlichen Werthe der Veränderlichen x convergirt, eine

Function mit der einen wesentlichen singulären Stelle ∞ dargestellt. Dasselbe gilt, wie in ganz ähnlicher Weise gezeigt werden kann, wenn $G_1(x)$, $G_2(x)$ zwei solche Functionen sind — wobei jedoch eine von ihnen auch eine ganze rationale sein darf — für den Quotienten

$$\frac{G_1(x)}{G_2(x)}$$

in jedem Falle, wo derselbe nicht auf eine rationale Function reducirt werden kann.

Dies vorausgesetzt seien nun

$$G_1(x_1), \; G_2(x_1), \ldots G_{2n-1}(x_n), \; G_{2n}(x_n)$$

irgend n Paare solcher Functionen, $x_1, \ldots x_n$ aber lineare Functionen von x, welche an n verschiedenen, im Übrigen willkürlich anzunehmenden Stellen

$$c_1, \ldots c_n$$

unendlich gross werden; dann ist

$$f(x) = \prod_{\nu=1}^{n} \frac{G_{2\nu-1}(x_\nu)}{G_{2\nu}(x_\nu)}$$

eine eindeutige Function von x, für welche

$$c_1, \ldots c_n$$

wesentliche singuläre Stellen sind, während sie in der Umgebung jeder andern Stelle sich wie eine rationale Function verhält.

Zusammengesetztere Ausdrücke solcher Functionen kann man bilden, indem man in einer beständig convergirenden unendlichen Reihe von der Form

$$\sum \left\{ A_{\nu_1, \nu_2, \ldots \nu_n} x_1^{\nu_1} x_2^{\nu_2} \ldots x_n^{\nu_n} \right\},$$

$$(\nu_1 = 0 \ldots \infty, \; \nu_2 = 0 \ldots \infty, \; \ldots \nu_n = 0 \ldots \infty)$$

oder auch in dem Quotienten zweier solcher Reihen für $x_1, x_2, \ldots x_n$ beliebige rationale Functionen der Veränderlichen x substituirt: die so gebildete Function von x hat dann keine anderen wesentlichen singulären Stellen als diejenigen, an denen eine der Grössen $x_1, \ldots x_n$ unendlich wird.

Nun ist im Vorhergehenden gezeigt worden, dass man von einer Function $f(x)$ nur zu wissen braucht, sie sei eine eindeutige Function ohne eine wesentliche singuläre Stelle, um sicher zu sein, dass sie als Quotient zweier ganzen rationalen Functionen von x (von denen sich eine auch auf eine Constante reduciren kann) darstellbar ist; mit anderen Worten, es ist nachgewiesen worden, dass durch die beiden angenommenen Eigenschaften der Function auch die Art der arithmetischen Abhängigkeit ihres Werthes von dem Werthe der unabhängigen Veränderlichen bedingt und bestimmt ist. Dadurch ist die Frage nahe gelegt, ob für die eindeutigen Functionen mit einer endlichen Anzahl wesentlicher singulärer Stellen etwas Ähnliches gelte — ob es möglich sei, arithmetische, aus der Veränderlichen x und aus unbestimmten Constanten zusammengesetzte Ausdrücke zu bilden, welche sämmtliche Functionen einer bestimmten Klasse — und nur diese — darstellen.

In der vorliegenden Arbeit findet diese Frage, in der ein den Elementen der Functionenlehre angehöriges, allgemeines und zugleich wohlbegrenztes Problem ausgesprochen ist, ihre vollständige Erledigung. Das Resultat ist einfacher als die Mannigfaltigkeit der Formen, in denen, wie die gegebenen Beispiele lehren, Functionen der in Rede stehenden Art auftreten können, es erwarten liess.

Unter den Functionen, um welche es sich handelt — die rationalen jetzt eingeschlossen — sind die einfachsten diejenigen, für welche es im ganzen Gebiete der unabhängigen Veränderlichen nur eine (wesentliche oder ausserwesentliche) singuläre Stelle giebt. Liegt diese Stelle im Unendlichen, so kann, wie oben bemerkt, eine solche Function stets dargestellt werden durch eine Reihe von der Form

$$A_0 + A_1 x + A_2 x^2 + \cdots,$$

in der x das Argument der Function, die Coëfficienten $A_0, A_1, A_2, \ldots$ aber von x unabhängige, bestimmte Grössen bedeuten; so wie anderseits jede Reihe von dieser Form, wenn sie für jeden endlichen Werth von x convergirt, der Ausdruck einer eindeutigen Function von x mit der einen singulären Stelle ∞ ist. Eine solche Function will ich eine ganze eindeutige Function von x nennen — oder auch bloss, wo keine Zweideutigkeit dadurch entsteht, ganze Function —; man hat also zu unterscheiden zwischen rationalen ganzen Functionen, für welche die Stelle ∞ eine ausserwesentliche singuläre ist und die angegebene Reihe aus einer endlichen Anzahl von Gliedern besteht, und transcendenten ganzen Functionen, für welche ∞ eine wesentliche singuläre Stelle ist und die Reihe unendlich viele Glieder hat. Als Functionszeichen für eine unbestimmte, in der in Rede stehenden Form ausgedrückt gedachte Function verwende ich auch im Folgenden den Buchstaben G und unterscheide, wenn mehrere solche Functionen zu bezeichnen sind, die einzelnen durch hinzugefügte Indices.

Dies vorausgesetzt, ist nun die Beantwortung der gestellten Frage in folgenden Sätzen enthalten.

A. Der allgemeine Ausdruck einer eindeutigen Function von x mit nur einer (wesentlichen oder ausserwesentlichen) singulären Stelle (c) ist

$$G\left(\frac{1}{x-c}\right),$$

wo der obigen Festsetzung gemäss, wenn $c=\infty$, $\frac{1}{x-c}$ durch x zu ersetzen ist. Die singuläre Stelle ist eine wesentliche oder ausserwesentliche, jenachdem G eine transcendente oder eine rationale ganze Function von $\frac{1}{x-c}$ ist.

B. Der allgemeine Ausdruck einer eindeutigen Function von x mit n (wesentlichen oder ausserwesentlichen) singulären Stellen $(c_1, \ldots c_n)$ kann in mannigfaltiger Weise aus n Functionen mit je einer singulären Stelle zusammengesetzt, am einfachsten aber in den nachstehenden Formen aufgestellt werden:

$$1)\quad \sum_{\nu=1}^{n} G_\nu\left(\frac{1}{x-c_\nu}\right); \qquad 2)\quad \prod_{\nu=1}^{n} G_\nu\left(\frac{1}{x-c_\nu}\right) . R^*(x),$$

wo $R^*(x)$ eine rationale Function bedeutet, welche nur an den wesentlichen singulären Stellen der darzustellenden Function Null und unendlich gross wird.

C. Jede eindeutige Function von x, welche n wesentliche singuläre Stellen $(c_1, \ldots c_n)$ und ausser diesen noch beliebig viele (auch unendlich viele) ausserwesentliche hat, kann in jeder der beiden nachstehenden Formen:

$$1)\qquad \frac{\sum\limits_{\nu=1}^{n} G_\nu\left(\frac{1}{x-c_\nu}\right)}{\sum\limits_{\nu=1}^{n} G_{n+\nu}\left(\frac{1}{x-c_\nu}\right)},$$

$$2)\qquad \frac{\prod\limits_{\nu=1}^{n} G_\nu\left(\frac{1}{x-c_\nu}\right)}{\prod\limits_{\nu=1}^{n} G_{n+\nu}\left(\frac{1}{x-c_\nu}\right)}\cdot R^*(x)$$

ausgedrückt werden, und zwar dergestalt, dass Zähler und Nenner für keinen Werth von x beide verschwinden.

Umgekehrt stellt jeder dieser Ausdrücke, wenn die Functionen $G_1, \ldots G_{2n}$ willkürlich angenommen werden, eine eindeutige Function von x dar, welche im Allgemeinen n, in speciellen Fällen auch weniger als n wesentliche singuläre Stellen hat, während die Anzahl der ausserwesentlichen singulären Stellen, an denen die Function unendlich wird, unbeschränkt ist.

Von diesen Sätzen war bisher nur der unter (A) angeführte bekannt, und der unter (B, 1) aufgestellte aus bekannten Sätzen leicht abzuleiten. Die übrigen aufzufinden war nicht schwer, nachdem einmal die Aufgabe, um die es sich handelt, gehörig präcisirt war. Um sie allgemein beweisen zu können, hatte ich jedoch, wie sich alsbald ergab, zuvor eine in der Theorie der transcendenten ganzen Functionen bestehende, sogleich anzugebende Lücke auszufüllen, was mir erst nach manchen vergeblichen Versuchen vor nicht langer Zeit in befriedigender Weise gelungen ist.

Für jede eindeutige Function $f(x)$ gilt, dass in einem Theile des Gebiets von x, der weder im Innern noch an der Grenze eine wesentliche singuläre Stelle enthält, Werthe, für die $f(x) = \infty$, und ebenso Werthe, für die $f(x) = 0$ ist, stets nur in endlicher Anzahl vorhanden sind. Das Erstere ergiebt sich unmittelbar aus dem oben (S. 3) Bemerkten, und das Letztere ebenfalls, wenn man beachtet, dass die Function

$$\frac{1}{f(x)}$$

dieselben wesentlichen singulären Stellen hat wie $f(x)$ selbst.

Ist insbesondere $f(x)$ eine ganze eindeutige Function, so giebt es also unter den Werthen von x, deren absoluter Betrag eine willkürlich angenommene Grenze nicht übersteigt, stets nur eine endliche Anzahl solcher, für die $f(x)$ gleich Null ist. Dies gilt auch noch, wenn in Übereinstimmung mit dem bei ganzen rationalen Functionen Gebräuchlichen festgesetzt wird, dass bei Bestimmung der in Rede stehenden Zahl jeder Werth, für welchen ausser der Function $f(x)$ selbst auch die $(\mu-1)$ ersten Ableitungen derselben verschwinden, die μte aber nicht, als ein μ-mal zu zählender betrachtet werden soll.

Hieraus folgt, dass es stets möglich ist, aus denjenigen Werthen von x, für die eine bestimmte eindeutige ganze Function dieser Grösse verschwindet, eine Reihe

$$a_1,\ a_2,\ a_3, \ldots$$

zu bilden, welche jeden Werth so oft enthält, als er nach der gemachten Festsetzung zu zählen ist, und zugleich, falls die Anzahl ihrer Glieder unendlich gross ist, der Bedingung

$$\operatorname*{Lim.}_{n=\infty} |\, a_n \,| = \infty$$

genügt. Die so gebildete Reihe $(a_1, a_2, a_3, \ldots)$ möge die Reihe der „Null-Stellen" der betreffenden Function heissen.

Dies festgestellt, ergeben sich nun zwei Fragen:

1) In wie weit ist eine Function $G(x)$ durch die Reihe ihrer Null-Stellen bestimmt?
2) Existirt, wenn eine unendliche Reihe bestimmter Grössen $a_1, a_2, a_3, \ldots$, die der Bedingung $\operatorname*{Lim.}_{n=\infty} |a_n| = \infty$ genügt, gegeben ist, stets eine Function $G(x)$, für welche diese Reihe in dem festgestellten Sinne die Reihe der Null-Stellen bildet?

Die erste Frage beantwortet sich leicht. Es giebt unendlich viele ganze Functionen, welche dieselben Null-Stellen haben wie eine gegebene $G(x)$; sie sind sämmtlich enthalten in dem Ausdruck

$$G(x)\, e^{\overline{G}(x)},$$

wo unter $\overline{G}(x)$ eine willkürlich anzunehmende ganze Function zu verstehen ist.

Was dagegen die zweite, bis jetzt unerledigt gebliebene Frage angeht, so werde ich im folgenden Paragraphen nachweisen, dass dieselbe unbedingt zu bejahen ist.

Mit Hülfe des so gewonnenen fundamentalen Satzes lassen sich dann von den im Vorstehenden unter (A, B, C) aufgestellten Theoremen zunächst diejenigen leicht beweisen, welche auf Functionen mit einer wesentlichen singulären Stelle sich beziehen.

Sodann wird der nachstehende Hülfssatz eingeschaltet:

Es sei

$$\varphi(x) = k_0 + \frac{k_1}{x - c_1} + \cdots + \frac{k_n}{x - c_n},$$

wo die (c, k) Constanten bedeuten, welche nur der Beschränkung unterworfen sind, dass von den Grössen $k_1, \ldots k_n$ keine gleich Null, und von den Grössen $c_1, \ldots c_n$ nicht zwei einander gleich sein sollen. Ferner seien $F_0(y)$, $F_1(y)$, $\ldots F_{n-1}(y)$ eindeutige Functionen der Veränderlichen y mit der einen wesentlichen singulären Stelle ∞. Alsdann stellt nicht nur der Ausdruck

$$\sum_{\nu=0}^{n-1} F_\nu(y) \cdot \left(\frac{1}{x-c}\right)^\nu,$$

wo c eine beliebige der Grössen $c_1, \ldots c_n$ bedeutet, wenn man in demselben

$$y = \varphi(x)$$

setzt, stets eine eindeutige Function mit den wesentlichen singulären Stellen $c_1, \ldots c_n$ dar, sondern es lassen sich auch für jede gegebene Function $f(x)$ dieser Art die Functionen $F_0(y), \ldots F_{n-1}(y)$ so bestimmen, dass

$$f(x) = \sum_{\nu=0}^{n-1} F_\nu(\varphi(x)) \cdot \left(\frac{1}{x-c}\right)^\nu$$

ist. Dabei werden $F_0(y), \ldots F_{n-1}(y)$ sämmtlich ganze Functionen von y, wenn die Function $f(x)$ keine ausserwesentliche singuläre Stelle hat.

Dieser Satz dient zur Begründung des unter (B, 1) gegebenen Ausdrucks einer Function mit n (wesentlichen oder ausserwesentlichen) singulären Stellen.

Eine solche Function kann so beschaffen sein, dass sie an keiner Stelle, welche von den Stellen $c_1, \ldots c_n$ verschieden ist, verschwindet; in diesem Falle ergiebt sich für sie der Ausdruck

$$R^*(x) \prod_{\nu=1}^{n} e^{\overline{G}_\nu\left(\frac{1}{x-c_\nu}\right)}.$$

Ist nun $f(x)$ eine beliebige eindeutige Function mit den n wesentlichen singulären Stellen $c_1, \ldots c_n$, so hat man das Gebiet der Veränderlichen x in n Theile dergestalt zu zerlegen, dass im Innern eines jeden Theiles eine der genannten Stellen liegt, und dass zugleich die Function $f(x)$ an der Grenze zwischen je zwei Theilen überall einen endlichen und von Null verschiedenen Werth hat; dies kann auf unendlich viele Arten geschehen. Dann giebt es, wenn mit c irgend eine der Stellen $c_1, \ldots c_n$ und mit C der zugehörige Theil bezeichnet wird, unter den zu C gehörenden Werthen von x, für welche

$$|x - c| > \rho$$

ist, wo ρ eine beliebig klein anzunehmende positive Grösse bedeutet, nur eine endliche Anzahl solcher, für die $f(x)$ verschwindet; dasselbe gilt auch noch, wenn auch jetzt festgesetzt wird, dass bei der Zählung dieser Werthe so verfahren werde, wie vorhin für eine ganze Function angegeben worden ist. Es kann demnach, wenn es überhaupt in C Werthe giebt, für die $f(x) = 0$ ist, aus der Gesammtheit derselben eine Reihe

$$a_1, \; a_2, \; a_3, \ldots$$

in der Art gebildet werden, dass in derselben jeder einzelne Werth so oft vorkommt, als er der Festsetzung gemäss zu zählen ist, und zugleich, falls die Reihe nicht abbricht,

$$\operatorname{Lim.}_{n=\infty} |a_n - c| = 0$$

ist. Dann ist die Reihe

$$\frac{1}{a_1 - c}, \frac{1}{a_2 - c}, \ldots\ldots, \frac{1}{a_n - c}, \ldots$$

so beschaffen, dass eine Function $G(x')$ existirt, für welche sie die Reihe der Null-Stellen bildet; und wenn man in dieser $x' = \frac{1}{x - c}$ setzt, so ist

$$G\left(\frac{1}{x - c}\right)$$

eine Function von x, welche nur die eine wesentliche singuläre Stelle c hat und zu der Function $f(x)$ in der Beziehung steht, dass die vollständige Reihe ihrer Null-Stellen identisch ist mit der Reihe der dem betrachteten Theile C angehörenden Null-Stellen von $f(x)$. (Sind Werthe von x, für die $f(x)$ verschwindet, in C nicht vorhanden, so ist die definirte Function G in den folgenden Formeln durch die Zahl 1 zu ersetzen.) Ebenso giebt es, da die Function $\frac{1}{f(x)}$ dieselben wesentlichen singulären Stellen wie $f(x)$ hat, eine Function $G'\left(\frac{1}{x-c}\right)$, welche zu $\frac{1}{f(x)}$ in derselben Beziehung steht wie $G\left(\frac{1}{x-c}\right)$ zu $f(x)$.

Bezeichnet man nun diese beiden Functionen für die Stelle c_ν mit

$$G^{(\nu)}\left(\frac{1}{x-c_\nu}\right), \quad G^{(n+\nu)}\left(\frac{1}{x-c_\nu}\right),$$

und setzt

$$f(x) = \prod_{\nu=1}^{n} \left\{ \frac{G^{(\nu)}\left(\frac{1}{x-c_\nu}\right)}{G^{(n+\nu)}\left(\frac{1}{x-c_\nu}\right)} \right\} \cdot f_1(x),$$

so ist $f_1(x)$ eine Function, welche an allen Stellen des Gebiets von x, mit Ausnahme der Stellen $c_1, \ldots c_n$, einen endlichen und von Null verschiedenen Werth hat.

Drückt man sodann diese Function $f_1(x)$ in der vorhin angegebenen Weise aus, so ergeben sich die unter (B, 2) und (C, 2) aufgestellten Formen von $f(x)$. Aus der letztern erhält man dann schliesslich mit Hülfe des Theorems (B, 1) den unter (C, 1) gegebenen Ausdruck derselben Function.

Die im Vorstehenden zusammengestellten Ausdrücke einer eindeutigen Function mit einer endlichen Anzahl wesentlicher singulärer Stellen können nun noch weiter entwickelt werden, so dass die arithmetische Abhängigkeit des Werthes der Function von dem Werthe ihres Arguments unmittelbar in Evidenz tritt. In den Formeln (B, 1) und (C, 1) ist es für diesen Zweck am angemessensten, jede Function $G\left(\frac{1}{x-c}\right)$ in der Form einer Potenzreihe von $\frac{1}{x-c}$ darzustellen. Es lässt sich aber, wie in § 2 nachgewiesen wird, jede Function $G(x)$ auch darstellen als Product unendlich vieler Factoren, welche ebenso wie die Potenzen von x bestimmt charakterisirte Functionen sind; diese Ausdrucksform der Functionen $G\left(\frac{1}{x-c}\right)$ wird man am zweckmässigsten zur weitern Entwicklung der Formeln (B, 2) und (C, 2) verwenden.

Ist

$$a_1, a_2, \ldots a_r$$

die Reihe der Null-Stellen einer ganzen rationalen Function $G(x)$, und x_0 irgend ein in dieser Reihe nicht enthaltener Werth, so hat man

$$\frac{G(x)}{G(x_0)} = \prod_{n=1}^{r} \left(\frac{x-a_n}{x_0-a_n}\right).$$

Man hat schon früh versucht, diesen Satz auf transcendente ganze Functionen auszudehnen, wobei sich jedoch erhebliche Schwierigkeiten darboten. Man erkannte, dass es im Allgemeinen nöthig sei, dem Ausdruck rechts noch einen Factor von der Form

$$e^{\overline{G}(x)}$$

hinzuzufügen (Cauchy, Exercices de Mathématiques, III.); aber dies reicht, wenn von dem Falle, wo Null-Stellen der Function nur in endlicher Anzahl vorhanden sind, abgesehen wird, nur aus, wenn die Reihe

$$\sum_{n=1}^{\infty} \frac{1}{a_n - x},$$

und mit ihr das Product

$$\prod_{n=1}^{\infty} \left(\frac{x-a_n}{x_0-a_n}\right)$$

convergirt, was im Allgemeinen nicht der Fall ist.

Bei manchen Functionen gelingt es zwar, durch Festsetzung einer bestimmten Aufeinanderfolge der Factoren, oder überhaupt durch Vorschrift einer bestimmten Ausführungsweise der unendlich vielen Multiplicationen das Product zu einem bedingt convergenten zu machen; im Allgemeinen indess ist auch dies nicht möglich, wie unter andern das Beispiel der Function

$$\frac{1}{\Pi(x)}$$

zeigt, bei welcher das in Rede stehende, aus den Factoren

$$1+x,\quad 1+\frac{x}{2},\quad 1+\frac{x}{3},\dots$$

zu bildende Product unter allen Umständen divergirt.

Aber eben diese Function weist auf den Weg hin, der zum Ziele führt. Nach der von Gauss gegebenen Definition ist der Ausdruck derselben das beständig convergirende unendliche Product

$$\prod_{n=1}^{\infty}\left\{\left(1+\frac{x}{n}\right)\cdot\left(\frac{n+1}{n}\right)^{-x}\right\},$$

oder

$$\prod_{n=1}^{\infty}\left\{\left(1+\frac{x}{n}\right)e^{-x\log\left(\frac{n+1}{n}\right)}\right\};$$

d. h. die Function ist darstellbar als Product unendlich vieler Factoren, welche zwar nicht ganze lineare Functionen von x, aber doch gleich diesen eindeutige Functionen mit nur Einer singulären Stelle (∞) und auch nur Einer Null-Stelle sind.

Von dieser Bemerkung ausgehend legte ich mir die Frage vor, ob sich nicht jede Function $G(x)$ aus Factoren von der Form

$$(kx+l)\,e^{\overline{G}(x)}$$

möge zusammensetzen lassen, und gelangte, indem ich diesen Gedanken verfolgte, schliesslich zu einem Ergebnisse, durch welches die Theorie der eindeutigen Functionen mit einer endlichen Anzahl wesentlicher singulärer Stellen einen befriedigenden Abschluss erhält.

Ich nenne „Primfunction" von x jede eindeutige Function dieser Grösse, welche nur Eine (wesentliche oder ausserwesentliche) singuläre Stelle und entweder nur Eine oder gar keine Null-Stelle hat. Der allgemeinste Ausdruck einer solchen Function ist, wenn die singuläre Stelle mit c bezeichnet wird,

$$\left(\frac{k}{x-c}+l\right)e^{G\left(\frac{1}{x-c}\right)},$$

wo k, l Constanten bedeuten, und zu beachten ist, dass k auch gleich Null und $G\left(\frac{1}{x-c}\right)$ eine Constante sein kann. Es erweist sich aber für den in's Auge gefassten Zweck als ausreichend und zweckmässig, ausschliesslich solche Primfunctionen einzuführen, bei denen $G\left(\frac{1}{x-c}\right)$ eine rationale ganze Function von $\frac{1}{x-c}$ ist; dies soll also im Folgenden überall, wo von Primfunctionen die Rede ist, stillschweigend angenommen werden.

Dies festgestellt, ergiebt sich zunächst, dass jede eindeutige Function $f(x)$ mit Einer (wesentlichen oder ausserwesentlichen) singulären Stelle entweder selbst eine Primfunction ist oder ein Product von Primfunctionen mit derselben singulären Stelle; und lassen dann die unter (B, 2) und (C, 2) angegebenen Ausdrücke unmittelbar erkennen, dass und wie eine beliebige Function der hier betrachteten Art aus Primfunctionen durch Multiplication und Division zusammengesetzt werden kann.

Ich lasse dieser Analyse des wesentlichen Inhalts meiner Arbeit und der Darlegung der leitenden Gesichtspunkte nunmehr die erforderlichen Entwickelungen in mehr synthetischer Form folgen, wobei ich bemerke, dass ich bei denselben mit Vorbedacht nur einige elementare Sätze der Reihen-Theorie und die Eigenschaften der Exponentialfunction als bekannt voraussetze.

2. Zur Theorie der ganzen eindeutigen Functionen Einer Veränderlichen.

Ist eine unendliche Reihe gegebener Grössen

$$a_1, a_2, a_3, \ldots,$$

von denen keine den Werth Null hat, so beschaffen, dass

$$\operatorname*{Lim.}_{n=\infty} |a_n| = \infty,$$

so kann man derselben auf mannigfaltige Weise eine Reihe ganzer Zahlen

$$m_1, m_2, m_3, \ldots,$$

von denen jede $\geqq 0$ ist, so zuordnen, dass die Summe

$$\sum_{\nu=1}^{\infty} \left| \frac{1}{a_\nu} \left(\frac{x}{a_\nu}\right)^{m_\nu} \right|$$

für jeden Werth der Veränderlichen x einen endlichen Werth hat.

Man braucht zu dem Ende nur irgend eine unendliche Reihe positiver Grössen

$$\varepsilon, \varepsilon_1, \varepsilon_2, \varepsilon_3, \ldots,$$

so anzunehmen, dass $\varepsilon < 1$ ist und dass

$$\sum_{\nu=1}^{\infty} \varepsilon_\nu$$

einen endlichen Werth hat, und dann die Zahlen $m_1, m_2, m_3, \ldots$ so zu bestimmen, dass (für $\nu = 1, 2, 3, \ldots \infty$)

$$\varepsilon^{m_\nu+1} \leqq \varepsilon_\nu$$

wird.

Setzt man hierauf

$$F(x) = \sum_{\nu=1}^{\infty} \frac{1}{x - a_\nu} \left(\frac{x}{a_\nu}\right)^{m_\nu},$$

so ist $F(x)$ eine für jeden endlichen Werth von x definirte eindeutige Function von der Beschaffenheit, dass sich $F(a+k)$, wenn a irgend ein bestimmter Werth von x ist, bei hinlänglich kleinem Werthe der Veränderlichen k in der Form

$$\frac{m}{k} + \mathfrak{P}(k)$$

darstellen lässt, wo m eine ganze (nicht negative) Zahl ist, welche angiebt, wie oft der Werth a in der Reihe $a_1, a_2, a_3, \ldots$ vorkommt. Nach einem früher (Crelle's Journal, Bd. 52, S. 333) von mir bewiesenen Satze existirt also eine Function $G(x)$, welche der Gleichung

$$\frac{dG(x)}{dx} = F(x) \cdot G(x)$$

genügt und die Eigenschaft besitzt, dass für sie die Reihe

$$a_1, a_2, a_3, \ldots$$

in dem oben angegebenen Sinne die Reihe der Null-Stellen bildet.

Dies lässt sich aber noch einfacher als a. a. O. folgendermassen beweisen.

Für diejenigen Werthe von x, deren absoluter Betrag kleiner als Eins ist, hat man

$$\frac{1}{1-x} = \sum_{r=0}^{\infty} x^r = \frac{d}{dx}\sum_{r=0}^{\infty}\frac{x^{r+1}}{r+1},$$

woraus

$$1 - x = e^{-\sum\limits_{r=0}^{\infty}\left(\frac{x^{r+1}}{r+1}\right)}$$

folgt. Man setze nun

$$\begin{aligned} E(x,0) &= 1-x, \\ E(x,1) &= (1-x)e^{x}, \\ E(x,2) &= (1-x)e^{x+\frac{1}{2}x^2}, \\ &\ldots\ldots\ldots\ldots\ldots \\ E(x,m) &= (1-x)e^{\sum\limits_{r=1}^{m}\left(\frac{x^r}{r}\right)}, \end{aligned}$$

so ist, unter der Bedingung, dass $|x| < 1$,

$$E(x,m) = e^{-\sum\limits_{r=1}^{\infty}\left(\frac{x^{m+r}}{m+r}\right)}$$

Fasst man nun die Gesammtheit der Grössen ins Auge, welche aus der Formel

$$\frac{1}{r+m_\nu}\left|\frac{x}{a_\nu}\right|^{r+m_\nu}$$

dadurch hervorgehen, dass man $r = 1, 2, \ldots\infty$; $\nu = n, n+1, \ldots\infty$ setzt, so ist ersichtlich, dass die Summe dieser Grössen einen endlichen Werth hat, wenn der Veränderlichen x nur solche Werthe gegeben werden, die dem absoluten Betrage nach kleiner sind als jede der Grössen

$$a_n, a_{n+1}, \ldots;$$

denn dann ist sie kleiner als

$$\sum_{\nu=n}^{\infty}\sum_{r=1}^{\infty}\left|\frac{x}{a_\nu}\right|^{r+m_\nu} = \sum_{\nu=n}^{\infty}\frac{1}{1-\left|\frac{x}{a_\nu}\right|}\cdot\left|\frac{x}{a_\nu}\right|^{m_\nu+1},$$

also, wenn man mit k den kleinsten der Werthe

$$1-\left|\frac{x}{a_n}\right|,\quad 1-\left|\frac{x}{a_{n+1}}\right|,\ \ldots$$

bezeichnet, kleiner als das Product aus $\left|\frac{x}{k}\right|$ und der Summe

$$\sum_{\nu=n}^{\infty}\left|\frac{1}{a_\nu}\left(\frac{x}{a_\nu}\right)^{m_\nu}\right|,$$

welche der Voraussetzung nach einen endlichen Werth hat. Daraus folgt, dass die Doppelsumme

$$\sum_{\nu=n}^{\infty}\sum_{r=1}^{\infty}\frac{1}{r+m_\nu}\left(\frac{x}{a_\nu}\right)^{r+m_\nu}$$

für die angegebenen Werthe von x nicht nur unbedingt convergirt, sondern auch dadurch, dass man alle Glieder, welche dieselbe Potenz von x enthalten, in eine Potenzreihe

$$\mathfrak{P}(x,\,n)$$

verwandelt werden kann.

Nimmt man nun zunächst x dem absoluten Betrage nach kleiner als jede der Grössen $a_1, a_2, \ldots$ an, so convergiren sämmtliche Reihen

$$\mathfrak{P}(x,\,1),\ \mathfrak{P}(x,\,2),\ \ldots,$$

und man hat

$$\mathfrak{P}(x,\,1)-\mathfrak{P}(x,\,n+1)=\sum_{\nu=1}^{n}\sum_{r=1}^{\infty}\frac{1}{r+m_\nu}\left(\frac{x}{a_\nu}\right)^{r+m_\nu},$$

woraus sich

$$e^{-\mathfrak{P}(x,\,1)}=\prod_{\nu=1}^{n}E\left(\frac{x}{a_\nu},\,m_\nu\right).\,e^{-\mathfrak{P}(x,\,n+1)}$$

ergiebt.

Es lässt sich aber jede der Functionen

$$E\left(\frac{x}{a_\nu},\,m_\nu\right)$$

in eine für jeden endlichen Werth von x convergirende Reihe von der Form

$$1 + A_1^{(\nu)} x + A_2^{(\nu)} x^2 + \cdots$$

entwickeln, und

$$e^{-\mathfrak{P}(x,\, n+1)}$$

in eine Reihe von derselben Form

$$1 + B_1^{(n)} x + B_2^{(n)} x^2 + \cdots,$$

welche jedenfalls convergirt, wenn x dem absoluten Betrage nach kleiner als jede der Grössen $a_{n+1}, a_{n+2}, \ldots$ ist. Nimmt man daher eine positive Grösse g beliebig, n aber so an, dass

$$|a_\nu| > g \text{ ist, wenn } \nu > n,$$

so geht aus der Entwickelung des Products

$$(1 + B_1^{(n)} x + B_2^{(n)} x^2 + \cdots) \prod_{\nu=1}^{n} (1 + A_1^{(\nu)} x + A_2^{(\nu)} x^2 + \cdots)$$

eine Reihe

$$1 + A_1 x + A_2 x^2 + \cdots$$

hervor, welche sicher für diejenigen Werthe von x, deren absoluter Betrag nicht grösser als g ist, convergirt. Die Coefficienten dieser Reihe sind aber, da der vorstehenden Gleichung gemäss für hinlänglich kleine Werthe von x

$$1 + A_1 x + A_2 x^2 + \cdots = e^{-\mathfrak{P}(x,\, 1)}$$

ist, unabhängig von der willkürlich anzunehmenden Grösse g; es folgt also aus dem Bewiesenen, dass die Reihe für jeden endlichen Werth von x convergirt und somit eine ganze eindeutige Function $G(x)$ darstellt.

Diese Function verschwindet nun für einen bestimmten Werth a von x nur in dem Falle, wo a in der Reihe $a_1, a_2, \ldots$ enthalten ist, wie aus der Gleichung

$$G(x) = \prod_{\nu=1}^{n} E\left(\frac{x}{a_\nu}, m_\nu\right) e^{-\mathfrak{P}(x,\, n+1)}$$

ohne Weiteres erhellt, wenn man n so gross annimmt, dass a innerhalb des Convergenzbezirks der Reihe

$$\mathfrak{P}(x, n+1)$$

liegt, und beachtet, dass die Exponentialfunction für keinen endlichen Werth ihres Arguments verschwindet. Man sieht aber auch, dass, wenn a in der Reihe $a_1, a_2, \ldots$ μ-mal vorkommt,

$$G(x) \text{ auf die Form } (x-a)^{\mu} f(x)$$

in der Art gebracht werden kann, dass $f(x)$ für $x = a$ einen von Null verschiedenen endlichen Werth hat. Die gegebene Reihe

$$a_1, a_2, a_3, \ldots$$

ist also die Reihe der Null-Stellen für die Function $G(x)$, welche nach dem Vorstehenden dadurch hergestellt werden kann, dass zunächst die Summe

$$\sum_{\nu=1}^{\infty} \sum_{r=1}^{\infty} \frac{1}{r+m_\nu} \left(\frac{x}{a_\nu}\right)^{r+m_\nu},$$

in welcher die Zahlen m_ν die oben angegebene Bedeutung haben, auf die Form $\mathfrak{P}(x, 1)$ gebracht, und dann

$$e^{-\mathfrak{P}(x, 1)}$$

nach Potenzen von x entwickelt wird.

Multiplicirt man $G(x)$ noch mit x^{λ}, wo λ eine ganze positive Zahl bedeutet, so erhält man eine Function, für welche die Reihe der Null-Stellen ausser den Grössen $a_1, a_2, a_3, \ldots$ noch λ Glieder, die gleich Null sind, enthält.

Es ist also stets möglich, eine ganze eindeutige Function $G(x)$ mit vorgeschriebenen Null-Stellen

$$a_1, a_2, a_3, \ldots$$

zu bilden, wofern nur die nothwendige Bedingung

$$\operatorname*{Lim.}_{n=\infty} |a_n| = \infty$$

erfüllt ist.

Es giebt aber nicht bloss eine solche Function, sondern unendlich viele.

Setzt man nämlich

$$G_1(x) = G(x)\, e^{\overline{G}(x)},$$

so hat offenbar die Function $G_1(x)$ dieselben Null-Stellen wie $G(x)$, wie auch die Function $\overline{G}(x)$ angenommen werden möge. Umgekehrt ist, wenn zwei Functionen $G(x)$, $G_1(x)$ dieselben Null-Stellen haben, der Quotient

$$\frac{G_1(x)}{G(x)},$$

der mit $G_2(x)$ bezeichnet werde, eine Function, die für jeden endlichen Werth von x einen von Null verschiedenen endlichen Werth hat. Es lässt sich deshalb

$$\frac{1}{G_2(x)}\,\frac{dG_2(x)}{dx}.$$

in eine beständig convergirende Reihe

$$C_1 + C_2\, x + C_3\, x^2 + \cdots$$

entwickeln, und man erhält, wenn man

$$\overline{G}(x) = C_0 + C_1\, x + \frac{1}{2}\, C_2\, x^2 + \frac{1}{3}\, C_3\, x^3 + \cdots$$

setzt, und die Constante C_0 so annimmt, dass

$$G_2(0) = e^{C_0}$$

ist,

$$\frac{1}{G_2(x)}\,\frac{dG_2(x)}{dx} = \frac{d\overline{G}(x)}{dx},$$

$$G_2(x) = e^{\overline{G}(x)}.$$

Die Formel

$$G(x)\, e^{\overline{G}(x)}$$

giebt also alle ganzen eindeutigen Functionen von x, welche dieselben Null-Stellen wie $G(x)$ haben.

Jetzt bedeute $G(x)$ irgend eine gegebene ganze Function von x, so können drei Fälle eintreten:

1) sie hat keine Null-Stellen — dann ist sie eine Function wie die eben mit $G_2(x)$ bezeichnete, und kann in der Form

$$e^{\overline{G}(x)}$$

ausgedrückt werden;

2) sie hat Null-Stellen in endlicher Anzahl — dann ist sie in der Form

$$G_0(x)\, e^{\overline{G}(x)}$$

darstellbar, wo $G_0(x)$ eine rationale ganze Function bedeutet;

3) sie hat unendlich viele Null-Stellen — in diesem Falle kann sie auf die Form

$$x^\lambda\, G_0(x)\, e^{\overline{G}(x)}$$

gebracht werden, wo λ Null oder eine ganze positive Zahl, $G_0(x)$ aber in der beschriebenen Weise aus den von Null verschiedenen Null-Stellen $(a_1, a_2, a_3, \ldots)$ der Function, einer Reihe ganzer Zahlen $(m_1, m_2, m_3, \ldots)$ und der Veränderlichen x zusammenzusetzen ist.

Dieser Function $G_0(x)$ kann man nun nach dem Vorstehenden für einen bestimmten Werth von x die Gestalt

$$\prod_{\nu=1}^{n} E\left(\frac{x}{a_\nu}, m_\nu\right) e^{-\mathfrak{P}(x, n+1)}$$

geben, wenn man n so gross annimmt, dass x dem absoluten Betrage nach kleiner ist als jede der Grössen $a_{n+1}, a_{n+2}, \ldots$ Aus dem oben bestimmten Ausdruck der Grenze, unterhalb welcher der absolute Betrag von

$$\mathfrak{P}(x, n)$$

stets liegt, ergiebt sich aber

$$\operatorname*{Lim.}_{n=\infty} \mathfrak{P}(x, n+1) = 0\,,$$

indem

$$\operatorname*{Lim.}_{n=\infty} \sum_{\nu=n}^{\infty} \left| \frac{1}{a_\nu} \left(\frac{x}{a_\nu}\right)^{m_\nu} \right| = 0$$

ist, wenn die Zahlen m_ν, wie angenommen worden, so bestimmt sind, dass

$$\sum_{\nu=1}^{\infty} \left| \frac{1}{a_\nu} \left(\frac{x}{a_\nu} \right)^{m_\nu} \right|$$

einen endlichen Werth hat. Folglich ist — für jeden Werth von x —

$$G_0(x) = \prod_{\nu=1}^{\infty} E\left(\frac{x}{a_\nu}, m_\nu \right).$$

Der Function $G(x)$ kann man ferner in mannigfaltiger Weise die Gestalt

$$\bar{G}(0) + \sum_{\nu=1}^{\infty} \bar{g}_\nu(x)$$

geben, in der Art, dass die $\bar{g}_\nu(x)$ sämmtlich rationale, für $x = 0$ verschwindende ganze Functionen werden. Setzt man dann

$$g_\nu(x) = \bar{g}_\nu(x) + \sum_{r=1}^{m_\nu} \frac{1}{r} \left(\frac{x}{a_\nu} \right)^r,$$

so ergiebt sich

$$G(x) = C \, . \, x^\lambda \prod_{\nu=1}^{\infty} \left\{ \left(1 - \frac{x}{a_\nu} \right) e^{g_\nu(x)} \right\},$$

wo C eine Constante bedeutet. Da man nun auch im Falle (1)

$$G(x) = C \prod_{\nu=1}^{\infty} e^{\bar{g}_\nu(x)},$$

und im Falle (2), wenn $a_1, a_2, \ldots a_m$ die von Null verschiedenen Null-Stellen der Function $G_0(x)$ sind,

$$G(x) = C x^\lambda \prod_{\nu=1}^{m} \left\{ \left(1 - \frac{x}{a_\nu} \right) e^{\bar{g}_\nu(x)} \right\} . \prod_{\nu=m+1}^{\infty} e^{\bar{g}_\nu(x)}$$

hat, so ist hiermit der Satz begründet:

Jede ganze eindeutige Function von x kann dargestellt werden in der Gestalt eines Products, dessen Factoren sämmtlich Primfunctionen von der Form

$$(kx + l) \, e^{g(x)}$$

sind, wo $g(x)$ eine rationale, für $x = 0$ verschwindende ganze Function ist und k, l Constanten bedeuten. (Dabei ist zu beachten, dass $g(x)$ und ebenso eine der Grössen k, l auch den Werth Null haben kann, also auch eine Constante als Primfunction zu betrachten ist.)

Hierzu ist noch Folgendes zu bemerken.

Das Product, durch welches $G(x)$ dargestellt wird, convergirt — wenn es aus unendlich vielen Factoren besteht — unbedingt und zugleich für alle Werthe von x, deren absoluter Betrag eine willkürlich anzunehmende Grenze nicht übersteigt, gleichmässig, vorausgesetzt, dass bei der angegebenen Zerlegung der Function $\overline{G}(x)$ so verfahren wird, dass die Reihe

$$\sum_{\nu=1}^{\infty} \bar{g}_\nu(x)$$

unbedingt und für die in Rede stehenden Werthe von x gleichmässig convergirt; was unter allen Umständen möglich ist. Denn unter dieser Voraussetzung braucht man nur nachzuweisen, dass das Product

$$\prod_{\nu=1}^{\infty} E\left(\frac{x}{a_\nu}, m_\nu\right)$$

die angegebene Beschaffenheit besitzt, was der Fall ist, wenn die folgende Bedingung erfüllt ist: Nach Annahme zweier positiven Grössen ξ, δ, von denen die erste beliebig gross, die andere beliebig klein sein kann, muss es möglich sein, eine Zahl n so zu bestimmen, dass das Product aus beliebig vielen derjenigen Functionen

$$E\left(\frac{x}{a_\nu}, m_\nu\right),$$

in denen $\nu > n$, für jeden Werth von x, dessen absoluter Betrag kleiner als ξ ist, von der Einheit um eine Grösse abweicht, die ihrem absoluten Betrage nach kleiner als δ ist. Dies ist aber in der That möglich. Nimmt man nämlich n so gross an, dass $|a_\nu| > \xi$ ist, sobald $\nu > n$, so hat man für jeden Werth von ν, der grösser als n, und jeden Werth von x, dessen absoluter Betrag nicht grösser als ξ ist,

$$E\left(\frac{x}{a_\nu}, m_\nu\right) = e^{-\sum\limits_{r=1}^{\infty} \frac{1}{r+m_\nu}\left(\frac{x}{a_\nu}\right)^{r+m_\nu}},$$

und es ist daher, wenn man von diesen Functionen $E\left(\frac{x}{a_\nu}, m_\nu\right)$ beliebig viele auswählt und das Product derselben gleich

$$e^{-f(x)}$$

setzt, $|f(x)|$ stets kleiner als

$$\sum_{\nu=n+1}^{\infty} \sum_{r=1}^{\infty} \frac{1}{r+m_\nu} \left| \frac{\xi}{a_\nu} \right|^{r+m_\nu},$$

von welcher Grösse gezeigt worden ist, dass sie für einen unendlich grossen Werth von n unendlich klein wird; woraus sich das Behauptete sofort ergiebt.

Es ist ferner zu beachten, dass die in den Primfactoren der Function $G(x)$ vorkommenden Exponentialgrössen nicht vollständig bestimmt sind. Nimmt man nämlich eine Reihe rationaler ganzer Functionen $g'_\nu(x)$ so an, dass für jeden Werth von x

$$\sum_{\nu=1}^{\infty} g'_\nu(x) = 0$$

ist — was auf unendlich viele Arten geschehen kann — so ändert der Ausdruck von $G(x)$ seinen Werth nicht, wenn man in jedem seiner Factoren

$$g_\nu(x) + g'_\nu(x) \text{ für } g_\nu(x)$$

setzt. Umgekehrt erhellt, dass man auf diese Weise alle möglichen Darstellungen von $G(x)$ in der Form eines aus Primfunctionen gebildeten Products erhält.

Endlich möge noch bemerkt werden, dass in dem häufig vorkommenden Falle, wo für eine bestimmte ganze und positive Zahl μ

$$\sum_{\nu=1}^{\infty} \left| \frac{1}{a_\nu} \right|^{\mu}$$

einen endlichen Werth hat, die in den Functionen $E\left(\frac{x}{a_\nu}, m_\nu\right)$ vorkommenden Zahlen $m_1, m_2, \ldots$ alle gleich $(\mu - 1)$ gesetzt werden können.*)

*) Die in diesem und dem folgenden § enthaltenen Sätze habe ich bereits im Herbst 1874 in meinen Universitäts-Vorlesungen ausführlich vorgetragen.

3. Eindeutige Functionen von x mit Einer wesentlichen singulären Stelle.

Ist $f(x)$ eine eindeutige Function von x mit der einen wesentlichen singulären Stelle ∞, so lässt sich in dem Falle, wo sie ausserdem beliebig viele (auch unendlich viele) ausserwesentliche singuläre Stellen hat, eine Function $G_2(x)$ herstellen, für welche die Reihe der Null-Stellen identisch ist mit der Reihe der Null-Stellen der Function

$$\frac{1}{f(x)}.$$

Dann ist $G_2(x) \,.\, f(x)$ ebenfalls eine ganze Function von x, und man hat, wenn diese mit $G_1(x)$ bezeichnet wird,

$$f(x) = \frac{G_1(x)}{G_2(x)}.$$

Zugleich sind diese Functionen $G_1(x)$, $G_2(x)$ so beschaffen, dass sie für denselben Werth von x nicht beide verschwinden. Und umgekehrt, wenn man zwei ganze Functionen von dieser Beschaffenheit willkürlich annimmt, und wenigstens eine von ihnen transcendent ist, so stellt der Quotient

$$\frac{G_1(x)}{G_2(x)}$$

eine eindeutige Function von x mit der einen wesentlichen singulären Stelle ∞ dar.

Ist ferner $f(x)$ eine eindeutige Function mit einer (wesentlichen oder ausserwesentlichen) singulären Stelle c, so verwandelt sich, wenn man

$$x' = \frac{1}{x-c}$$

setzt, $f(x)$ in eine Function von x' mit der einen singulären Stelle ∞, woraus sich

$$f(x) = G\Big(\frac{1}{x-c}\Big)$$

ergiebt. Dabei ist G eine transcendente oder rationale Function, jenachdem die singuläre Stelle c eine wesentliche oder ausserwesentliche ist.

Ebenso ergiebt sich als allgemeiner Ausdruck einer eindeutigen Function von x, welche ausser einer wesentlichen singulären Stelle c beliebig viele ausserwesentliche hat, der Quotient

$$\frac{G_1\left(\frac{1}{x-c}\right)}{G_2\left(\frac{1}{x-c}\right)},$$

wo die Functionen G_1, G_2 nicht beide für einen und denselben Werth von x verschwinden, und wenigstens eine von ihnen transcendent ist.

4. Ein Hülfssatz.

Ist $F(y)$ eine eindeutige Function, welche nur die eine wesentliche singuläre Stelle ∞ hat, und $\varphi(x)$ eine rationale Function $n$ten Grades, welche an n verschiedenen Stellen $(c_1, \ldots c_n)$ gleich ∞ wird, so verwandelt sich $F(y)$, wenn man $y = \varphi(x)$ setzt, in eine eindeutige Function von x mit den n wesentlichen singulären Stellen $(c_1, \ldots c_n)$. Man überzeugt sich indessen leicht, dass man auf diese Weise nur besondere Functionen dieser Art erhält. Wohl aber ist es möglich, wie bereits in § 1 angegeben worden und jetzt bewiesen werden soll, jede eindeutige Function $f(x)$, deren wesentliche singuläre Stellen $(c_1, \ldots c_n)$ sind, in der Form

$$\sum_{\nu=0}^{n-1} F_\nu(\varphi(x)) \cdot \left(\frac{1}{x-c}\right)^\nu,$$

darzustellen, wo c irgend eine der Grössen $c_1, \ldots c_n$ bedeutet.

Ich will zuerst annehmen, dass eine der wesentlichen singulären Stellen von $f(x)$, z. B. c_1, den Werth ∞ habe, so dass

$$\varphi(x) = k_0 + k_1 x + \frac{k_2}{x-c_2} + \cdots + \frac{k_n}{x-c_n}$$

ist, wo von den Constanten $k_1, \ldots k_n$ keine den Werth Null hat. Nimmt man dann zwischen x und einer andern Veränderlichen y die Gleichung

$$\varphi(x) = y$$

an, so gehören zu jedem endlichen Werthe von y im allgemeinen n ebenfalls endliche und zugleich von den $c_2, \ldots c_n$ verschiedene Werthe von x, welche mit $x_1, \ldots x_n$ bezeichnet werden mögen; und man kann, wenn von denjenigen speciellen, nur in endlicher Anzahl vorhandenen Werthen von y für die unter den Grössen $x_1, \ldots x_n$ sich gleiche finden, vorläufig abgesehen wird, n von y abhängige Grössen F_0, $F_1, \ldots F_{n-1}$ dergestalt bestimmen, dass

$$\sum_{\nu=0}^{n-1} F_\nu x^\nu = f(x) \text{ ist für } x = x_1, \ldots x_n .$$

Setzt man

$$\Pi(x) = (x - x_1) \ldots (x - x_n), \quad \Pi'(x) = \frac{d\Pi(x)}{dx},$$

so ist

$$\sum_{\nu=0}^{n-1} F_\nu x^\nu = \sum_{\nu=1}^{n} \frac{f(x_\nu)}{\Pi'(x_\nu)} \frac{\Pi(x)}{x - x_\nu};$$

woraus sich — wenn

$$\Pi(x) = x^n + X_1 x^{n-1} + X_2 x^{n-2} + \cdots + X_n$$

gesetzt wird, so dass also

$$\frac{\Pi(x)}{x - x_\nu} = x^{n-1} + (x_\nu + X_1)x^{n-2} + (x_\nu^2 + X_1 x_\nu + X_2)x^{n-3} + \cdots + (x_\nu^{n-1} + X_1 x_\nu^{n-2} \cdots + X_{n-1})$$

ist — die folgenden Formeln ergeben:

$$F_{n-1} = \sum_{\nu=1}^{n} \frac{f(x_\nu)}{\Pi'(x_\nu)},$$

$$F_{n-2} = \sum_{\nu=1}^{n} \frac{f(x_\nu)}{\Pi'(x_\nu)} \cdot X_1 + \sum_{\nu=1}^{n} \frac{x_\nu f(x_\nu)}{\Pi'(x_\nu)},$$

$$F_{n-3} = \sum_{\nu=1}^{n} \frac{f(x_\nu)}{\Pi'(x_\nu)} \cdot X_2 + \sum_{\nu=1}^{n} \frac{x_\nu f(x_\nu)}{\Pi'(x_\nu)} \cdot X_1 + \sum_{\nu=1}^{n} \frac{x_\nu^2 f(x_\nu)}{\Pi'(x_\nu)},$$

. . . .

$$F_0 = \sum_{\nu=1}^{n} \frac{f(x_\nu)}{\Pi'(x_\nu)} \cdot X_{n-1} + \sum_{\nu=1}^{n} \frac{x_\nu f(x_\nu)}{\Pi'(x_\nu)} \cdot X_{n-2} + \cdots\cdots + \sum_{\nu=1}^{n} \frac{x_\nu^{n-1} f(x_\nu)}{\Pi'(x_\nu)}.$$

Von diesen Ausdrücken F_0, $F_1, \ldots F_{n-1}$ ist nun zu zeigen, dass sie eindeutige Functionen von y mit der einen wesentlichen singulären Stelle ∞ sind.

Setzt man

$$(x - c_2) \ldots (x - c_n) = \psi(x),$$

so ist

$$\psi(x)\bigl(\varphi(x) - y\bigr) = k_1 \Pi(x),$$

und es sind demnach $X_1, \ldots X_{n-1}$ sämmtlich ganze lineare Functionen von y. Die Ausdrücke

$$\sum_{\nu=1}^{n} \frac{f(x_\nu)}{\Pi'(x_\nu)}, \quad \sum_{\nu=1}^{n} \frac{x_\nu f(x_\nu)}{\Pi'(x_\nu)}, \quad \ldots \quad \sum_{\nu=1}^{n} \frac{x_\nu^{n-1} f(x_\nu)}{\Pi'(x_\nu)}$$

ferner, in denen die Grössen $x_1, \ldots x_n$ ebenso wie in $X_1, \ldots X_n$ symmetrisch vorkommen, haben gleichfalls eindeutig bestimmte Werthe für jeden Werth von y, der nicht zu den vorläufig ausgeschlossenen gehört; es reicht dies aber nicht aus zu dem Nachweise, dass sie — und mit ihnen $F_0, \ldots F_{n-1}$ — Functionen der angegebenen Art von y sind, sondern es muss auch gezeigt werden, dass sich dieselben, wenn y in der Umgebung irgend eines bestimmten endlichen Werthes b angenommen wird, entweder unmittelbar oder doch, nachdem sie mit einer gewissen ganzen positiven Potenz von $(y - b)$ multiplicirt worden, in der Form

$$\mathfrak{P}(y - b)$$

darstellen lassen.

Wird zunächst b so angenommen, dass unter den Wurzeln der Gleichung $\varphi(x) = b$, welche mit $a_1, \ldots a_n$ bezeichnet werden mögen, keine zwei gleiche sich finden, so ist

$$\varphi'(a_\nu) \qquad (\nu = 1, \ldots n)$$

nicht gleich Null, und es hat also die Gleichung

$$\varphi(x) = y,$$

welche, wenn x in der Umgebung von a_ν angenommen wird, auf die Form

$$\varphi'(a_\nu) \,.\, (x - a_\nu) + \frac{1}{2}\,\varphi''(a_\nu) \,.\, (x - a_\nu)^2 + \cdots = y - b$$

gebracht werden kann, für hinlänglich kleine Werthe von $(y-b)$ eine in der Form

$$a_\nu + (y-b)\,\mathfrak{P}_\nu(y-b)$$

darstellbare Wurzel. Wird diese mit x_ν bezeichnet, so hat man, da $\Pi'(a_\nu)$ nicht gleich Null, und a_ν nicht eine der wesentlichen singulären Stellen der Function $f(x)$ ist, für $\lambda = 1, \ldots n$,

$$\frac{x_\nu^{\lambda-1} f(x_\nu)}{\Pi'(x_\nu)} = (x_\nu - a_\nu)^{-m_\nu}\,\overline{\mathfrak{P}}_\nu(x_\nu - a_\nu)\,,$$

wo m_ν Null oder eine ganze positive Zahl ist, jenachdem $f(x)$ in der Umgebung von a_ν sich regulär verhält oder nicht. Bedeutet also m die grösste der Zahlen $m_1, \ldots m_n$, so ist

$$(y-b)^m \sum_{\nu=1}^{n} \frac{x_\nu^{\lambda-1} f(x_\nu)}{\Pi'(x_\nu)} = \mathfrak{P}^{(\lambda)}(y-b)\,.$$

Hat aber b einen solchen Werth, dass die Gleichung

$$\varphi(x) = b$$

weniger als n von einander verschiedene Wurzeln besitzt, so sei a eine derselben, und μ die Ordnungszahl der niedrigsten Ableitung von $\varphi(x)$, welche für $x = a$ nicht verschwindet. Dann lässt sich die Gleichung

$$\varphi(x) = y\,,$$

wenn x in der Umgebung von a angenommen wird, auf die Form

$$\frac{1}{\mu!}\,\varphi^{(\mu)}(a).(x-a)^{\mu} + \frac{1}{(\mu+1)!}\,\varphi^{(\mu+1)}(a).(x-a)^{\mu+1} + \cdots = y-b$$

bringen, und es giebt, wenn man

$$\left[\frac{\mu!\,(y-b)}{\varphi^{(\mu)}(a)}\right]^{\frac{1}{\mu}} = \eta$$

setzt, eine Reihe von der Form

$$a + \eta\,\mathfrak{P}(\eta)\,,$$

welche, für x gesetzt, bei hinlänglich kleinen Werthen von $(y-b)$ die Gleichung

$$\varphi(x) = y$$

befriedigt; wobei zu beachten ist, dass $\mathfrak{P}(\eta)$ für $\eta = 0$ nicht verschwindet. Fixirt man also einen der μ Werthe von η und setzt

$$\varepsilon = e^{\frac{2\pi i}{\mu}},$$

$$x_1 = a + \eta\,\mathfrak{P}(\eta),\ x_2 = a + \varepsilon\eta\,\mathfrak{P}(\varepsilon\eta),\ \ldots\ x_\mu = a + \varepsilon^{\mu-1}\eta\,\mathfrak{P}(\varepsilon^{\mu-1}\eta),$$

so sind $x_1, x_2, \ldots x_\mu$ diejenigen μ Wurzeln der Gleichung, welche für $y=b$ den Werth a annehmen. Man hat dann, da die niedrigste Ableitung von $\Pi(x)$, welche für $y=b$, $x=a$ nicht verschwindet, die μte ist, für $\nu = 1, \ldots \mu$

$$\Pi'(x_\nu) = n x_\nu^{n-1} + (n-1) X_1 x_\nu^{n-2} + \cdots + X_{n-1} = (\varepsilon^{\nu-1}\eta)^{\mu-1}\,\overline{\mathfrak{P}}(\varepsilon^{\nu-1}\eta),$$

wo $\overline{\mathfrak{P}}(\varepsilon^{\nu-1}\eta)$ für $\eta = 0$ nicht verschwindet, und, wenn für Werthe von x in der Umgebung der Stelle a

$$f(x) = (x-a)^{-m}\,[A_0 + A_1(x-a) + \cdots],$$

so ist

$$\sum_{\nu=1}^{\mu} \frac{x_\nu^{\lambda-1} f(x_\nu)}{\Pi'(x_\nu)} = \eta^{-m\mu-\mu} \sum_{\nu=1}^{\mu} \varepsilon^{\nu-1}\eta\,\mathfrak{P}^{(\lambda)}(\varepsilon^{\nu-1}\eta).$$

Aus der Reihe auf der rechten Seite dieser Gleichung müssen nun, da

$$\sum_{\nu=1}^{\mu} \varepsilon^{(\nu-1)\rho}$$

nur für solche ganzzahlige Werthe von ρ, die durch μ theilbar sind, einen von Null verschiedenen Werth hat, alle Potenzen von η, deren Exponent nicht ein Vielfaches von μ ist, fortfallen; und es ist daher

$$\sum_{\nu=1}^{\mu} \frac{x_\nu^{\lambda-1} f(x_\nu)}{\Pi'(x_\nu)} = (y-b)^{-m}\,\mathfrak{P}^{(\lambda)}(y-b).$$

Hat also die Gleichung

$$\varphi(x) = b$$

r von einander verschiedene Wurzeln $a_1, \dots a_r$, und haben $\mu_\varkappa$, $m_\varkappa$ für $a_\varkappa$ dieselbe Bedeutung wie im Vorstehenden μ, m für a, so ergiebt sich für hinlänglich kleine Werthe von $(y-b)$

$$\sum_{\nu=1}^{n} \frac{x_\nu^{\lambda-1} f(x_\nu)}{\Pi'(x_\nu)} = \sum_{\varkappa=1}^{n} (y-b)^{-m_\varkappa} \mathfrak{P}_\varkappa^{(\lambda)}(y-b),$$

und somit, wenn jetzt m die grösste der Zahlen $m_\varkappa$ bedeutet, ganz so wie in dem Falle, wo unter den Wurzeln der Gleichung $\varphi(x) = b$ sich keine zwei gleiche finden,

$$(y-b)^m \sum_{\nu=1}^{n} \frac{x_\nu^{\lambda-1} f(x_\nu)}{\Pi'(x_\nu)} = \mathfrak{P}^{(\lambda)}(y-b).$$

Hiermit ist bewiesen, dass die Ausdrücke

$$\sum_{\nu=1}^{n} \frac{x_\nu^{\lambda-1} f(x_\nu)}{\Pi'(x_\nu)} \qquad (\lambda = 1, \dots n)$$

und daher auch die Grössen $F_0, \dots F_{n-1}$, welche jetzt mit

$$F_0(y), \dots F_{n-1}(y)$$

bezeichnet werden mögen, eindeutige Functionen der Veränderlichen y mit der einen wesentlichen singulären Stelle ∞ sind. Zugleich folgt aus dem Vorstehenden, dass $F_0(y), \dots F_{n-1}(y)$ in dem Falle, wo es für die Function $f(x)$ ausserwesentliche singuläre Stellen nicht giebt — die Zahl m also stets gleich Null ist — sämmtlich g a n z e Functionen von y sind.

Der Definition dieser Functionen $F_\nu(y)$ gemäss besteht nun die Gleichung

$$\sum_{\nu=0}^{n-1} x^\nu F_\nu(y) = f(x),$$

wenn für irgend einen endlichen Werth von y die Grösse x der Gleichung $\varphi(x) = y$ genügt. Versteht man also unter x' irgend einen endlichen, von den $c_2, \dots c_n$ verschiedenen Werth und setzt $y = \varphi(x')$, so kann man $x = x'$ nehmen, und erhält dann

$$\sum_{\nu=0}^{n-1} F_\nu(\varphi(x'))\, x'^\nu = f(x');$$

d. h. es gilt für jeden Werth von x, der nicht in der Reihe $(\infty, c_2, \ldots c_n)$ enthalten ist, die Gleichung

$$\sum_{\nu=0}^{n-1} F_\nu(\varphi(x))x^\nu = f(x).$$

Es ist angenommen worden, dass c_1 gleich ∞ sei, weil dann einem endlichen Werthe von y stets endliche Werthe der Grössen $x_1, \ldots x_n$ entsprechen, und somit bei dem Beweise des vorstehenden Satzes das Verhalten der Functionen $F_\nu(y)$ in der Umgebung der Stelle ∞ nicht besonders untersucht zu werden braucht. Sind aber $c_1, \ldots c_n$ sämmtlich endliche Grössen, so setze man

$$x = c_1 + \frac{1}{z},$$

und bezeichne mit $\bar{\varphi}(z)$, $\bar{f}(z)$ die Functionen, in welche sich $\varphi(x)$, $f(x)$ dadurch verwandeln. Dann hat man

$$\bar{\varphi}(z) = k_0 + k_1' z + \frac{k_2'}{z - c_2'} \cdots + \frac{k_n'}{z - c_n'},$$

— wo die (k', c') wieder Constanten bedeuten — und es sind $(\infty, c_2', \ldots c_n')$ die wesentlichen singulären Stellen für die Function $\bar{f}(z)$. Man hat also, wenn man jetzt die Functionen $F_0(y), \ldots F_{n-1}(y)$ für die Function $\bar{f}(z)$ ebenso bestimmt wie im Vorhergehenden für $f(x)$,

$$\sum_{\nu=0}^{n-1} F_\nu(\bar{\varphi}(z))\, z^\nu = \bar{f}(z),$$

oder

$$\sum_{\nu=1}^{n-1} F_\nu(\varphi(x)) \cdot \left(\frac{1}{x - c_1}\right)^\nu = f(x).$$

In dieser Form, welche in die vorher aufgestellte übergeht, wenn man $c_1 = \infty$ setzt, kann also die Function $f(x)$ stets dargestellt werden, wenn $\varphi(x)$ eine beliebige rationale Function $n$ten Grades ist, welche an jeder der n wesentlichen singulären Stellen der ersteren unendlich gross wird.*)

*) Es lassen sich leicht auch ähnliche Ausdrücke von $f(x)$, in denen die Grössen $c_1, \ldots c_n$ symmetrisch vorkommen, aufstellen; es genügt aber der vorstehende für den zunächst ins Auge gefassten Zweck.

5. Eindeutige Functionen von x mit einer endlichen Anzahl (wesentlicher oder ausserwesentlicher) singulärer Stellen.

Eine rationale Function $f(x)$ mit den singulären (ausserwesentlichen) Stellen $c_1, \ldots c_n$ lässt sich bekanntlich in der Form

$$\sum_{\nu=1}^{n} G_\nu\left(\frac{1}{x-c_\nu}\right)$$

darstellen, wo $G_1, \ldots G_n$ rationale ganze Functionen bedeuten.

Es soll nun gezeigt werden, dass jede eindeutige Function $f(x)$ mit einer endlichen Anzahl (wesentlicher oder ausserwesentlicher) singulärer Stellen $(c_1, \ldots c_n)$ in derselben Form ausgedrückt werden kann, und zwar dergestalt, dass unter den Functionen

$$G_\nu\left(\frac{1}{x-c_\nu}\right)$$

so viel transcendente vorkommen, als $f(x)$ wesentliche singuläre Stellen hat.

Es möge zunächst $f(x)$ nur wesentliche singuläre Stellen haben. Dann sind, wenn man $f(x)$ auf die im vorhergehenden § auseinandergesetzte Weise in der Form

$$\sum_{\nu=0}^{n-1} F_\nu(\varphi(x)) \cdot \left(\frac{1}{x-c_1}\right)^\nu$$

darstellt, die Functionen $F_\nu(y)$, wie nachgewiesen worden ist, sämmtlich ganze Functionen von y, so dass man

$$F_\nu(\varphi(x)) = \sum_{\lambda=0}^{\infty} (F_{\nu,\lambda} \cdot \varphi^\lambda(x))$$

hat, wo die $F_{\nu,\lambda}$ von x unabhängige Grössen sind.

Für alle Werthe von x, bei denen der absolute Betrag von $(x-c_1)$ unterhalb einer bestimmten Grenze bleibt, ist nun

$$\varphi(x)=\frac{1}{x-c_1}\mathfrak{P}(x-c_1)\,,$$

$$F_\nu\big(\varphi(x)\big)=\sum_{\lambda=0}^{\infty}\big(F_{\nu,\lambda}\cdot(x-c_1)^{-\lambda}\,\mathfrak{P}^\lambda(x-c_1)\big)\,;$$

und somit, wenn man

$$\mathfrak{P}^\lambda(x-c_1)=\sum_{\mu=0}^{\infty}A_{\lambda,\mu}(x-c_1)^\mu$$

setzt,

$$F_\nu\big(\varphi(x)\big)=\sum_{\lambda=0}^{\infty}\left\{\sum_{\mu=0}^{\infty}F_{\nu,\lambda}\cdot A_{\lambda,\mu}(x-c_1)^{-\lambda+\mu}\right\}.$$

Die Doppelsumme auf der Rechten dieser Gleichung hat aber die Eigenschaft, dass sie convergent bleibt, wenn man jedes ihrer Glieder durch dessen absoluten Betrag ersetzt. Convergirt nämlich die Reihe $\mathfrak{P}(x-c_1)$, wenn der absolute Betrag von $(x-c_1)$ kleiner als ρ ist, so lässt sich eine positive Grösse g so bestimmen, dass jeder Coëfficient von $\mathfrak{P}(x-c_l)$ dem absoluten Betrage nach kleiner ist als der entsprechende Coëfficient in der Entwickelung der Function

$$\frac{g}{1-\dfrac{x-c_1}{\rho}}\,;$$

und dann ist, wenn $|x-c_1|=\xi$ gesetzt und $\xi<\rho$ angenommen wird,

$$\sum_{\mu=0}^{\infty}\left|A_{\lambda,\mu}(x-c_1)^{-\lambda+\mu}\right|<g^\lambda\,\xi^{-\lambda}\left(1-\frac{\xi}{\rho}\right)^{-\lambda},$$

also

$$\sum_{\lambda=0}^{\infty}\sum_{\mu=0}^{\infty}\left|\left(F_{\nu,\lambda}\cdot A_{\lambda,\mu}(x-c_1)^{-\lambda+\mu}\right)\right|<\sum_{\lambda=0}^{\infty}\left(|F_{\nu,\lambda}|\cdot g^\lambda\,\xi^{-\lambda}\left(1-\frac{\xi}{\rho}\right)^{-\lambda}\right),$$

woraus sich das Behauptete sofort ergiebt, indem die Summe

$$\sum_{\lambda=0}^{\infty}(|F_{\nu,\lambda}|\cdot y^{\lambda})$$

für jeden endlichen Werth von y einen ebenfalls endlichen Werth hat.

Die Doppelsumme, durch welche $F_\nu(\varphi(x))$ ausgedrückt worden, convergirt also unbedingt, und es ist daher gestattet, in ihr alle Glieder, welche dieselbe Potenz von $(x-c_1)$ enthalten, in eines zusammenzuziehen. Geschieht dies in den Ausdrücken sämmtlicher Functionen

$$F_\nu(\varphi(x)),$$

so ergiebt sich

$$f(x)=\sum_{\varkappa=1}^{\infty}C_{\varkappa}^{(1)}\left(\frac{1}{x-c_1}\right)^{\varkappa}+\mathfrak{P}^{(1)}(x-c_1)$$

für alle Werthe von x, bei denen der absolute Betrag von $(x-c_1)$ kleiner als ρ ist.

Die Reihe

$$\sum_{\varkappa=1}^{\infty}C_{\varkappa}^{(1)}\left(\frac{1}{x-c_1}\right)^{\varkappa}$$

convergirt hiernach für beliebig grosse Werthe von $\frac{1}{x-c_1}$, und ist also eine ganze Function dieser Grösse, welche mit $G_1\left(\frac{1}{x-c_1}\right)$ bezeichnet werden möge.

Man hat dann

$$f(x)-G_1\left(\frac{1}{x-c_1}\right)=\mathfrak{P}^{(1)}(x-c_1);$$

d. h. die Differenz

$$f(x)-G_1\left(\frac{1}{x-c_1}\right)$$

verhält sich in der Umgebung der Stelle c_1 regulär.

Versteht man nun unter $G_\nu\left(\frac{1}{x-c_\nu}\right)$ die Function, welche in Beziehung auf die singuläre Stelle c_ν dieselbe Bedeutung hat wie $G_1\left(\frac{1}{x-c_1}\right)$ in Beziehung auf die Stelle c_1, so ist

$$f(x)-\sum_{\nu=1}^{n} G_\nu\left(\frac{1}{x-c_\nu}\right)$$

eine eindeutige Function von x, welche sich in der Umgebung jeder beliebig angenommenen Stelle regulär verhält. Denn die Function $G_\nu\left(\frac{1}{x-c_\nu}\right)$ verhält sich regulär in der Umgebung jeder von c_ν verschiedenen Stelle; es könnte also jene nur die singulären Stellen $c_1, \ldots c_n$ haben, was nach dem eben Bewiesenen nicht der Fall ist — und hieraus folgt, wie schon in § 1 gezeigt worden, dass sie einen constanten Werth hat, der mit C bezeichnet werden möge.

Es ist also

$$f(x)=C+\sum_{\nu=1}^{n} G_\nu\left(\frac{1}{x-c_\nu}\right),$$

oder auch, wenn man zu den Functionen $G_1, \ldots G_n$ constante Glieder, deren Summe gleich C ist, hinzufügt

$$f(x)=\sum_{\nu=1}^{n} G_\nu\left(\frac{1}{x-c_\nu}\right).$$

Wenn nun ferner $f(x)$ die m wesentlichen singulären Stellen $(c_1, \ldots c_m)$, und die $(n-m)$ ausserwesentlichen $(c_{m+1}, \ldots c_n)$ hat, so lässt sich, wenn ν eine der Zahlen $(m+1), \ldots n$ ist, und x in der Umgebung von c_ν angenommen wird,

$$f(x) \text{ in der Form } (x-c_\nu)^{-m_\nu}.\left\{C_0^{(\nu)}+C_1^{(\nu)}(x-c_\nu)+\cdots\right\}$$

darstellen. Setzt man also

$$\sum_{\varkappa=0}^{m_\nu-1} C_\varkappa^{(\nu)}(x-c_\nu)^{-m_\nu+\varkappa}=G_\nu\left(\frac{1}{x-c_\nu}\right),$$

$$f(x)-\sum_{\nu=m+1}^{n} G_\nu\left(\frac{1}{x-c_\nu}\right)=f_1(x),$$

so ist $f_1(x)$ eine eindeutige Function, welche m wesentliche singuläre Stellen $(c_1, \ldots c_m)$, aber keine ausserwesentliche hat, und deshalb nach dem Vorhergehenden in der Form

$$\sum_{\nu=1}^{m} G_\nu\left(\frac{1}{x-c_\nu}\right)$$

dargestellt werden kann.

Man hat also auch in diesem Falle

$$f(x)=\sum_{\nu=1}^{n} G_\nu\left(\frac{1}{x-c_\nu}\right),$$

mit dem Unterschiede, dass jetzt unter den Functionen G_ν nur m transcendente sich finden.

Hiermit ist der in § 1 unter (B, 1) angegebene Satz vollständig bewiesen.*)

6. Eindeutige Functionen von x, welche n wesentliche singuläre Stellen besitzen, an jeder andern Stelle aber einen endlichen und von Null verschiedenen Werth haben.

Ist $f(x)$ eine Function dieser Art, so hat man, wenn x in der Umgebung irgend einer nicht singulären Stelle a angenommen wird,

$$f(x)=A_0+A_1(x-a)+A_2(x-a)^2+\cdots,$$

wo A_0 nicht gleich Null ist. Daraus folgt, wenn a nicht ∞ ist,

$$\frac{1}{f(x)}\frac{df(x)}{dx}=\mathfrak{P}(x-a);$$

*) Es bedarf kaum der Erinnerung, dass unter Voraussetzung einiger Sätze, die nicht den ersten Elementen der Functionenlehre angehören, der im Vorstehenden entwickelte Ausdruck von $f(x)$ auf kürzerem Wege ohne den im vorhergehenden § bewiesenen Hülfssatz hätte hergeleitet werden können. Indess giebt dieser Hülfssatz, auch abgesehen von dem Gebrauch, der von ihm gemacht worden ist, einen an sich bemerkenswerthen allgemeinen Ausdruck der untersuchten Functionen, den ich nicht übergehen mochte.

dagegen, wenn in dem Falle, wo die singulären Stellen $(c_1, \ldots c_m)$ von $f(x)$ alle im Endlichen liegen, $a = \infty$ genommen wird, also $x - a = \frac{1}{x}$ zu setzen ist,

$$\frac{1}{f(x)} \frac{df(x)}{dx} = \frac{1}{x^2} \mathfrak{P}\left(\frac{1}{x}\right).$$

Die Function

$$\frac{1}{f(x)} \frac{df(x)}{dx}$$

hat also nur die n singulären Stellen $c_1, \ldots c_n$, und kann daher wie im vorhergehenden § gezeigt worden, in der Form

$$C + \sum_{\nu=1}^{n} G_\nu\left(\frac{1}{x - c_\nu}\right)$$

dargestellt werden, so dass in den Functionen G_ν kein constantes Glied vorkommt.

Ist c_ν nicht ∞, und k_ν der Coëfficient von $\frac{1}{x - c_\nu}$ in G_ν, so lässt sich

$$G_\nu\left(\frac{1}{x - c_\nu}\right) \text{ auf die Form } \frac{k_\nu}{x - c_\nu} + \frac{d}{dx} \bar{G}_\nu\left(\frac{1}{x - c_\nu}\right)$$

bringen, wo auch $\bar{G}_\nu\left(\frac{1}{x - c_\nu}\right)$ eine ganze Function von $\frac{1}{x - c_\nu}$ ohne constantes Glied ist. In dem Falle, wo die c_ν sämmtlich endliche Werthe haben, ist ferner, wenn x dem absoluten Betrage nach grösser als jeder dieser Werthe ist,

$$C + \sum_{\nu=1}^{n} G_\nu\left(\frac{1}{x - c_\nu}\right) = C + \frac{1}{x} \sum_{\nu=1}^{n} k_\nu + \frac{1}{x^2} \mathfrak{P}\left(\frac{1}{x}\right);$$

es muss also

$$C = 0, \quad \sum_{\nu=1}^{n} k_\nu = 0$$

sein, und man hat

$$\frac{1}{f(x)} \frac{df(x)}{dx} = \frac{d}{dx} \sum_{\nu=1}^{n} \bar{G}_\nu\left(\frac{1}{x - c_\nu}\right) + \sum_{\nu=1}^{n} \frac{k_\nu}{x - c_\nu}.$$

Wenn dagegen eine der Grössen c_ν den Werth ∞ hat, so möge c_n diese sein; dann ist

$$C + G_n\left(\frac{1}{x - c_n}\right) = C + G_n(x) = \frac{d}{dx}\overline{G}_n(x),$$

wobei man $\overline{G}_n(0) = 0$ annehmen kann; man hat also in diesem Falle

$$\frac{1}{f(x)}\frac{df(x)}{dx} = \frac{d}{dx}\sum_{\nu=1}^{n}\overline{G}_\nu\left(\frac{1}{x - c_\nu}\right) + \sum_{\nu=1}^{n-1}\frac{k_\nu}{x - c_\nu}.$$

Es ist nun zunächst zu zeigen, dass in beiden Fällen die k_ν sämmtlich **ganze** Zahlen sind.

Man setze, unter ρ eine constante, und unter τ eine veränderliche reelle Grösse verstehend,

$$x_\tau = c_\lambda + \rho e^{\tau i},$$

wo λ im ersten Falle eine der Zahlen $1, \ldots n$ und im zweiten eine der Zahlen $1, \ldots (n-1)$ bedeutet. Dann lässt sich, wenn man ρ hinreichend klein annimmt, in beiden Fällen die Summe der Grössen

$$\frac{k_\nu\, dx_\tau}{x_\tau - c_\nu}$$

auf die Form

$$k_\lambda\, i\, d\tau + d\mathfrak{P}(x_\tau - c_\lambda)$$

bringen; und es ist

$$\frac{1}{f(x_\tau)}\frac{df(x_\tau)}{d\tau} = \frac{d}{d\tau}\sum_{\nu=1}^{n}\overline{G}_\nu\left(\frac{1}{x_\tau - c_\nu}\right) + \frac{d}{d\tau}\mathfrak{P}(x_\tau - c_\lambda) + k_\lambda i.$$

Daraus folgt, wenn man

$$F(x) = e^{\sum\limits_{\nu=1}^{n}\overline{G}_\nu\left(\frac{1}{x - c_\nu}\right) + \mathfrak{P}(x - c_\lambda)}$$

setzt:

$$f(x_\tau) = \overline{C}F(x_\tau)\,.\,e^{k_\lambda \tau i},$$

wo $\overline{C}$ eine von τ unabhängige Grösse bedeutet.

Vermehrt man in dieser Gleichung τ um 2π, so bleibt x_τ ungeändert; es muss also

$$e^{2 k_\lambda \pi i} = 1$$

und somit k_ν eine ganze Zahl sein.

Setzt man jetzt, unter C_0 eine Constante verstehend,

$$R^*(x) = C_0 \prod_{\nu=1}^{n-\varepsilon} (x - c_\nu)^{k_\nu},$$

wo $\varepsilon = 0$ oder 1 zu nehmen ist, jenachdem c_n einen endlichen Werth hat oder nicht, so ist

$$\frac{1}{R^*(x)} \frac{dR^*(x)}{dx} = \sum_{\nu=1}^{n-\varepsilon} \frac{k_\nu}{x - c_\nu},$$

und es ergiebt sich bei gehöriger Bestimmung der Constante C_0

$$f(x) = R^*(x) \,.\, \prod_{\nu=1}^{n} e^{\overline{G}_\nu\left(\frac{1}{x - c_\nu}\right)}.$$

Da nun in dem Falle, wo die Grössen c_ν sämmtlich endliche Werthe haben,

$$\sum_{\nu=1}^{n} k_\nu = 0$$

ist, so ist für $x = \infty$ die Function $R^*(x)$ weder Null noch unendlich gross; sie ist also eine rationale Function von x, welche an jeder Stelle, die nicht zu den singulären Stellen von $f(x)$ gehört, einen endlichen und von Null verschiedenen Werth hat. Für $n = 1$ reducirt sich dieselbe auf eine Constante.

Es lässt sich also jede Function $f(x)$ von der oben angegebenen Beschaffenheit in der bereits in § 1 aufgestellten Form ausdrücken.

Umgekehrt stellen die vorstehenden Formeln stets eine Function dieser Beschaffenheit dar, wenn man die Grössen $c_1, \ldots c_n$ und die Function $G_\nu\left(\frac{1}{x - c_\nu}\right)$ willkürlich, die Function $R^*(x)$ aber so annimmt, dass sie die angegebene Eigenschaft besitzt.

Hierzu ist noch Folgendes zu bemerken. Wenn von einer eindeutigen Function $f(x)$ feststeht, dass nicht nur sie selbst, sonderen auch $\frac{1}{f(x)}$ in der Umgebung jeder Stelle, welche nicht zu einer Reihe gegebener Stellen $(c_1, \ldots c_n)$ gehört, sich regulär verhält, während über ihr Verhalten in der Umgebung einer der letzteren Stellen nichts bekannt ist, so ergiebt sich ebenso wie im Vorstehenden

$$\frac{1}{f(x)}\frac{df(x)}{dx} = \overline{C} + \sum_{\nu=1}^{n} G_\nu\left(\frac{1}{x-c_\nu}\right) = \sum_{\nu=1}^{n-\varepsilon}\frac{k_\nu}{x-c_\nu} + \frac{d}{dx}\sum_{\nu=1}^{n}\overline{G}_\nu\left(\frac{1}{x-c_\nu}\right),$$

$$f(x) = R^*(x)\prod_{\nu=1}^{n} e^{\overline{G}_\nu\left(\frac{1}{x-c_\nu}\right)}, \text{ wo } R^*(x) = C\prod_{\nu=1}^{n-\varepsilon}(x-c_\nu)^{k_\nu},$$

mit dem Unterschiede, dass jetzt die Functionen $\overline{G}_\nu$ zum Theil oder auch alle gleich Null sein können.

7. Eindeutige Functionen von x mit n wesentlichen und beliebig vielen ausserwesentlichen singulären Stellen.

Das Verfahren, durch welches man mit Hülfe der in den §§ (2 — 6) entwickelten Sätze zu den in der Einleitung unter (B, 2) und (C, 1 u. 2) aufgestellten Ausdrücken einer eindeutigen Function $f(x)$ mit einer endlichen Anzahl wesentlicher singulärer Stellen gelangt, ist der Hauptsache nach bereits in § 1 so vollständig auseinander gesetzt worden, dass nur Weniges hinzuzufügen bleibt.

Hat die darzustellende Function keine Null-Stellen, so sind die a. a. O. mit $G^{(\nu)}$ bezeichneten Functionen sämmtlich durch die Zahl 1 zu ersetzen.

Hat sie Null-Stellen in endlicher Anzahl, so kann man dieselben in beliebiger Weise den wesentlichen singulären Stellen zuordnen; es werden dann die $G^{(\nu)}\left(\frac{1}{x-c_\nu}\right)$ rationale Functionen, welche zusammengenommen dieselben Null-Stellen wie $f(x)$ haben. Am einfachsten ist es in diesem Falle, eine der Functionen $G^{(\nu)}$ so zu bestimmen, dass die Reihe ihrer Null-Stellen mit der von $f(x)$ übereinstimmt, und die übrigen dann durch die Zahl 1 zu ersetzen.

In dem Falle endlich, wo $f(x)$ unendlich viele Null-Stellen hat, giebt es unter den wesentlichen singulären Stellen mindestens eine — sie möge mit c_1 bezeichnet werden — die so liegt, dass in jeder Umgebung derselben unendlich viele Null-Stellen von $f(x)$ vorhanden sind. Ist dann c_λ irgend eine der übrigen wesentlichen singulären Stellen, und versteht man unter C_λ diejenige Umgebung derselben, in welcher

$$|x - c_\lambda| \leqq \rho$$

ist, so kann man ρ so klein annehmen, dass C_λ nur die eine wesentliche singuläre Stelle c_λ, und Null-Stellen nur in dem Falle enthält, wo in jeder Umgebung von c_λ sich solche finden. Wenn man dabei ρ auch so annimmt, dass an der Grenze von C_λ keine Null-Stellen liegen, und dann unter C_1 denjenigen Theil des Gebietes von x versteht, der nach Ausscheidung von C_2, C_3, ... übrig bleibt, so ist das ganze Gebiet dergestalt in Theile C_1, C_2, ... zerlegt, dass sich in der a. a. O. beschriebenen Weise Functionen

$$G^{(1)}\left(\frac{1}{x - c_1}\right), \quad G^{(2)}\left(\frac{1}{x - c_2}\right), \ldots$$

bilden lassen, deren Null-Stellen beziehlich die in C_1, C_2, ... enthaltenen Null-Stellen von $f(x)$ sind. Dabei ist, wenn es in einem dieser Theile keine Null-Stellen von $f(x)$ giebt, die entsprechende Function $G^{(\nu)}$ durch 1 zu ersetzen; woraus erhellt, dass man auf die angegebene Weise verfahrend die geringste Zahl von Functionen $G^{(\nu)}\left(\frac{1}{x - c_\nu}\right)$ erhält, für welche die Gesammtheit ihrer Null-Stellen identisch ist mit der Reihe der Null-Stellen der Function $f(x)$.

Wenn nun ferner $f(x)$ — wie in § 5 angenommen worden — n (wesentliche oder ausserwesentliche) singuläre Stellen (c_1, ... c_n) hat, so sind wieder drei Fälle zu unterscheiden.

Die singulären Stellen können sämmtlich wesentliche sein — dann ist, wenn man

$$f(x) = \prod_{\nu=1}^{n} G^{(\nu)}\left(\frac{1}{x - c_\nu}\right) \cdot f_1(x)$$

setzt, $f_1(x)$ eine Function von der im vorhergehenden § vorausgesetzten Beschaffenheit, so dass sie sich, da jede ihrer wesentlichen singulären

Stellen in der Reihe $c_1, \ldots c_n$ enthalten ist, in der Form

$$R^*(x) \prod_{\nu=1}^{n} e^{\overline{G}_\nu\left(\frac{1}{x-c_\nu}\right)}$$

darstellen lässt — wobei zu beachten ist, dass nach dem am Schluss d. a. § Bemerkten die Functionen $\overline{G}_\nu$ zum Theil oder auch alle gleich Null sein können. Setzt man also

$$G^{(\nu)}\left(\frac{1}{x-c_\nu}\right) e^{\overline{G}_\nu\left(\frac{1}{x-c_\nu}\right)} = G_\nu\left(\frac{1}{x-c_\nu}\right),$$

so ergiebt sich

$$f(x) = \prod_{\nu=1}^{n} G_\nu\left(\frac{1}{x-c_\nu}\right) . R^*(x) .$$

Hat ferner $f(x)$ m wesentliche singuläre Stellen $(c_1, \ldots c_m)$ und $(n-m)$ ausserwesentliche $(c_{m+1}, \ldots c_n)$, so möge, wenn ν eine der Zahlen $m+1, \ldots n$ ist, m_ν die kleinste positive ganze Zahl sein, durch welche bewirkt wird, dass

$$(x-c)^{m_\nu} f(x)$$

für $x = c_\nu$ einen endlichen Werth erhält. Setzt man dann

$$G_\nu\left(\frac{1}{x-c_\nu}\right) = \left(\frac{1}{x-c_\nu}\right)^{m_\nu}, \qquad (\nu = m+1, \ldots n)$$

und

$$f(x) = \overline{f}(x) . \prod_{\nu=m+1}^{n} G_\nu\left(\frac{1}{x-c_\nu}\right),$$

so ist $\overline{f}(x)$ eine Function, welche die m wesentlichen singulären Stellen $(c_1, \ldots c_m)$, aber keine ausserwesentliche hat, mithin in der Form

$$\prod_{\nu=1}^{m} G_\nu\left(\frac{1}{x-c_\nu}\right) . R^*(x)$$

ausgedrückt werden kann.

Sind endlich $c_1, \ldots c_n$ sämmtlich ausserwesentliche singuläre Stellen für die Function, und hat m_ν dieselbe Bedeutung wie oben, so ist, wenn von den Grössen $c_1, \dots c_n$ keine den Werth ∞ hat,

$$f(x) = \frac{G(x)}{(x - c_1)^{m_1} \dots (x - c_n)^{m_n}},$$

wo $G(x)$ eine ganze rationale Function von nicht höherem als dem $(m_1 + \cdots + m_n)$ten Grade bezeichnet — dagegen, wenn $c_n = \infty$,

$$f(x) = \frac{G(x)}{(x - c_1)^{m_1} \dots (x - c_{n-1})^{m_{n-1}}},$$

wo der Grad von $G(x)$ den des Nenners um m_n Einheiten übertrifft. Man kann daher in beiden Fällen $f(x)$ auf die Form

$$\prod_{\nu=1}^{n} G_\nu\left(\frac{1}{x - c_\nu}\right)$$

bringen, in der Art, dass $G_\nu\left(\frac{1}{x - c_\nu}\right)$ eine ganze rationale Function $m_\nu$ten Grades von $\frac{1}{x - c_\nu}$ ist.

Hiernach kann also jede eindeutige Function von x mit n singulären Stellen in der in § 1 unter (B, 2) aufgestellten Form

$$\prod_{\nu=1}^{n} G_\nu\left(\frac{1}{x - c_\nu}\right) \cdot R^*(x)$$

ausgedrückt werden. Dabei ist zu beachten, dass $R^*(x)$ — wie a. a. O. angegeben worden — nur an solchen Stellen, welche sich unter den wesentlichen singulären Stellen der darzustellenden Function finden, Null und unendlich gross wird; so wie auch, dass keine der Functionen $G_\nu\left(\frac{1}{x - c_\nu}\right)$, wenn dieselben in der beschriebenen Weise gebildet werden, an einer der Stellen $c_1, \dots c_n$ verschwindet und sich auch nicht auf eine Constante reducirt. Zugleich erhellt, dass, wenn die Functionen G_ν, R^* diesen Bedingungen gemäss, im Übrigen aber willkürlich angenommen werden, die vorstehende Formel auch stets eine eindeutige Function von x mit n singulären Stellen dargestellt.

Jetzt sei $f(x)$ eine beliebige eindeutige Function mit den n wesentlichen singulären Stellen $(c_1, \dots c_n)$. Dann ist wieder, wenn man unter

$$G_{n+1}\left(\frac{1}{x-c_1}\right), \dots G_{2n}\left(\frac{1}{x-c_n}\right)$$

die Functionen versteht, welche zur Function $\frac{1}{f(x)}$ in derselben Beziehung stehen wie

$$G^{(1)}\left(\frac{1}{x-c_1}\right), \dots G^{(n)}\left(\frac{1}{x-c_n}\right)$$

zu $f(x)$*) — so dass die Gesammtheit ihrer Null-Stellen identisch ist mit der Reihe der Null-Stellen von $\frac{1}{f(x)}$ — und

$$f(x) = \prod_{\nu=1}^{n}\left\{\frac{G^{(\nu)}\left(\frac{1}{x-c_\nu}\right)}{G_{n+\nu}\left(\frac{1}{x-c_\nu}\right)}\right\}\cdot f_1(x)$$

setzt, $f_1(x)$ eine Function von derselben Beschaffenheit wie die im Vorstehenden so bezeichnete. Man erhält also, wenn man für dieselbe den angegebenen Ausdruck setzt und

$$G^{(\nu)}\left(\frac{1}{x-c_\nu}\right) \cdot e^{\bar{G}_\nu\left(\frac{1}{x-c_\nu}\right)} \text{ mit } G_\nu\left(\frac{1}{x-c_\nu}\right)$$

bezeichnet

$$f(x) = \frac{\prod_{\nu=1}^{n} G_\nu\left(\frac{1}{x-c_\nu}\right)}{\prod_{\nu=1}^{n} G_{n+\nu}\left(\frac{1}{x-c_\nu}\right)} \cdot R^*(x).$$

Dies ist der in § 1 unter (C, 2) gegebene Ausdruck von $f(x)$.

---

*) Es ist zu beachten, dass die zur Definition der Functionen $G_{n+\nu}$ erforderliche Zerlegung des Gebietes von x in n Theile den in Beziehung auf die Function $f(x)$ gegebenen Bestimmungen gemäss auszuführen ist, so dass diese Theile nicht nothwendig dieselben werden wie die vorhin mit C_1, C_2, ... bezeichneten.

Die in diesem Ausdrucke vorkommenden Functionen $G_1, \ldots G_{2n}$ sind so beschaffen, dass nicht zwei derselben eine gemeinschaftliche Null-Stelle haben, und auch keine von ihnen an einer der Stellen $c_1, \ldots c_n$ verschwindet. Ferner ist von den Factoren des Nenners jeder, welcher nicht unendlich viele Null-Stellen hat, eine rationale Function, und der entsprechende des Zählers dann nothwendig eine transcendente. Dabei darf angenommen werden, dass die Anzahl derjenigen Factoren des Nenners, welche nicht gleich 1 sind, ein Minimum sei; dann ist in dem Falle, wo $f(x)$ unendlich viele ausserwesentliche singuläre Stellen hat, jeder dieser Factoren eine Function mit unendlich vielen Null-Stellen, während im entgegengesetzten Falle der Nenner sich auf eine rationale Function von x mit Einer — in der Reihe $c_1, \ldots c_n$ enthaltenen — singulären Stelle, oder auch auf eine Constante reducirt. $R^*(x)$ hat dieselbe Bedeutung wie im vorher betrachteten Falle.

Zugleich ist klar, dass der vorstehende Ausdruck stets eine eindeutige Function von x mit den n wesentlichen singulären Stellen $(c_1, \ldots c_n)$ darstellt, wenn die Functionen

$$G_1\left(\frac{1}{x-c_1}\right), \ldots G_n\left(\frac{1}{x-c_n}\right), \quad G_{n+1}\left(\frac{1}{x-c_1}\right), \ldots G_{2n}\left(\frac{1}{x-c_n}\right), \quad R^*(x)$$

so angenommen werden, dass sie die angegebene Beschaffenheit haben, im Übrigen aber willkürlich gewählt sind.

Die Function $R^*(x)$ kann in der Form

$$\frac{G_1^*\left(\frac{1}{x-c_\lambda}\right)}{G_2^*\left(\frac{1}{x-c_\lambda}\right)},$$

wo c_λ eine beliebige der Grössen $c_1, \ldots c_n$ bedeutet, dergestalt ausgedrückt werden, dass G_1^*, G_2^* rationale ganze Functionen von $\frac{1}{x-c_\lambda}$ ohne gemeinschaftlichen Theiler sind.

Es lässt sich also der allgemeinste Ausdruck einer eindeutigen Function von x mit den n wesentlichen singulären Stellen $c_1, \ldots c_n$ auch in der Form

$$\frac{\prod_{\nu=1}^{n} G_\nu\left(\frac{1}{x-c_\nu}\right)}{\prod_{\nu=1}^{n} G_{n+\nu}\left(\frac{1}{x-c_\nu}\right)}$$

darstellen, wo die Functionen $G_1, \ldots G_{2n}$ dieselbe Beschaffenheit wie in dem vorhergehenden Ausdruck haben, mit der Modification, dass jetzt auch ein Factor des Zählers und der entsprechende des Nenners an einigen der Stellen $c_1, \ldots c_n$ beide verschwinden können.

Übrigens erhellt, dass beide Ausdrücke, wie auch die Functionen $G_1, \ldots G_{2n}$ angenommen werden mögen, stets eine eindeutige Function von x darstellen, deren wesentliche singuläre Stellen sich sämmtlich in der Reihe $c_1, \ldots c_n$ finden; so wie auch, dass c_λ wirklich eine wesentliche singuläre Stelle dieser Function ist, wenn unter den übrigen Grössen c_ν keine ihr gleiche sich findet und der Quotient

$$\frac{G_\lambda\left(\frac{1}{x-c_\lambda}\right)}{G_{n+\lambda}\left(\frac{1}{x-c_\lambda}\right)}$$

sich nicht auf eine rationale Function reducirt.

Der zweite Ausdruck von $f(x)$ kann nun auf doppelte Weise noch weiter entwickelt werden.

Setzt man

$$f(x) = \frac{f_1(x)}{f_2(x)},$$

$$f_1(x) = \prod_{\nu=1}^{n} G_\nu\left(\frac{1}{x-c_\nu}\right),$$

$$f_2(x) = \prod_{\nu=1}^{n} G_{\nu+1}\left(\frac{1}{x-c_\nu}\right),$$

so sind $f_1(x), f_2(x)$ Functionen von x, welche sich in der Umgebung jeder von $c_1, \ldots c_n$ verschiedenen Stelle regulär verhalten, und deshalb nach § 5 in der Form

$$f_1(x) = A + \sum_{\nu=1}^{n} \sum_{\mu=1}^{\infty} A_{\mu,\nu}(x-c_\nu)^{-\mu},$$

$$f_2(x) = B + \sum_{\nu=1}^{n} \sum_{\mu=1}^{\infty} A_{\mu,\nu}(x-c_\nu)^{-\mu}$$

dargestellt werden können, wo die Coëfficienten

$$A\,,\; B\,,\; A_{\mu,\nu}\,,\; B_{\mu,\nu}$$

Constanten und so beschaffen sind, dass die Reihen für jeden von $c_1, \ldots c_n$ verschiedenen Werth der Veränderlichen x unbedingt convergiren. So ergiebt sich der in § 1 unter (C, 1) aufgestellte Ausdruck von $f(x)$.

Wenn man ferner das in § 2 auseinander gesetzte Verfahren zur Zerlegung einer ganzen eindeutigen Function in Primfactoren auf die Functionen $G_1, \ldots G_{2n}$ anwendet, so erhält man jede der Functionen $f_1(x), f_2'(x)$, wofern sie nicht selbst eine Primfunction ist, als Product von (rationalen oder transcendenten) Primfactoren dargestellt, und zwar so, dass die singuläre Stelle jedes einzelnen eine der wesentlichen singulären Stellen von $f(x)$ ist, und das Product, falls es aus unendlich vielen Factoren besteht, in jedem Theile des Gebiets von x, der weder im Innern noch an der Grenze eine der Stellen $c_1, \ldots c_n$ enthält, unbedingt und gleichmässig convergirt.

Hiermit ist vollständig nachgewiesen, wie sich jede eindeutige Function $f(x)$ mit einer endlichen Anzahl wesentlicher singulärer Stellen aus den einfachsten Functionen mit Einer (wesentlichen oder ausserwesentlichen) singulären Stelle durch arithmetische Operationen zusammensetzen lässt.

Es bleibt aber noch übrig zu ermitteln, wie eine solche Function sich in der Umgebung einer ihrer wesentlichen singulären Stellen verhält.

8. Verhalten der untersuchten Functionen in der Umgebung einer ihrer wesentlichen singulären Stellen.

Ist $f(x)$ eine ganze eindeutige Function, so weiss man, dass es unendlich grosse Werthe von x giebt, für welche der Werth von $f(x)$ ebenfalls unendlich gross ist — mit andern Worten, dass sich, wenn a, b zwei willkürlich angenommene positive Grössen sind, unter den Werthen von x, die ihrem absoluten Betrage nach grösser als a sind, stets solche finden, für die der absolute Betrag von $f(x)$ grösser als b ist.

Dasselbe gilt für jede eindeutige Function von x mit der einen wesentlichen singulären Stelle ∞. Man denke sich nämlich eine solche Function so, wie in § 3 angegeben worden, in der Form

$$\frac{G_1(x)}{G_2(x)}$$

ausgedrückt, so hat man zwei Fälle zu unterscheiden. Ist der Nenner eine transcendente Function, so verschwindet derselbe für unendlich viele Werthe von x; unter diesen giebt es also nothwendig unendlich grosse, und in einer unendlich kleinen Umgebung eines solchen Werthes ist der Werth von $f(x)$ unendlich gross. Ist aber $G_2(x)$ eine rationale Function, so kann

$$\frac{G_1(x)}{G_2(x)} \text{ auf die Form } \frac{G_3(x)}{G_2(x)} + G_4(x)$$

in der Art gebracht werden, dass $G_3(x)$ eine rationale ganze Function von niedrigerem Grade als $G_2(x)$, und $G_4(x)$ eine transcendente ganze Function ist; woraus sich, da der Quotient

$$\frac{G_3(x)}{G_2(x)}$$

für jeden unendlich grossen Werth unendlich klein ist, die Richtigkeit des Behaupteten auch in diesem Falle ergiebt.

Dies vorausgeschickt bedeute jetzt $f(x)$ wieder eine beliebige eindeutige Function mit einer endlichen Anzahl wesentlicher singulärer Stellen, so kann dieselbe, wenn c irgend eine dieser Stellen ist, nach dem vorhergehenden § in der Form

$$\frac{G_1\left(\frac{1}{x-c}\right)}{G_{n+1}\left(\frac{1}{x-c}\right)} \cdot F(x)$$

dergestalt ausgedrückt werden, dass $F(x)$ in der Umgebung der Stelle c sich regulär verhält, aber für $x = c$ nicht verschwindet. Es giebt also, wenn ρ, R positive Grössen sind, von denen die erste beliebig klein und die andere beliebig gross angenommen werden kann, Werthe von x, für die

$$|x - c| < \rho\,, \quad |f(x)| > R$$

ist.

Nun hat aber, wenn C eine willkürlich anzunehmende Grösse bedeutet, die Function

$$\frac{1}{f(x) - C}$$

dieselben wesentlichen singulären Stellen wie $f(x)$; es existiren also auch Werthe von x, für die

$$|x - c| < \rho\,, \quad \left|\frac{1}{f(x) - C}\right| > R\,, \quad |f(x) - C| < \frac{1}{R}$$

ist.

Hiernach ändert sich die Function $f(x)$ in einer unendlich kleinen Umgebung der Stelle c in der Art discontinuirlich, dass sie jedem willkürlich angenommenen Werthe beliebig nahe kommen kann, für $x = c$ also einen bestimmten Werth nicht besitzt; was sich in den entwickelten Ausdrücken der Function dadurch zu erkennen giebt, dass dieselben für $x = c$ aufhören, eine Bedeutung zu haben.

Über einen functionentheoretischen Satz des Herrn G. Mittag-Leffler.

Aus dem Monatsbericht der Königl. Akademie der Wissenschaften zu Berlin vom August 1880.

Über einen functionentheoretischen Satz des Herrn G. Mittag-Leffler.

Aus dem Monatsbericht der Königl. Akademie der Wissenschaften zu Berlin vom August 1880.

In den Berichten der Akademie der Wissenschaften zu Stockholm*) a. d. J. 1877 hat Herr Mittag-Leffler im Anschluss an meine in den Denkschriften unserer Akademie a. d. J. 1876 veröffentlichten Untersuchungen über die eindeutigen analytischen Functionen einer Veränderlichen einige sehr beachtenswerthe Theoreme entwickelt. Unter denselben ist von besonderer Wichtigkeit das nachstehende, auf welches näher einzugehen ich aus dem Grunde Veranlassung habe, weil es mir dazu gedient hat, die Ergebnisse meiner Arbeit in mehreren wesentlichen Punkten zu vervollständigen:

„Es seien gegeben

1) eine unendliche Reihe bestimmter endlicher Grössen:

$$a_1, a_2, a_3, \ldots,$$

unter denen keine zwei gleiche sich finden, und die der Bedingung

$$\operatorname{Lim.}_{\nu=\infty} a_\nu = \infty$$

genügen; und

2) eine unendliche Reihe rationaler Functionen einer Veränderlichen x:

$$f_1(x), f_2(x), f_3(x), \ldots,$$

von denen $f_\nu(x)$ nur an der Stelle $(x = a_\nu)$ unendlich gross wird, und für $x = \infty$ verschwindet.

---

*) Öfversigt af Kongl. Wetenskaps-Akademiens Förhandlingar, 1877.

Dann lässt sich stets eine eindeutige analytische Function $F(x)$ mit der einen wesentlichen singulären Stelle ∞ bilden, welche nur an den Stellen $a_1, a_2, a_3, \ldots$ unendlich gross wird, und zwar so, dass — für jeden bestimmten Werth von ν — die Differenz

$$F(x) - f_\nu(x)$$

an der Stelle $(x = a_\nu)$ einen endlichen Werth hat, und daher innerhalb einer gewissen Umgebung dieser Stelle

$$F(x) \text{ in der Form } f_\nu(x) + \mathfrak{P}(x - a_\nu)$$

dargestellt werden kann."

Herr Mittag-Leffler beweist diesen Satz, indem er zeigt, dass sich aus den gegebenen Functionen

$$f_1(x),\ f_2(x),\ f_3(x),\ \ldots$$

eine Reihe anderer rationalen Functionen:

$$F_1(x),\ F_2(x),\ F_3(x),\ \ldots$$

dergestalt ableiten lässt, dass jede der Differenzen

$$F_1(x) - f_1(x),\ F_2(x) - f_2(x),\ F_3(x) - f_3(x),\ \ldots$$

eine ganze Function von x oder eine Constante ist, und zugleich die unendliche Reihe

$$\sum_{\nu=1}^{\infty} F_\nu(x)$$

innerhalb jedes Bereichs, der keine der Stellen $a_1, a_2, a_3, \ldots$ enthält, gleichmässig convergirt, woraus sich folgern lässt, dass dieselbe eine Function $F(x)$ von der angegebenen Beschaffenheit darstellt.

Man kann indess für die Functionen $F_\nu(x)$ eine einfachere Bildungsweise als die von Herrn Mittag-Leffler auseinandergesetzte angeben und dadurch den Beweis des Satzes erheblich vereinfachen.

Man nehme eine unendliche Reihe positiver Grössen:

$$\varepsilon_1,\ \varepsilon_2,\ \varepsilon_3,\ \ldots,$$

deren Summe einen endlichen Werth hat, und ausserdem eine ebenfalls positive Grösse ε, die <1 ist, willkürlich an.

Ist nun, für einen bestimmten Werth von ν, $a_\nu = 0$, so nehme man

$$F_\nu(x) = f_\nu(x).$$

Wenn aber a_ν einen von Null verschiedenen Werth hat, so entwickele man $f_\nu(x)$ in eine Potenzreihe

$$\sum_{\mu=0}^{\infty} A_\mu^{(\nu)} x^\mu,$$

welche für jeden der Bedingung

$$\left|\frac{x}{a_\nu}\right| < 1$$

genügenden Werth von x convergirt. Dann kann man eine ganze Zahl m so bestimmen, dass für jeden der Bedingung

$$\left|\frac{x}{a_\nu}\right| \leqq \varepsilon$$

entsprechenden Werth von x der absolute Betrag von

$$\sum_{\mu=m}^{\infty} A_\mu^{(\nu)} x^\mu$$

kleiner als ε_ν ist.*) Nach Ermittelung dieser Zahl m nehme man

$$F_\nu(x) = f_\nu(x) - \sum_{\mu=0}^{m-1} A_\mu^{(\nu)} x^\mu,$$

---

*) Nach Annahme einer positiven Grösse ε_0, die kleiner als 1, aber grösser als ε ist, bestimme man eine Grösse g so, dass für jeden Werth von x, der den absoluten Betrag $\varepsilon_0 \,|\, a_\nu \,|$ hat,

$$\left| A_\mu^{(\nu)} x^\mu \right| \leqq g$$

ist. Dann hat man

$$\left| A_\mu^{(\nu)} \right| \leqq g \,.\, \left| \varepsilon_0 \, a_\nu \right|^{-\mu},$$

wobei zu bemerken, dass $F_\nu(x) = f_\nu(x)$ zu setzen ist, wenn $m = 0$, und dass man

$$F_\nu(x) = x^m \varphi_\nu(x)$$

hat, wo $\varphi_\nu(x)$ eine rationale Function ist, die ebenso wie $f_\nu(x)$ nur für $x = a_\nu$ unendlich gross wird, und für $x = \infty$ verschwindet.

Nun sei x_0 irgend ein bestimmter endlicher Werth von x, der nicht in der Reihe

$$a_1, a_2, a_3, \ldots$$

enthalten ist, und ρ eine positive Grösse, die man so klein anzunehmen hat, dass auch unter denjenigen Werthen von x, für die

$$|x - x_0| \leqq \rho,$$

keine der Grössen $a_1, a_2, a_3, \ldots$ sich findet. Dann kann, wenn δ irgend eine gegebene, beliebig kleine Grösse ist, eine ganze Zahl r so angenommen werden, dass für jeden der eben angegebenen Werthe von x, sobald $\nu \geqq r$,

$$\left|\frac{x}{a_\nu}\right| \leqq \varepsilon$$

und somit

$$|F_\nu(x)| < \varepsilon_\nu,$$

$$\left|\sum_{\nu=r}^{\infty} F_\nu(x)\right| < \delta$$

ist. Die Reihe

$$\sum_{\nu=1}^{\infty} F_\nu(x)$$

---

und es ist somit, wenn $\left|\frac{x}{a_\nu}\right| \leqq \varepsilon$,

$$\left|\sum_{\mu=m_\nu}^{\infty} A_\mu^{(\nu)} x^\mu\right| \leqq g \sum_{\mu=m_\nu}^{\infty} \left(\frac{\varepsilon}{\varepsilon_0}\right)^\mu = \frac{g}{1-\frac{\varepsilon}{\varepsilon_0}} \cdot \left(\frac{\varepsilon}{\varepsilon_0}\right)^{m_\nu}.$$

Man kann nun unter den m_ν den kleinsten Werth mit m bezeichnen und so wählen, dass $\frac{g}{1-\frac{\varepsilon}{\varepsilon_0}} \cdot \left(\frac{\varepsilon}{\varepsilon_0}\right)^m < \varepsilon_\nu$ ist.

convergirt also, und zwar gleichmässig, für alle der Bedingung

$$|x - x_0| \leqq \rho$$

entsprechenden Werthe von x, und kann daher, nach einem bekannten Satz, für diese auch in der Form einer gewöhnlichen Potenzreihe von $(x - x_0)$ dargestellt werden.

Ist ferner a_λ irgend eine der Grössen $a_1, a_2, a_3, \ldots$, und nimmt man ρ so klein an, dass sich unter denjenigen Werthen von x, für die

$$|x - a_\lambda| \leqq \rho,$$

ausser a_λ keine der genannten Grössen findet, so ist nach dem Vorstehenden die Reihe

$$\sum_{\nu=1}^{\infty} F_\nu(x) - F_\lambda(x)$$

für die in Rede stehenden Werthe von x gleichmässig convergent und in der Form

$$\mathfrak{P}(x - a_\lambda)$$

darstellbar, so dass man

$$\sum_{\nu=1}^{\infty} F_\nu(x) = F_\lambda(x) + \mathfrak{P}(x - a_\lambda) = f_\lambda(x) + \mathfrak{P}_1(x - a_\lambda)$$

hat. Damit ist bewiesen, dass die Reihe

$$\sum_{\nu=1}^{\infty} F_\nu(x)$$

eine Function $F(x)$ von der in dem angeführten Satze angegebenen Beschaffenheit darstellt.

Hierzu ist noch Folgendes zu bemerken. Ist $G(x)$ eine beliebige (rationale oder transcendente) ganze Function von x, und setzt man

$$\overline{F}(x) = F(x) + G(x),$$

so ist auch $\overline{F}(x)$ eine Function von der in Rede stehenden Beschaffenheit. Und umgekehrt, wenn $F(x)$, $\overline{F}(x)$ irgend zwei solche Functionen sind, so ist die Differenz

$$\overline{F}(x) - F(x)$$

nothwendig eine ganze Function von x.

2.

Nunmehr sei $f(x)$ irgend eine gegebene eindeutige analytische Function von x, welche nur die eine wesentliche singuläre Stelle ∞ besitzt, und an beliebig vielen andern Stellen

$$a_1, a_2, a_3, \ldots$$

gleich ∞ wird, wobei in dem Falle, wo die Anzahl dieser Stellen unendlich gross ist, angenommen werden darf, es seien dieselben so geordnet, dass

$$\operatorname*{Lim.}_{\nu=\infty} a_\nu = \infty.$$

Dann lässt sich, wenn a_ν eine l_ν mal zu zählende ∞-Stelle der Function $f(x)$ ist, für die einer bestimmten Umgebung dieser Stelle angehörigen Werthe von x

$$(x-a_\nu)^l f(x) \text{ in der Form } \sum_{\mu=0}^{\infty} C_\mu^{(\nu)}(x-a_\nu)^\mu$$

darstellen; man hat also, wenn

$$f_\nu(x) = \sum_{\mu=0}^{l-1} C_\mu^{(\nu)}(x-a_\nu)^{-l+\mu}$$

gesetzt wird,

$$f(x) = f_\nu(x) + \mathfrak{P}(x-a_\nu),$$

und es ist $f_\nu(x)$ eine rationale Function von x, die nur für $x = a_\nu$ unendlich gross wird, und für $x = \infty$ verschwindet.

Leitet man nun aus den Functionen

$$f_1(x),\ f_2(x),\ f_3(x),\ \ldots$$

auf die in (1) beschriebene Weise die Functionen

$$F_1(x),\ F_2(x),\ F_3(x),\ \ldots$$

ab — wobei man, wenn die Anzahl der ∞-Stellen von $f(x)$ endlich ist, $F_\nu(x) = f_\nu(x)$ setzen kann, es wird die Differenz

$$f(x) - \sum_\nu F_\nu(x)$$

für keinen endlichen Werth von x unendlich gross, und es ist also

$$f(x) = \sum_\nu F_\nu(x) + G(x),$$

wo $G(x)$ wieder eine ganze Function von x bedeutet.

Bringt man

$$G(x) \text{ auf die Form } \sum_\nu g_\nu(x),$$

in der Art, dass $g_1(x)$, $g_2(x)$, ... ganze und rationale Functionen von x sind, so hat man

$$f(x) = \sum \big(F_\nu(x) + g_\nu(x)\big).$$

Es lässt sich also jede eindeutige analytische Function $f(x)$, für die im Endlichen keine wesentliche singuläre Stelle existirt, als eine Summe von rationalen Functionen der Veränderlichen x dergestalt ausdrücken, dass jede dieser Functionen im Endlichen nur eine ∞-Stelle hat.

Dies war bisher nur für die rationalen und für einige bestimmte transcendente Functionen einer Veränderlichen bekannt.

3.

Aus den beiden in (1, 2) entwickelten Sätzen leitet man leicht die folgenden ab.

A. Es seien gegeben

1) eine bestimmte Grösse c und eine unendliche Reihe von c verschiedener Grössen:

$$a_1, a_2, a_3, \ldots,$$

unter denen keine zwei gleiche sich finden, und die der Bedingung

$$\operatorname{Lim.}_{\nu=\infty} a_\nu = c$$

genügen; und

2) eine unendliche Reihe rationaler Functionen:

$$f_1(x), f_2(x), f_3(x), \ldots,$$

von denen $f_\nu(x)$ nur an der Stelle $(x = a_\nu)$ unendlich gross wird, und für $x = c$ verschwindet.

Dann lässt sich stets eine eindeutige analytische Function $F(x)$ mit der einen wesentlichen singulären Stelle c bilden, welche nur an den Stellen $a_1, a_2, a_3, \ldots$ gleich ∞ wird, und zwar so, dass

$$F(x) - f_\nu(x)$$

an der Stelle $(x = a_\nu)$ einen endlichen Werth hat.

Diese Function $F(x)$ kann dargestellt werden in der Form

$$\sum_{\nu=1}^{\infty} F_\nu(x),$$

wo $F_\nu(x)$ eine in der Form

$$f_\nu(x) + G_\nu\left(\frac{1}{x - c_\nu}\right)$$

ausdrückbare rationale Function bezeichnet.

B. Jede eindeutige analytische Function $f(x)$ mit nur einer wesentlich singulären Stelle c lässt sich als eine Summe von rationalen Functionen der Veränderlichen x dergestalt ausdrücken, dass jede dieser Functionen nicht mehr als eine von c verschiedene ∞-Stelle hat.

Diese Sätze ergeben sich aus den in (1, 2) bewiesenen, wenn man

$$\frac{1}{x - c} = x'$$

setzt, und dann $f(x)$ als Function von x' betrachtet.

Der Satz B reiht sich den in §§ 2, 3 meiner oben angeführten Abhandlung entwickelten Sätzen an.

4.

In der genannten Abhandlung habe ich (§ 7) für eine eindeutige analytische Function einer Veränderlichen x mit n wesentlichen singulären Stellen $(c_1, \ldots c_n)$ zwei allgemeine Ausdrücke aufgestellt, nämlich

$$1)\qquad \frac{\sum\limits_{\lambda=1}^{n} G_\lambda\left(\dfrac{1}{x-c_\lambda}\right)}{\sum\limits_{\lambda=1}^{n} G_{n+\lambda}\left(\dfrac{1}{x-c_\lambda}\right)},$$

$$2)\qquad \frac{\prod\limits_{\lambda=1}^{n} G_\lambda\left(\dfrac{1}{x-c_\lambda}\right)}{\prod\limits_{\lambda=1}^{n} G_{n+\lambda}\left(\dfrac{1}{x-c_\lambda}\right)} \cdot R^*(x),$$

wo $R^*(x)$ eine rationale Function von x, die nur an den Stellen $c_1, \ldots c_n$ Null und unendlich gross wird, bedeutet.

Bezeichnet man mit $F(x; c)$ eine eindeutige analytische Function von x mit der einen wesentlichen singulären Stelle c, so lässt sich der Ausdruck (2) auf die Form

$$2\text{a})\qquad \prod_{\lambda=1}^{n} F_\lambda(x; c_\lambda)$$

bringen.

Nun stellt aber auch der Ausdruck

$$3)\qquad \sum_{\lambda=1}^{n} F_\lambda(x; c)$$

eine eindeutige Function mit n wesentlichen singulären Stellen $(c_1, \ldots c_n)$ dar; es konnte aber mit den in der genannten Abhandlung angewandten Hülfsmitteln nicht bewiesen werden, dass jede solche Function, wie ich jetzt mit Hülfe des Satzes (3, A) zeigen will, in der vorstehenden Form (3) ausgedrückt werden kann.

Es sei $f(x)$ irgend eine Function von der in Rede stehenden Beschaffenheit, so zerlege man das Gebiet der Veränderlichen x dergestalt in n Theile, dass im Innern eines jeden eine der Stellen $c_1, \ldots c_n$ liegt, und zugleich an der Grenze zwischen zwei Theilen $F(x)$ überall einen endlichen Werth hat. Derjenige Theil, in welchem c_λ liegt, werde mit C_λ bezeichnet. Angenommen nun, es enthalte, für einen bestimmten Werth von λ, C_λ unendlich viele ausserwesentliche singuläre Stellen der betrachteten Function:

$$a_1^{(\lambda)}, a_2^{(\lambda)}, a_3^{(\lambda)}, \ldots,$$

so darf vorausgesetzt werden, es seien dieselben so geordnet, dass

$$\operatorname{Lim.}_{\nu=\infty} a_\nu^{(\lambda)} = c_\lambda.$$

Bestimmt man dann eine Reihe rationaler Functionen

$$f_1^{(\lambda)}(x), f_2^{(\lambda)}(x), f_3^{(\lambda)}(x), \ldots$$

dergestalt, dass $f_\nu^{(\lambda)}(x)$ nur an der Stelle $(x = a_\nu^{(\lambda)})$ unendlich gross wird, die Differenz

$$f(x) - f_\nu^{(\lambda)}(x)$$

aber an derselben Stelle einen endlichen Werth hat, und überdies $f_\nu^{(\lambda)}(x)$ für $x = c$ verschwindet; so lässt sich nach (3, A) eine eindeutige Function $F^{(\lambda)}(x)$ mit der einen wesentlichen singulären Stelle c_λ herstellen, welche nur an den Stellen $a_1^{(\lambda)}, a_2^{(\lambda)}, a_3^{(\lambda)}, \ldots$ unendlich gross wird, und zwar so, dass die Differenz

$$F^{(\lambda)}(x) - f_\nu^{(\lambda)}(x)$$

an der Stelle $(x = a_\nu^{(\lambda)})$ einen endlichen Werth hat. Daraus folgt dann, dass die Function

$$f(x) - F^{(\lambda)}(x)$$

im Innern und an der Grenze von C_λ ausser c_λ keine singuläre Stelle besitzt.

Enthält ferner C_λ nur eine endliche Anzahl ausserwesentlicher singulärer Stellen der Function $F(x)$:

$$a_1^{(\lambda)}, a_2^{(\lambda)}, \ldots$$

so setze man

$$F^{(\lambda)}(x) = f_1^{(\lambda)}(x) + f_2^{(\lambda)}(x) + \cdots,$$

wo die Functionen $f_1^{(\lambda)}(x)$, $f_2^{(\lambda)}(x)$, ... dieselbe Bedeutung haben wie vorhin, so wird $F^{(\lambda)}(x)$ nur an den Stellen $a_1^{(\lambda)}$, $a_2^{(\lambda)}$, ... unendlich gross, und es besitzt auch in diesem Falle die Function

$$f(x) - F^{(\lambda)}(x)$$

im Innern und an der Grenze von C_λ ausser c_λ keine singuläre Stelle.

In dem Falle endlich, wo C_λ keine ausserwesentliche Stelle der Function $f(x)$ enthält, setze man

$$F^{(\lambda)}(x) = 0\,.$$

Sind auf diese Weise die Functionen $F^{(1)}(x)$, ... $F^{(n)}(x)$ bestimmt, so ist der Ausdruck

$$f(x) - \sum_{\lambda=1}^{n} F^{(\lambda)}(x)$$

eine eindeutige Function von x, die keine anderen (wesentlichen oder ausserwesentlichen) singulären Stellen als c_1, ... c_n besitzt, und somit (nach § 5 der g. Abhdlg.) in der Form

$$\sum_{\lambda=1}^{n} G_\lambda\left(\frac{1}{x - c_\lambda}\right)$$

dargestellt werden kann, wo $G_\lambda\left(\frac{1}{x - c_\lambda}\right)$ eine ganze Function von $\frac{1}{x - c_\lambda}$ bezeichnet.

Setzt man nun

$$f_\lambda^{(x;\, c_\lambda)} = F^{(\lambda)}(x) + G_\lambda\left(\frac{1}{x - c_\lambda}\right),$$

so ist

$$f(x) = \sum_{\lambda=1}^{n} f_\lambda^{(x;\, c_\lambda)}$$

Da die Functionen $F^{(\lambda)}(x)$, $G_\lambda\left(\frac{1}{x-c_\lambda}\right)$ im Gebiete der Veränderlichen x keine von c_λ verschiedene wesentliche singuläre Stelle besitzen, so gilt dies auch von der Function $f_\lambda(x; c_\lambda)$; für diese aber ist in Folge der Voraussetzung, dass $F(x)$ n wesentliche singuläre Stellen besitze, c_λ nothwendig eine solche Stelle.

Zu bemerken ist, dass nicht zwei der Functionen

$$f_1(x;\, c_1),\ \ldots\ f_n(x;\, c_n)$$

eine gemeinschaftliche ∞-Stelle haben.

Der im Vorstehenden mit Hülfe des in (1) mitgetheilten Mittag-Leffler'schen Theorems begründete Satz ist in meiner Abhandlung bloss für den Fall bewiesen worden, wo die Function $F(x)$ ausserwesentliche singuläre Stellen entweder gar nicht oder nur in endlicher Anzahl besitzt. (S. § 5 d. g. Abhdl.)

Stellt man jede der Functionen $f_\lambda(x; c_\lambda)$ in der oben (3, B) angegebenen Gestalt dar, so ergiebt sich ein neuer allgemeiner Ausdruck einer eindeutigen analytischen Function $f(x)$ mit einer endlichen Anzahl singulärer Stellen in der Form einer unendlichen Reihe, deren Glieder sämmtlich rationale Functionen der Veränderlichen x sind. Diese Reihe convergirt gleichmässig für alle Werthe von x, welche einem Bereiche angehören, der weder im Innern noch an der Grenze eine der singulären Stellen der Function $f(x)$ enthält.

Zur Functionenlehre.

Aus dem Monatsbericht der Königl. Akademie der Wissenschaften zu Berlin vom August 1880.

Zur Functionenlehre.

Aus dem Monatsbericht der Königl. Akademie der Wissenschaften zu Berlin vom August 1880.

Im Nachstehenden theile ich einige auf unendliche Reihen, deren Glieder rationale Functionen einer Veränderlichen sind, sich beziehende Untersuchungen mit, welche hauptsächlich den Zweck haben, gewisse, bisher — so viel ich weiss — nicht beachtete Eigenthümlichkeiten, die solche Reihen darbieten können und deren Kenntniss für die Functionenlehre von Wichtigkeit ist, klar zu stellen.

1.

Es seien unendlich viele rationale Functionen einer Veränderlichen x in bestimmter Aufeinanderfolge gegeben:

$$f_0(x),\ f_1(x),\ f_2(x),\ \ldots$$

Die Gesammtheit derjenigen Werthe von x, für welche die Reihe

$$\sum_{\nu=0}^{\infty} f_\nu(x)$$

einen endlichen Werth hat, nenne ich den Convergenzbereich dieser Reihe. Lässt sich ferner für eine bestimmte Stelle a dieses Bereichs eine positive Grösse ρ so annehmen, dass die Reihe für die der Bedingung

$$|x-a| \leqq \rho$$

entsprechenden Werthe von x gleichmässig*) convergirt, so will ich sagen, die Reihe convergire gleichmässig in der Nähe der Stelle a. Die Grösse ρ hat dann eine obere Grenze; ist diese R, so möge — in Beziehung auf die betrachtete Reihe — die Gesammtheit derjenigen Werthe von x, für welche

$$|x-a| < R$$

ist, die Umgebung von a, und R deren Halbmesser genannt werden. Nimmt man in dieser Umgebung eine Stelle beliebig an, so ist klar, dass auch in der Nähe der letzteren die Reihe gleichmässig convergirt. Daraus ergiebt sich, dass die Gesammtheit der Stellen, in deren Nähe die Reihe gleichmässig convergirt, in der Ebene der Veränderlichen x

---

*) Eine unendliche Reihe

$$\sum_{\nu=0}^{\infty} f_\nu,$$

deren Glieder Functionen beliebig vieler Veränderlichen sind, convergirt in einem gegebenen Theile (B) ihres Convergenzbereichs gleichmässig, wenn sich nach Annahme einer beliebig kleinen positiven Grösse δ stets eine ganze Zahl m so bestimmen lässt, dass der absolute Betrag der Summe

$$\sum_{\nu=n}^{\infty} f_\nu,$$

für jeden Werth von n, der $\geqq m$, und für jedes dem Bereiche B angehörige Werthsystem der Veränderlichen kleiner. als δ ist. Soll die Reihe in demselben Bereiche zugleich unbedingt convergent sein, d. h. bei jeder Anordnung ihrer Glieder denselben Werth haben, so muss es, wie man auch δ annehmen möge, stets möglich sein, aus der Reihe eine endliche Anzahl von Gliedern so auszusondern, dass die Summe von beliebig vielen der übrigbleibenden für jedes der betrachteten Werthsysteme der Veränderlichen kleiner als δ ist. Diese Bedingung ist sicher erfüllt, wenn es eine Reihe bestimmter positiver Grössen

$$g_0, g_1, g_2, \ldots$$

giebt, für die sich feststellen lässt, dass an jeder Stelle des Bereichs B

$$|f_\nu| \leqq g_\nu, \qquad (\nu = 0, \ldots \infty)$$

und die Summe

$$\sum_{\nu=0}^{\infty} g_\nu$$

einen endlichen Werth hat. — Aus der gegebenen Definition der gleichmässigen Convergenz folgt u. A. unmittelbar, dass, wenn die betrachtete Reihe in mehreren Theilen ihres Convergenzbereichs gleichmässig convergirt, dasselbe auch für den aus diesen Theilen zusammengesetzten Bereich gilt.

durch eine einfache*) Fläche repräsentirt wird, welche aber aus mehreren, von einander getrennten Stücken bestehen kann.

Angenommen nämlich, es gebe überhaupt Stellen der in Rede stehenden Art, deren Gesammtheit mit A bezeichnet werde, so denke man sich eine von ihnen willkürlich angenommen, in der Umgebung derselben eine beliebige zweite, in der Umgebung dieser eine dritte, u. s. w. Die Gesammtheit der Stellen von A, zu denen man auf diese Weise gelangen kann, ist dann ein in der Ebene der Grösse x durch ein zusammenhangendes Stück derselben repräsentirtes Continuum (A_1), dessen Begrenzung aus einzelnen Punkten, aus einer oder aus mehreren Linien, und auch aus einzelnen Punkten und Linien zugleich bestehen kann. Möglicherweise existiren nun ausserhalb A_1 noch Stellen von A, dann giebt es mindestens noch ein zweites Continuum (A_2) von derselben Beschaffenheit wie A_1, das ebenfalls ein Bestandtheil von A ist und mit A_1 keine Stelle gemeinschaftlich hat — was jedoch nicht ausschliesst, dass die Begrenzungen von A_1 und A_2 theilweise oder ganz zusammenfallen. Existiren ferner noch Stellen von A, die weder in A_1 noch in A_2 liegen, so giebt es mindestens noch ein drittes Continuum (A_3) von derselben Beschaffenheit wie A_1, A_2, das gleichfalls ein Bestandtheil von A ist und mit den beiden ersten keine Stelle gemein hat. U. s. w.

Nachdem so festgestellt ist, wie der Bereich A möglicherweise gestaltet ist, kann leicht an Beispielen gezeigt werden, dass die angegebenen verschiedenen Fälle auch wirklich vorkommen. Es genügt hier die beiden Reihen

$$\sum_{\nu=0}^{\infty} x^{\nu}, \quad \sum_{\nu=0}^{\infty} \left(\frac{1}{x^{\nu}+x^{-\nu}}\right)$$

anzuführen. Für die erstere bilden den Bereich A alle diejenigen Werthe von x, die ihrem absoluten Betrage nach kleiner als 1 sind, für die anderen ausser denselben Werthen auch alle diejenigen, die ihrem absoluten Betrage nach grösser als 1 sind; es besteht also A in dem ersten Falle aus einem zusammenhangenden Stücke, in dem anderen aus zwei solchen Stücken, die keine Stelle gemein haben. Beispiele von Reihen der hier betrachteten Art, für welche der Bereich A aus mehr als zwei Stücken besteht, werden später vorkommen.

Es ist ferner noch Folgendes nachzuweisen.

Angenommen, es convergire die betrachtete Reihe gleichmässig in der Nähe jeder Stelle, die im Innern oder an der Grenze eines gegebenen

*) d. h. eine Fläche, die durch keinen Punkt mehr als einmal hindurchgeht.

zusammenhangenden Bereichs (B) liegt, so convergirt sie auch in dem ganzen Bereiche gleichmässig.

Sind a, a' irgend zwei Stellen des Bereichs A, von denen a' in der Umgebung von a liegt, und ist R der Halbmesser der letzteren, $D = |a' - a|$ der Abstand der beiden Stellen, so folgt aus den gegebenen Definitionen unmittelbar, dass der Halbmesser (R') der Umgebung von a' nicht kleiner als $R - D$ sein kann. Ist $D < \frac{1}{2}R$, so ist also $R' > \frac{1}{2}R$, und es liegt a in der Umgebung von a'; mithin muss $R \geqq R' - D$ sein, R' also zwischen

$$R - D \text{ und } R + D$$

liegen. Wenn daher die Stelle a in A ihre Lage stetig ändert, so ändert sich auch der zugehörige Werth von R stetig. Daraus folgt weiter, dass die untere Grenze R_0 derjenigen Werthe von R, die diese Grösse im Bereiche B annehmen kann, mindestens an einer im Innern oder an der Grenze dieses Bereiches liegenden Stelle wirklich erreicht wird, und dass daher R_0 nicht gleich Null ist. Deshalb kann B in eine endliche Anzahl von Theilen dergestalt zerlegt werden, dass in jedem einzelnen Theile der grösste Abstand zweier Stellen kleiner als R_0 ist. Jeder solcher Theil liegt dann ganz in der Umgebung einer in ihm willkürlich angenommenen Stelle; für die demselben angehörigen Werthe von x convergirt also die betrachtete Reihe gleichmässig, woraus nach dem oben Bemerkten die Richtigkeit des ausgesprochenen Satzes sich unmittelbar ergiebt.

Eine Reihe der in Rede stehenden Art kann so beschaffen sein, dass sie in der Nähe jeder im Innern ihres Convergenzbereichs liegenden Stelle gleichmässig convergirt. Im Folgenden werde ich ausschliesslich Reihen von dieser Beschaffenheit untersuchen. Wenn man nämlich von der Reihe

$$\sum_{\nu=0}^{\infty} f_\nu(x)$$

nur weiss, dass es im Gebiete der Veränderlichen x einen zusammenhangenden Bereich giebt, in welchem die Reihe convergirt, so lässt sich daraus allein nicht einmal folgern, dass ihr Werth in demselben Bereiche eine stetige Function von x sei. Macht man aber die angegebene Voraussetzung, so lässt sich zeigen, dass die Reihe in jedem der im Vorstehenden definirten Stücke ($A_1, \ldots$) ihres Convergenzbereiches im Allgemeinen einen eindeutigen Zweig einer monogenen analytischen Function von x, und in besondern Fällen eine solche Function vollständig darstellt.

Hierzu ist ein Hülfssatz erforderlich, den ich zunächst anführen und beweisen will.

2.

„Es seien unendlich viele Potenzreihen einer Veränderlichen x, welche Potenzen dieser Grösse mit ganzen, positiven und negativen Exponenten in beliebiger Anzahl enthalten, in bestimmter Aufeinanderfolge gegeben:

$$P_0(x),\ P_1(x),\ P_2(x),\ldots;$$

und es sei möglich, zwei reelle Grössen R, R', von denen $R' > R$, $R \geqq 0$ ist, so anzunehmen, dass für die der Bedingung

$$R < |x| < R'$$

entsprechenden Werthe von x nicht nur jede einzelne der gegebenen Reihen, sondern auch die Summe

$$\sum_{\nu=0}^{\infty} P_\nu(x)$$

convergirt, und zwar die letztere für alle diejenigen Werthe der Veränderlichen, die denselben absoluten Betrag haben, gleichmässig. Dann hat, wenn

$$A_\mu^{(\nu)}$$

der Coëfficient von x^μ in $P_\nu(x)$ ist, die Summe

$$\sum_{\nu=0}^{\infty} A_\mu^{(\nu)}$$

für jeden Werth von μ einen bestimmten endlichen Werth, der mit A_μ bezeichnet werde, und es lässt sich zeigen, dass für jeden Werth von x, dessen absoluter Betrag grösser als R und kleiner als R' ist, die Reihe

$$\sum_{\mu} A_\mu x^\mu$$

convergirt und die Gleichung

$$\sum_{\nu=0}^{\infty} P_\nu(x) = \sum_\mu A_\mu x^\mu$$

besteht.“

Es sei r irgend eine bestimmte, zwischen R und R' enthaltene positive Grösse, und k eine beliebige andere, so kann in Folge der hinsichtlich der Convergenz der Reihe

$$\sum_{\nu=0}^{\infty} P_\nu(x)$$

gemachten Voraussetzung eine ganze positive Zahl m so angenommen werden, dass für jeden Werth von x, dessen absoluter Betrag gleich r ist, und für jede ganze Zahl n, die $\geqq m$, der absolute Betrag der Summe

$$\sum_{\nu=n}^{\infty} P_\nu(x)$$

kleiner als $\frac{1}{2} k$, und deshalb für jede Zahl n', die $\geqq n$,

$$\left|\sum_{\nu=n}^{n'} P_\nu(x)\right| < k$$

ist. Man hat aber

$$\sum_{\nu=n}^{n'} P_\nu(x) = \sum_\mu \left\{\sum_{\nu=n}^{n'} A_\mu^{(\nu)} . x^\mu\right\},$$

und es ist deshalb nach einem bekannten Satze für jeden ganzzahligen Werth von μ

$$\left|\sum_{\nu=n}^{n'} A_\mu^{(\nu)}\right| < k r^{-\mu}.$$

Demgemäss hat die Summe

$$\sum_{\nu=0}^{\infty} A_\mu^{(\nu)}$$

einen bestimmten endlichen Werth, der mit A_μ bezeichnet werde.

Nun nehme man zwei positive Grössen r_1, r_2 so an, dass

$$R < r_1 < r < r_2 < R',$$

so kann man der Zahl n einen solchen Werth geben, dass

$$\Big|\sum_{\nu=n}^{n'} A_\mu^{(\nu)}\Big|$$

auch kleiner als jede der beiden Grössen

$$k r_1^{-\mu}, \quad k r_2^{-\mu}$$

ist; woraus folgt:

$$\Big|\sum_{\nu=n}^{\infty} A_\mu^{(\nu)}\Big| \leqq k r_1^{-\mu},$$

$$\Big|\sum_{\nu=n}^{\infty} A_\mu^{(\nu)}\Big| \leqq k r_2^{-\mu}.$$

Hiernach hat man, wenn

$$\sum_{\nu=0}^{n-1} A_\mu^{(\nu)} = A'_\mu, \quad \sum_{\nu=n}^{\infty} A_\mu^{(\nu)} = A''_\mu$$

gesetzt, und der Veränderlichen x ein Werth, dessen absoluter Betrag gleich r ist, beigelegt wird,

$$\sum_{\mu=-1}^{-\infty} \big| A''_\mu x^\mu \big| \leqq k \sum_{\mu=-1}^{-\infty} \Big(\frac{r}{r_1}\Big)^\mu,$$

$$\sum_{\mu=0}^{+\infty} \big| A''_\mu x^\mu \big| \leqq k \sum_{\mu=0}^{+\infty} \Big(\frac{r}{r_2}\Big)^\mu,$$

und somit

$$\sum_{\mu=-\infty}^{+\infty} \big| A''_\mu x^\mu \big| \leqq k \Big(\frac{r_1}{r-r_1} + \frac{r_2}{r_2-r}\Big).$$

Die Reihe

$$\sum_\mu A''_\mu x^\mu$$

ist also unbedingt convergent, und da

$$\sum_{\nu=0}^{n-1} P_\nu(x) = \sum_\mu A'_\mu x^\mu,$$

so gilt dasselbe auch von der Reihe

$$\sum_{\mu} A_{\mu} x^{\mu}.$$

Man hat ferner

$$\sum_{\nu=0}^{\infty} P_{\nu}(x) - \sum_{\mu} A_{\mu} x^{\mu} = \sum_{\nu=n}^{\infty} P_{\nu}(x) - \sum_{\mu} A''_{\mu} x^{\mu},$$

und somit

$$\left|\sum_{\nu=0}^{\infty} P_{\nu}(x) - \sum_{\mu} A_{\mu} x^{\mu}\right| \leqq k + k\left(\frac{r_1}{r - r_1} + \frac{r_2}{r_2 - r}\right).$$

Da man nun für jeden bestimmten Werth von x, dessen absoluter Betrag (r) zwischen R und R' enthalten ist, zunächst r_1, r_2 der angegebenen Bedingung gemäss, und dann k so annehmen kann, dass

$$k + k\left(\frac{r_1}{r - r_1} + \frac{r_2}{r_2 - r}\right)$$

kleiner ist als eine beliebige gegebene Grösse, so folgt, dass für jeden der Bedingung

$$R < |x| < R'$$

entsprechenden Werth von x nicht nur die Reihe

$$\sum_{\mu} A_{\mu} x^{\mu}$$

convergirt, sondern auch die Gleichung

$$\sum_{\mu} A_{\mu} x^{\mu} = \sum_{\nu=0}^{\infty} P_{\nu}(x)$$

besteht; w. z. b. w.

Es sei jetzt

$$F(x) = \sum_{\nu=0}^{\infty} f_{\nu}(x)$$

irgend eine Reihe von der am Schlusse des § 1 angegebenen Beschaffenheit, und es werde mit A' eines der Stücke bezeichnet, aus denen nach der vorangegangenen Auseinandersetzung der Convergenzbereich der Reihe besteht.

Nimmt man dann in A' eine Stelle a_0 willkürlich an, und beschränkt die Veränderliche x auf die Umgebung von a_0, so lässt sich nicht nur jede der Functionen $f_\nu(x)$, sondern nach dem vorhergehenden Satze auch die Summe derselben durch eine gewöhnliche Potenzreihe von $x - a_0$, die mit

$$\mathfrak{P}_0(x - a_0)$$

bezeichnet werde, und die ich ein „Element" der Function $F(x)$ nenne, ausdrücken."*)

Nimmt man ferner in der Umgebung von a_0 eine zweite Stelle (a_1) an, und ist $\mathfrak{P}_1(x - a_1)$ das zu dieser gehörige Element von $F(x)$, so hat man für diejenigen Werthe von x, die in der Umgebung von a_0 sowohl als von a_1 liegen,

$$\mathfrak{P}_1(x - a_1) = \mathfrak{P}_0(x - a_0)\,, \quad \mathfrak{P}_0(x - a_0) = \sum_{\mu=0}^{\infty} \mathfrak{P}_0^{(\mu)}(a_1 - a_0)\,\frac{(x - a_1)^\mu}{\mu!}\,,$$

wo

$$\mathfrak{P}_0^{(\mu)}(x - a_0) = \frac{d^\mu \mathfrak{P}_0(x - a_0)}{dx^\mu}\,.$$

Daraus folgt, dass der Coëfficient von $(x - a_1)^\mu$ in $\mathfrak{P}_1(x - a_1)$ mit dem entsprechenden Coëfficienten der Entwicklung von $\mathfrak{P}_0(x - a_0)$ nach Potenzen von $(x - a_1)$ übereinstimmen muss.

Nun kann man, wenn a eine beliebige Stelle in A' ist, zwischen a_0 und a eine Reihe von Stellen

$$a_1,\ a_2,\ \ldots\ a_n$$

---

*) Hierzu bemerke ich, dass nach dem Satze des v. § der Coëfficient von $(x - a_0)^\mu$ gleich

$$\frac{1}{\mu!}\sum_{\nu=0}^{\infty}\left[\frac{d^\mu f_\nu(x)}{dx^\mu}\right]_{(x=a_0)}$$

ist. Die Function $F(x)$ hat also in A' Ableitungen jeder Ordnung, und es ist

$$\frac{d^\mu F(x)}{dx^\mu} = \sum_{\nu=0}^{\infty}\frac{d^\mu f_\nu(x)}{dx^\mu}\,.$$

Es ist ferner leicht zu zeigen, dass auch die Reihe auf der rechten Seite dieser Gleichung in der Nähe jeder Stelle von A' gleichmässig convergirt, und somit dieselbe Beschaffenheit wie die gegebene hat.

so einschalten, dass a_1 in der Umgebung von a_0, a_2 in der Umgebung von a_1, u. s. w. und schliesslich a in der Umgebung von a_n liegt.

Dann hat man, wenn

$$\mathfrak{P}_1(x-a_1)\,,\ \mathfrak{P}_2(x-a_2)\,,\ \ldots\ \mathfrak{P}_n(x-a_n)\,,\ \mathfrak{P}(x-a)$$

die zu den Stellen $a_1, a_2, \ldots a_n, a$ gehörigen Elemente der Function $F(x)$ sind,

$$\mathfrak{P}_1(x-a_1) = \sum_{\mu=0}^{\infty} \mathfrak{P}_0^{(\mu)}(a_1-a_0)\frac{(x-a_1)^\mu}{\mu!}$$

$$\mathfrak{P}_2(x-a_2) = \sum_{\mu=0}^{\infty} \mathfrak{P}_1^{(\mu)}(a_2-a_1)\frac{(x-a_2)^\mu}{\mu!}$$

u. s. w.

$$\mathfrak{P}\,(x-a) = \sum_{\mu=0}^{\infty} \mathfrak{P}_n^{(\mu)}(a-a_n)\frac{(x-a)^\mu}{\mu!}.$$

Es besteht also in dem Bereich A' zwischen den Elementen der betrachteten Function ein solcher Zusammenhang, dass aus einem beliebig angenommenen Elemente jedes andere durch ein bestimmtes Rechnungsverfahren abgeleitet werden kann. Für die dem genannten Bereich angehörigen Werthe von x ist also die Function völlig bestimmt, sobald irgend eines ihrer Elemente gegeben ist.

Möglicherweise erstreckt sich, wenn die Stelle a der Begrenzung von A' hinlänglich nahe angenommen wird, der Convergenzbezirk der Reihe $\mathfrak{P}(x-a)$ über A' hinaus. In diesem Falle (der sogar der gewöhnliche ist) existiren unendlich viele, aus $\mathfrak{P}_0(x-a_0)$ durch das beschriebene Verfahren ableitbare Potenzreihen $\mathfrak{P}'(x-a')$, deren Convergenzbezirke ganz oder theilweise ausserhalb A' liegen, und aus diesen können dann möglicherweise durch dasselbe Verfahren wieder andere sich ergeben, welche in ihrem Convergenzbezirk auch Stellen von A' enthalten, aber an diesen andere Werthe wie $F(x)$ haben. Alle diese Reihen stellen Fortsetzungen der durch die gegebene Reihe $F(x)$ zunächst für die dem Bezirk A' angehörigen Werthe von x definirten Function dar; sie sind, nach der in meinen Vorlesungen über die Anfangsgründe der allgemeinen Functionenlehre eingeführten Terminologie, sämmtlich Elemente einer monogenen analytischen Function, die eindeutig oder mehrdeutig sein kann, aber als vollständig definirt zu betrachten ist, sobald irgend eines ihrer Elemente gegeben ist.

Wenn der Convergenzbereich der Reihe $\mathfrak{P}(x-a)$, wie man auch a annehmen möge, stets ganz in A' enthalten ist, so kann die durch den Ausdruck $F(x)$ für den Bereich A' definirte Function über die Grenzen dieses Bereichs nicht fortgesetzt werden. Es stellt also in diesem Falle — der wirklich vorkommt, wie weiter unten wird gezeigt werden — die Reihe, wenn die Veränderliche x auf den Bereich A' beschränkt wird, eine eindeutige monogene Function von x vollständig dar.

Hiernach lässt sich das im Vorstehenden Auseinandergesetzte kurz so, wie am Schlusse von § 1 geschehen ist, zusammenfassen.

Hieran knüpft sich nun eine für die Functionenlehre wichtige Frage.

Angenommen, der Convergenzbereich der betrachteten Reihe bestehe aus mehreren Stücken $(A_1, A_2, \ldots)$, so ist es möglich, dass sie in denselben Zweige einer und derselben monogenen Function darstellt. Es fragt sich nun, ob sich dies in allen Fällen so verhält. Muss diese Frage verneint werden, wie dies wirklich der Fall ist, so ist damit bewiesen, dass der Begriff einer monogenen Function einer complexen Veränderlichen mit dem Begriff einer durch (arithmetische) Grössenoperationen ausdrückbaren Abhängigkeit sich nicht vollständig deckt.*) Daraus aber folgt dann, dass mehrere der wichtigsten Sätze der neueren Functionenlehre nicht ohne Weiteres auf Ausdrücke, welche im Sinne der älteren Analysten (Euler, Lagrange u. A.) Functionen einer complexen Veränderlichen sind, dürfen angewandt werden**).

---

*) Das Gegentheil ist von Riemann ausgesprochen worden (Grundlagen für die allgemeine Theorie der Functionen einer complexen Grösse, § 19, am Schluss), wobei ich bemerke, dass eine Function eines complexen Arguments, wie sie Riemann definirt, stets auch eine monogene Function ist.

**) Wenn z. B. zwei Ausdrücke

$$\sum_{\nu=0}^{\infty} f_\nu(x), \quad \sum_{\nu=0}^{\infty} \bar{f}_\nu(x)$$

der hier betrachteten Art gegeben sind, und es lässt sich zeigen, dass es in der Nähe einer bestimmten, im Innern des Convergenzbereichs sowohl des einen als des andern liegenden Stelle unendlich viele Werthe von x giebt, für welche die Ausdrücke gleiche Werthe haben, so ist damit festgestellt, dass innerhalb eines bestimmten zusammenhangenden Bereichs der Veränderlichen x die Gleichung

$$\sum_{\nu=0}^{\infty} f_\nu(x) = \sum_{\nu=0}^{\infty} \bar{f}_\nu(x)$$

besteht; es lässt sich aber nicht behaupten, dass dieselbe an allen Stellen des gemeinschaftlichen Convergenzbereichs der beiden Reihen gelte, wofern nicht der Nachweis geführt werden kann, dass beide Ausdrücke in dem genannten Bereich monogene Functionen sind.

Ich habe bereits vor Jahren gefunden — und in meinen Vorlesungen mitgetheilt — dass die oben angeführte Reihe

$$F(x) = \sum_{\nu=0}^{\infty} \left(\frac{1}{x^{\nu} + x^{-\nu}} \right),$$

deren Convergenzbereich aus zwei Stücken besteht, zwei verschieden monogene Functionen, und zwar eine jede vollständig darstellt.

Ist nämlich x_0 irgend ein Werth von x, der den absoluten Betrag 1 hat, so lässt sich — mit Hülfe von Sätzen, welche die Theorie der linearen Transformation der elliptischen ϑ-Functionen liefert — zeigen, dass sich sowohl unter denjenigen Werthen von x, für die $|x| < 1$, als auch unter denen, für die $|x| > 1$, in jeder noch so kleinen Umgebung von x_0 solche finden, für die der absolute Betrag von $F(x)$ jede beliebig angenommene Grösse übertrifft. Daraus folgt sofort, dass die Reihe in jedem der beiden Stücke ihres Convergenzbereichs eine Function darstellt, die über die Begrenzung des Stückes hinaus nicht fortgesetzt werden kann.

Es blieb indessen, obwohl dies eine Beispiel zur Erledigung der in Rede stehenden Frage ausreichte, noch ein Bedenken übrig.

Die beiden durch die angeführte Reihe ausgedrückten Functionen stehen in einer sehr einfachen Beziehung zu einander, indem

$$F(x^{-1}) = F(x)$$

ist. Es war daher der Gedanke nicht abzuweisen, ob nicht überhaupt in dem Falle, wo ein arithmetischer Ausdruck $F(x)$ in verschiedenen Theilen seines Geltungsbereichs verschiedene monogene Functionen der complexen Veränderlichen x darstellt, unter diesen ein nothwendiger Zusammenhang bestehe, der bewirke, dass durch die Eigenschaften der einen auch die Eigenschaften der andern bestimmt seien. Wäre dies der Fall, so würde daraus folgen, dass der Begriff der monogenen Function erweitert werden müsste.

Um jeden Zweifel über diesen Punkt zu beseitigen, habe ich mir die Aufgabe gestellt, einen Ausdruck

$$F(x) = \sum_{\nu=0}^{\infty} f_{\nu}(x)$$

von der hier angenommenen Beschaffenheit, der den folgenden Bedingungen genüge, zu bilden: Der Convergenzbereich der Reihe soll aus n Stücken

$(A_1, A_2, \dots A_n)$, wie sie oben definirt worden sind, bestehen, und es soll $F(x)$ in A_1 gleich $F_1(x)$, in A_2 gleich $F_2(x)$, ... in A_n gleich $F_n(x)$ sein, wo $F_1(x), F_2(x), \dots F_n(x)$ willkürlich anzunehmende, für das ganze Gebiet der Veränderlichen x, mit Ausnahme von einzelnen Stellen, definirte eindeutige und monogene Functionen bedeuten.

Zur Lösung dieser Aufgabe stelle ich zunächst einen Ausdruck von der angegebenen Form her, welcher in der Nähe jeder Stelle, wo der reelle Theil von x nicht gleich Null ist, gleichmässig convergirt und den Werth

$$+1 \text{ oder } -1$$

hat, jenachdem der reelle Theil von x positiv oder negativ ist. Formeln, die in der Theorie der elliptischen Functionen vorkommen, führen zu einem solchen Ausdruck. Bei der nachstehenden Herleitung desselben habe ich jedoch absichtlich aus der genannten Theorie nichts vorausgesetzt.

4.

Nimmt man zwei endliche und von Null verschiedene complexe Grössen (ω, ω') so an, dass der reelle Theil des Quotienten

$$\frac{\omega'}{\omega i}$$

nicht gleich Null ist, und versteht unter ν, ν' unbeschränkt veränderliche ganze Zahlen, so hat bekanntlich die Summe

$$\sum_{\nu, \nu'}' \left| 2\nu\omega + 2\nu'\omega' \right|^{-3}$$

einen endlichen Werth, wenn bei der Summation dasjenige Glied, in welchem ν, ν' beide gleich Null sind, fortgelassen wird*). Es stellt deshalb — wie in § 2 meiner Abhandlung über die eindeutigen Functionen gezeigt worden ist — die Reihe

$$\frac{1}{u} + \sum_{\nu, \nu'}' \left\{ \frac{1}{u - 2\nu\omega - 2\nu'\omega'} \left(\frac{4}{2\nu\omega + 2\nu'\omega'} \right)^2 \right\},$$

*) Durch das dem Σ beigefügte Zeichen (') soll hier und im Folgenden darauf hingewiesen werden, dass unter den Werthen, die der Ausdruck unter dem Summenzeichen annehmen kann, sich einer findet, der $=\infty$ ist und bei der Summation fortgelassen werden muss.

welche bei jeder Anordnung ihrer Glieder denselben Werth hat, ein eindeutige analytische Function der Veränderlichen u — mit der eine wesentlichen singulären Stelle ∞ — dar, welche Function hier mit

$$\psi(u, \omega, \omega')$$

bezeichnet werden möge.

Mit Hülfe der bekannten Gleichungen:

$$\pi \operatorname{ctg} u\pi = \frac{1}{u} + \sum_{\nu}' \left(\frac{1}{u-\nu} + \frac{1}{\nu}\right),$$

$$\pi(\operatorname{ctg} u\pi - \operatorname{cotg} a\pi) = \sum_{\nu} \left(\frac{1}{u-\nu} - \frac{1}{a-\nu}\right), \text{ wenn } a \text{ keine ganze Zah}$$

$$\left(\frac{\pi}{\sin u\pi}\right)^2 = \sum_{\nu} \frac{1}{(u-\nu)^2},$$

$$\frac{\pi^2}{3} = \sum_{\nu}' \frac{1}{\nu^2}$$

lässt sich der vorstehende Ausdruck von $\psi(u, \omega, \omega')$ folgendermasse umgestalten.

Es ist

$$\psi(u, \omega, \omega') = \frac{1}{u} + \sum_{\nu, \nu'}' \left(\frac{1}{u - 2\nu\omega - 2\nu'\omega'} + \frac{1}{2\nu\omega + 2\nu'\omega'} + \frac{u}{(2\nu\omega + 2\nu'\omega')^2}\right)$$

Die Summe aller Glieder dieser Reihe, in denen $\nu' = 0$, ist:

$$\frac{1}{2\omega}\left\{\frac{2\omega}{u} + \sum_{\nu}' \left(\frac{1}{\frac{u}{2\omega} - \nu} + \frac{1}{\nu}\right)\right\} + \frac{u}{4\omega^2} \sum_{\nu}' \frac{1}{\nu^2} = \frac{\pi}{2\omega} \operatorname{ctg} \frac{u\pi}{2\omega} + \frac{\pi^2}{12\omega^2} u.$$

Ferner die Summe aller Glieder, in denen ν' einen bestimmten, von Nu verschiedenen Werth hat:

$$\frac{1}{2\omega} \sum_{\nu} \left(\frac{1}{\frac{u - 2\nu'\omega'}{2\omega} - \nu} - \frac{1}{-\frac{\nu'\omega'}{\omega} - \nu}\right) + \frac{u}{4\omega^2} \sum_{\nu} \left(\frac{1}{\frac{\nu'\omega'}{\omega} + \nu}\right)^2$$

$$= \frac{1}{2\omega}\left(\operatorname{ctg} \frac{u - 2\nu'\omega'}{2\omega}\pi + \operatorname{ctg} \frac{\nu'\omega'}{\omega}\pi\right) + \frac{\pi^2 u}{4\omega^2 \sin^2\left(\frac{\nu'\omega'}{\omega}\pi\right)}.$$

Man hat also

$$\psi(u, \omega, \omega') = \frac{\pi}{2\omega} \operatorname{ctg} \frac{u\pi}{\omega} + \frac{\pi}{2\omega} \sum_{\nu'}' \left(\operatorname{ctg} \frac{u - 2\nu'\omega'}{2\omega} \pi + \operatorname{ctg} \frac{\nu'\omega'}{\omega} \pi \right)$$

$$+ \left(\frac{1}{3} + \sum_{\nu'} \sin^{-2} \left(\frac{\nu\omega'}{\omega} \pi \right) \right) \cdot \frac{u\pi^2}{4\omega}$$

oder auch, wenn man unter n eine ganze positive Zahl versteht, und

$$\eta = \frac{\pi^2}{\omega} \left(\frac{1}{12} + \frac{1}{2} \sum_{n=1}^{\infty} \sin^{-2} \left(\frac{n\omega'}{\omega} \pi \right) \right)$$

setzt,

$$\psi(u, \omega, \omega') = \frac{\eta u}{\omega} + \frac{\omega}{2\omega} \operatorname{ctg} \frac{u\pi}{\omega} + \frac{\pi}{2\omega} \sum_{n=1}^{\infty} \left(\operatorname{ctg} \frac{u - 2n\omega'}{2\omega} \pi + \operatorname{ctg} \frac{u + 2n\omega'}{2\omega} \pi \right).$$

Aus dieser Gleichung ergiebt sich:

$$\psi(u + 2\omega, \omega, \omega') = \psi(u, \omega, \omega') + 2\eta .$$

Setzt man $u = -\omega$, und bemerkt, dass $\psi(u, \omega, \omega')$ eine ungrade Function von u ist und für $u = -\omega'$ nicht $= \infty$ wird, so giebt die vorstehende Gleichung

$$\eta = \psi(\omega, \omega, \omega') ,$$

und man erhält also aus der vorhergehenden Gleichung, wenn man

$$u = \omega'$$

setzt,

$$\omega'\psi(\omega, \omega, \omega') - \omega\psi(\omega', \omega, \omega')$$

$$= -\frac{\pi}{2} \operatorname{ctg} \frac{\omega'\pi}{\omega} + \frac{\pi}{2} \sum_{n=1}^{\infty} \left(\operatorname{ctg} \frac{(2n-1)\omega'}{2\omega} \pi - \operatorname{ctg} \frac{(2n+1)\omega'}{2\omega} \pi \right).$$

Man hat aber, wenn m eine beliebige positive ganze Zahl ist,

$$-\frac{\pi}{2} \operatorname{ctg} \frac{\omega'\pi}{\omega} + \frac{\pi}{2} \sum_{n=1}^{m} \left(\operatorname{ctg} \frac{(2n-1)\omega'}{2\omega} \pi - \operatorname{ctg} \frac{(2n+1)\omega'}{2\omega} \pi \right) = -\frac{\pi}{2} \operatorname{ctg} \frac{(2m+1)\omega'}{2\omega} \pi ;$$

es ist also der Ausdruck auf der rechten Seite der vorhergehenden Gleichung gleich der Grenze, der sich

$$-\frac{\pi}{2}\,\mathrm{ctg}\,\frac{(2m+1)\omega'}{\omega}\,\pi = \frac{e^{\frac{(2m+1)\omega'}{\omega i}\pi} + e^{-\frac{(2m+1)\omega'}{\omega i}\pi}}{e^{\frac{(2m+1)\omega'}{\omega i}\pi} - e^{-\frac{(2m+1)\omega'}{\omega i}\pi}}\cdot\frac{\pi i}{2}$$

nähert, wenn m unendlich gross wird. Diese Grenze aber hat den Werth

$$\frac{\pi i}{2} \text{ oder } -\frac{\pi i}{2},$$

jenachdem der reelle Theil von $\frac{\omega'}{\omega i}$ positiv oder negativ ist.

Es geht ferner aus dem ursprünglichen Ausdruck von $\psi(u, \omega, \omega')$, da derselbe sich nicht ändert, wenn man gleichzeitig

$$\nu' \text{ für } \nu, \text{ und } -\nu \text{ für } \nu'$$

setzt, die Gleichung

$$\psi(u, \omega, \omega') = \psi(u, \omega', -\omega)$$

hervor. Man hat also:

$$\omega'\psi(\omega, \omega, \omega') - \omega\psi(\omega', \omega', -\omega) = \pm\frac{\pi i}{2},$$

wo das obere oder das untere Zeichen gilt, jenachdem der reelle Theil von $\frac{\omega'}{\omega i}$ positiv oder negativ ist.

Es gilt ferner, wenn c eine beliebige Grösse ist, die Gleichung

$$\psi(u, \omega, \omega') = c\psi(cu, c\omega, c\omega'),$$

woraus sich, wenn $c = \frac{1}{\omega}$ gesetzt wird,

$$\psi(\omega, \omega, \omega') = \frac{1}{\omega}\psi\left(1, 1, \frac{\omega'}{\omega}\right)$$

ergiebt. Ebenso ist

$$\psi(\omega', \omega', -\omega) = \frac{1}{\omega'}\psi\left(1, 1, -\frac{\omega}{\omega'}\right),$$

und man hat also

$$\frac{\omega'}{\omega i}\psi\left(1, 1, \frac{\omega'}{\omega}\right) + \frac{\omega i}{\omega'}\psi\left(1, 1, -\frac{\omega}{\omega'}\right) = \pm\frac{\pi}{2}.$$

Setzt man nun

$$\frac{\omega'}{\omega i} = x,$$

so dass x eine complexe Grösse ist, welche jeden Werth, dessen reeller Theil nicht gleich Null ist, annehmen kann, und

$$\chi(x) = \frac{2x}{\pi}\psi(1, 1, xi) + \frac{2}{\pi x}\psi\left(1, 1, \frac{i}{x}\right),$$

so ist

$$\chi(x) = \frac{2}{\pi}(x + x^{-1}) + \frac{2}{\pi}\sum_{\nu,\nu'}{}' \left(\frac{x}{(1-2\nu-2\nu' xi)(2\nu+2\nu' xi)^2}\right)$$
$$+ \frac{2}{\pi}\sum_{\nu,\nu'}{}' \left(\frac{x^{-1}}{(1-2\nu-2\nu' x^{-1}i)(2\nu+2\nu' x^{-1}i)^2}\right)$$

ein in der Form einer unendlichen Reihe, deren Glieder sämmtlich rationale Functionen von x sind, dargestellter Ausdruck und hat den Werth

$$+1 \text{ oder } -1,$$

jenachdem der reelle Theil von x positiv oder negativ ist.

Man nehme nun im Gebiet der Grösse x einen ganz im Endlichen liegenden Bereich (X) so an, dass weder im Innern noch an der Grenze desselben der reelle Theil von x gleich Null wird; so lässt sich leicht zeigen, dass die vorstehende Reihe innerhalb dieses Bereiches unbedingt und gleichmässig convergirt.

Man setze

$$w = 2\nu + 2\nu' xi,$$

so dass

$$\psi(1, 1, xi) = 1 + \sum_{\nu,\nu'} \frac{1}{(1-w)w^2}$$

ist. Versteht man nun unter k den kleinsten Werth, den der absolute Betrag der Grösse

$$\varepsilon + \varepsilon'(\xi + \xi' i)i$$

für reelle Werthe der Veränderlichen $\varepsilon, \varepsilon', \xi, \xi'$ unter der Bedingung, dass

$$\varepsilon\varepsilon + \varepsilon'\varepsilon' = 1$$

sein und $\xi + \xi' i$ im Innern oder an der Grenze von X liegen soll, annehmen kann; so ist k nicht gleich Null, und man hat

$$|w| \geqq 2k\sqrt{\nu\nu + \nu'\nu'}$$

$$|1 - w| \geqq k\sqrt{(2\nu - 1)^2 + 4\nu'\nu'}$$

für jeden nicht ausserhalb des Bereichs X liegenden Werth von x. Es ist aber für jede ganze Zahl ν

$$(2\nu - 1)^2 \geqq \nu^2,$$

also

$$(2\nu - 1)^2 + 4\nu'\nu' \geqq \nu\nu + \nu'\nu',$$

und somit

$$\left|\frac{1}{(1-w)w^2}\right| \leqq \frac{(\nu\nu + \nu'\nu')^{-\frac{3}{2}}}{4k^3}.$$

Hiernach ist jedes Glied der Reihe, durch welche $\psi(1, 1, xi)$ dargestellt wird, seinem absoluten Betrage nach kleiner oder höchstens eben so gross als das entsprechende Glied der Reihe

$$1 + \sum_{\nu, \nu'} \frac{(\nu\nu + \nu'\nu')^{-\frac{3}{2}}}{4k^3},$$

welche bekanntlich eine endliche Summe hat. Damit ist bewiesen, dass die erstgenannte Reihe für die dem Bereiche X angehörigen Werthe von x unbedingt und gleichmässig convergirt.

Es ist aber, wenn x in X angenommen wird, der Bereich der Grösse $\frac{1}{x}$ ebenfalls so beschaffen, dass weder im Innern noch an der Grenze desselben der reelle Theil von $\frac{1}{x}$ gleich Null wird. Daher convergirt auch der Ausdruck von $\psi\left(1, 1, \frac{i}{x}\right)$ für die dem betrachteten Bereiche angehörigen Werthe von x unbedingt und gleichmässig. Dasselbe gilt also auch für die Reihe, durch welche $\chi(x)$ dargestellt ist.

Es möge noch bemerkt werden, dass man in der Reihe $\psi(1, 1, xi)$, weil dieselbe unbedingt convergent ist, je zwei Glieder, in denen ν denselben, ν' aber entgegengesetzte Werthe hat, in eines zusammenziehen kann, wodurch man, wenn unter n eine ganze positive Zahl verstanden wird,

$$\psi(1, 1, xi) = 1 + {\sum_{\nu}}' \frac{1}{4\nu^2(1-2\nu)} + \frac{1}{2}\sum_{n,\nu}\left\{\frac{(6\nu - 1)n^2x^2 - (2\nu - 1)\nu^2}{(4n^2x^2 + (2\nu - 1)^2(n^2x^2 + \nu^2)^2}\right\}$$

erhält. Die Glieder der so umgeformten Reihe sind rationale Functionen von x, welche rationale Coëfficienten haben, und nur für solche Werthe von x, deren reeller Theil gleich Null ist, unendlich gross werden. Als Summe von ebenso beschaffenen Gliedern lässt sich also auch $\chi(x)$ ausdrücken.

5.

Nun sei x' eine beliebige rationale Function von x, und es werde

$$\chi_1(x) = \chi(x')$$

gesetzt, so dass $\chi_1(x)$ ebenfalls eine Summe von unendlich vielen rationalen Functionen der Veränderlichen x ist. In der Ebene der letzteren Grösse werden dann diejenigen Werthe derselben, für welche der reelle Theil von x' verschwindet, durch eine reelle algebraische Curve repräsentirt, welche die Ebene dergestalt in mehrere Stücke zerlegt, dass der reelle Theil von x' in einigen Stücken überall positiv, in den andern überall negativ ist. In den ersteren hat also $\chi_1(x)$ überall den Werth $+1$, in den andern überall den Werth -1.

Nimmt man beispielsweise

$$x' = \frac{\alpha x + \beta}{\gamma x + \delta}$$

an, wo α, β, γ, δ Constanten bedeuten, deren Wahl keiner andern Beschränkung unterliegt, als dass $\alpha\delta - \beta\gamma$ nicht gleich Null sein darf, so ist die genannte Curve bekanntlich ein Kreis*), und es können α, β, γ, δ so bestimmt werden, dass dieser Kreis ein gegebener wird und der reelle Theil von x' für einen gegebenen Punkt ein vorgeschriebenes Zeichen hat.

Nun seien $F_1(x)$, $F_2(x)$ irgend zwei eindeutige Functionen von x mit einer endlichen Anzahl wesentlicher singulärer Stellen. Dann lässt sich, wenn

$$\chi_1(x) = \chi\left(\frac{\alpha x + \beta}{\gamma x + \delta}\right),$$

$$\mathfrak{F}_0(x) = \frac{F_1(x) + F_2(x)}{2}, \quad \mathfrak{F}_1(x) = \frac{F_1(x) - F_2(x)}{2}$$

---

*) Dies gilt allgemein, wenn man eine unbegrenzte Gerade als einen Kreis mit unendlich grossem Radius betrachtet.

gesetzt wird, der Ausdruck

$$\mathfrak{F}_0(x) + \mathfrak{F}_1(x)\chi_1(x)$$

in eine unendliche Reihe, deren Glieder rationale Functionen von x sind, umformen, und diese stellt in dem einen der beiden Theile, in welche das Gebiet der Veränderlichen x durch den genannten Kreis zerlegt wird, die Function $F_1(x)$, in dem andern Theile dagegen die Function $F_2(x)$ dar.

Nimmt man ferner in der Ebene der Grösse x beliebig viele Kreise (oder unbegrenzte Geraden):

$$K', K'', \dots K^{(r)}$$

willkürlich an, und bestimmt r lineare Function von x

$$x', x'', \dots x^{(r)}$$

so, dass der reelle Theil von $x^{(\lambda)}$ in der Linie $K^{(\lambda)}$ verschwindet, so wird die Ebene durch die genannten Linien in eine gewisse Anzahl von Stücken dergestalt zerlegt, dass der reelle Theil einer jeden Function $x^{(\lambda)}$ innerhalb eines solchen Stückes überall dasselbe Zeichen hat. Sind dann

$$\mathfrak{F}_0(x), \mathfrak{F}_1(x), \dots \mathfrak{F}_r(x)$$

eindeutige Functionen von x mit einer endlichen Anzahl wesentlicher singulären Stellen, und setzt man

$$\chi_\lambda(x) = \chi(x^{(\lambda)}), \qquad (\lambda = 1, \dots r)$$

so kann der Ausdruck

$$\mathfrak{F}_0(x) + \mathfrak{F}_1(x)\chi_1(x) + \mathfrak{F}_2(x)\chi_2(x) + \cdots + \mathfrak{F}_r(x)\chi_r(x)$$

ebenfalls in eine unendliche Reihe, deren Glieder rationale Functionen von x sind, umgeformt werden, und diese Reihe hat dann die Eigenthümlichkeit, dass sie zwar innerhalb eines jeden der Stücke, in welche die Ebene zerlegt ist, einen Zweig einer bestimmten monogenen Function darstellt, in verschiedenen Stücken aber Zweige verschiedener Functionen.

Sind z. B. $K', K'', \dots K^{(r)}$ Kreise, von denen keiner einen andern umschliesst, so wird durch dieselbe die Ebene in $(r+1)$ Stücke zerlegt;

und wenn man die Function $x^{(\lambda)}$ so bestimmt*), dass ihr reeller Theil im Mittelpunkt von $K^{(\lambda)}$ positiv ist, so liefert der Ausdruck

$$F_{r+1}(x)+\frac{1}{2}\sum_{\lambda=1}^{r}\left(1+\chi_\lambda(x)\right)\left(F_\lambda(x)-F_{r+1}(x)\right),$$

der mit dem vorstehenden übereinstimmt, wenn unter $F_1(x)$, $F_2(x)$, $\ldots F_{r+1}(x)$ ebenfalls eindeutige Functionen mit einer endlichen Anzahl wesentlicher singulärer Stellen verstanden werden, eine Reihe von der in Rede stehenden Eigenthümlichkeit, indem dieselbe, wenn x innerhalb der von $K^{(\lambda)}$ begrenzten Kreisfläche angenommen wird, gleich $F_\lambda(x)$, und wenn x ausserhalb aller dieser Flächen liegt, gleich $F_{r+1}(x)$ ist, also innerhalb eines jeden der $(r+1)$ Stücke, worin die Ebene zerlegt ist, einen Zweig einer willkürlich anzunehmenden Function von der hier vorausgesetzten Beschaffenheit darstellt.

Ein anderes Beispiel erhält man, wenn die Kreise $K', K'', \ldots K^{(r)}$ so angenommen werden, dass jeder der $(r-1)$ ersten von dem folgenden umschlossen, und somit die Ebene durch sie gleichfalls in $(r+1)$ Stücke zerlegt wird. Dann hat nämlich der Ausdruck

$$\frac{1}{2}\left(F_1(x)+F_{r+1}(x)\right)+\frac{1}{2}\sum_{\lambda=1}^{r}\left(F_\lambda(x)-F_{\lambda+1}(x)\right)\chi_\lambda(x)$$

die Eigenschaft, dass er innerhalb eines jeden der genannten Stücke gleich einer der Functionen $F_1(x)$, $F_2(x)$, $\ldots F_{r+1}(x)$ ist. (Ein besonderer Fall ist der, wo an die Stelle der r Kreise r einander parallel gerade Linien treten.) Scheidet man ferner aus dem Gebiete der Veränderlichen x alle negativen Werthe (mit Einschluss von 0) aus, so existiren bekanntlich**) unendliche, aus rationalen Functionen von x zusammengesetzte Reihen, welche einwerthige Zweige gewisser mehrdeutiger Functionen, wie z. B. $\log x$, x^m (wo m eine beliebige Constante bedeutet) darstellen und in der Nähe jeder Stelle, die nicht zu den ausgeschlossenen gehört, gleichmässig convergiren. Es können nun in dem Ausdruck

$$\mathfrak{F}_0(x)+\mathfrak{F}_1(x)\chi_1(x)+\mathfrak{F}_2(x)\chi_2(x)+\cdots+\mathfrak{F}_r(x)\chi_r(x)$$

*) Ist r_λ der Radius des Kreises $K^{(\lambda)}$, und a_λ der Werth von x im Mittelpunkt desselben, so kann man

$$x^{(\lambda)}=\frac{r_\lambda-a_\lambda+x}{r_\lambda+a_\lambda-x}$$

setzen.

**) S. die auf die Gauss schen Kettenbrüche und die nach Kugelfunctionen fortschreitenden Reihen sich beziehenden Abhandlungen von Thomé im 66. und 67. Bande des Borchardt'schen Journals.

$\mathfrak{F}_0(x), \mathfrak{F}_1(x), \mathfrak{F}_2(x), \dots \mathfrak{F}_r(x)$ auch solche Reihen sein, und man erhält dann aus ihm eine gleichfalls aus rationalen Functionen gebildete Reihe, welche in jedem der Stücke, in die das Gebiet von x durch die Linien $K^{(\lambda)}$ und die Strecke der negativen Werthe zerlegt wird, einen einwerthigen Zweig einer mehrdeutigen monogenen Function darstellt, in verschiedenen Stücken aber im Allgemeinen Zweige verschiedener Functionen.

Aus diesen Beispielen erhellt zur Genüge, dass die am Schlusse des § 3 aufgeworfene Frage folgendermassen zu beantworten ist:

> *Wenn der Convergenzbereich einer Reihe, deren Glieder rationale Functionen einer Veränderlichen x sind, in der Art in mehrere Stücke zerlegt werden kann, dass in der Nähe jeder im Innern eines solchen Stückes gelegenen Stelle die Reihe gleichmässig convergirt; so stellt dieselbe in jedem einzelnen Stücke einen einwerthigen Zweig einer monogenen Function von x dar, in verschiedenen Stücken aber nicht nothwendig Zweige ein und derselben Function.*

6.

Ich habe in meinen Vorlesungen über die Elemente der Functionenlehre von Anfang an zwei mit den gewöhnlichen Ansichten nicht übereinstimmende Sätze hervorgehoben, nämlich:

1) dass man bei einer Function eines *reellen* Arguments *aus der Stetigkeit* derselben *nicht folgern könne, dass sie auch nur* an einer einzigen Stelle *einen bestimmten Differentialquotienten*, geschweige denn eine — wenigstens in Intervallen — ebenfalls stetige Ableitung besitze;
2) dass eine Function eines *complexen* Arguments, welche für einen beschränkten Bereich des letzteren definirt ist, *sich nicht immer* über die Grenzen dieses Bereichs hinaus *fortsetzen* lasse; mit andern Worten, dass monogene Functionen einer Veränderlichen existiren, welche die Eigenthümlichkeit besitzen, dass in der Ebene der Veränderlichen diejenigen Stellen, für welche die Function nicht definirbar ist, nicht bloss einzelne Punkte sind, sondern auch Linien und *Flächen* bilden.

Da im Vorhergehenden von Functionen einer complexen Veränderlichen, denen die unter (2) genannte Eigenthümlichkeit zukommt, die Rede gewesen ist, so will ich bei dieser Gelegenheit ein leicht zu behandelndes Beispiel einer solchen Function beibringen.

Angenommen, der Halbmesser des Convergenzbezirks einer gewöhnlichen Potenzreihe

$$\sum_{\nu=0}^{\infty} A_\nu x^\nu$$

sei gleich 1, die Reihe convergire aber auch unbedingt und gleichmässig für alle Werthe von x, deren absoluter Betrag gleich 1 ist, so dass, wenn unter t eine reelle Veränderliche verstanden wird,

$$\sum_{\nu=0}^{\infty} A_\nu e^{\nu t i}$$

eine stetige Function von t ist.

Im Innern des Convergenzbezirks der Reihe nehme man eine Stelle x_0 beliebig an und forme die gegebene Reihe in eine Potenzreihe $\mathfrak{P}(x - x_0)$ um. Ist r_0 der absolute Betrag von x_0, so kann der Halbmesser des Convergenzbezirks der Reihe $\mathfrak{P}(x - x_0)$ nicht kleiner als $1 - r_0$, wohl aber grösser sein. Ist das Letztere der Fall, so liegt eine Strecke der Begrenzung des Convergenzbezirks der gegebenen Reihe ganz im Convergenzbezirke von $\mathfrak{P}(x - x_0)$, und es besteht, wenn

$$\frac{x_0}{r_0} = e^{t_0 i} \text{ ist, und } x_t = e^{ti}$$

gesetzt wird, für alle Werthe von t zwischen zwei bestimmten Grenzen $(t_0 - \tau,\ t_0 + \tau)$ die Gleichung

$$\sum_{\nu=0}^{\infty} A_\nu e^{\nu t i} = \mathfrak{P}(x_t - x_0)\,.$$

Nun hat aber $\mathfrak{P}(x - x_0)$, als Function von x betrachtet, Ableitungen jeder Ordnung, dasselbe gilt also auch von $\mathfrak{P}(x_t - x_0)$, als Function von t betrachtet, für die zwischen $t_0 - \tau$ und $t_0 + \tau$ liegenden Werthe dieser Grösse. Hieraus folgt nun: Wenn sich in einem bestimmten Falle beweisen lässt, dass die Function

$$\sum_{\nu=0}^{\infty} A_\nu e^{\nu t i}$$

in keinem Intervalle der Veränderlichen t Ableitungen jeder Ordnung besitzt, so ist daraus zu schliessen, dass der Convergenzbezirk der Reihe $\mathfrak{P}(x - x_0)$, wie man auch x_0 annehmen möge, ganz in dem Convergenzbezirk der gegebenen Reihe enthalten ist, die Function also, welche durch diese letztere dargestellt wird, über deren Convergenzbezirk hinaus nicht fortgesetzt werden kann.

Nun sei a eine ungrade positive ganze Zahl, b eine positive Grösse, die < 1, und $a_\nu = a^\nu$. Dann erfüllt die Reihe

$$\sum_{\nu=0}^{\infty} b^\nu x^{a_\nu}$$

die oben für die betrachtete Reihe gestellten Bedingungen. Es ist aber von mir der Beweis*) geführt worden, dass die Function

$$\sum_{\nu=0}^{\infty} b^\nu \cos a_\nu t,$$

sobald $ab > 1 + \frac{3}{2}\pi$ ist, für keinen Werth von t einen bestimmten Differentialquotienten besitzt. Durch die Reihe

$$\sum_{\nu=0}^{\infty} b^\nu x^{a_\nu}$$

wird also, wenn $ab > 1 + \frac{3}{2}\pi$, eine Function definirt, die nicht über den Convergenzbereich der Reihe hinaus fortgesetzt werden kann, und also ausschliesslich für solche Werthe von x, deren absoluter Betrag die Einheit nicht überschreitet, existirt.

Es ist leicht, unzählige andere Potenzreihen von derselben Beschaffenheit wie die vorstehende anzugeben, und selbst für einen beliebig begrenzten Bereich der Veränderlichen x die Existenz von Functionen derselben, die über diesen Bereich hinaus nicht fortgesetzt werden können, nachzuweisen; worauf ich jedoch hier nicht eingehe.

Schliesslich möge noch bemerkt werden, dass sich auch in Beziehung auf zusammengesetztere arithmetische Formen, welche eindeutige monogene Functionen einer und mehrerer Veränderlichen oder einwerthige Zweige solcher Functionen auszudrücken geeignet sind, Untersuchungen anstellen lassen, welche der hier für eine der einfachsten Formen durchgeführten analog sind und zu ähnlichen Resultaten führen.

---

*) Dieser Beweis ist von Hrn. P. du Bois-Reymond, dem ich ihn brieflich mitgetheilt hatte, im 79sten Bande von Borchardt's Journal S. 30 veröffentlicht. (Ich berichtige bei dieser Gelegenheit zwei a. a. O. sich findende Druckfehler. Z. 10 v. o. muss es „x_0“ statt „a_0“, und Z. 4 v. u. „auch“ statt „nicht“ heissen.)

Anmerkungen.

1. Zu S. 74, Z. 8 v. u.

Den hier angeführten wichtigen Satz beweise ich in meinen Vorlesungen in sehr einfacher Weise.

Ich betrachte zunächst eine Potenzreihe $P(x)$, welche nur eine endliche Anzahl von Gliedern enthält, also die Form

$$P(x) = \sum_{\nu=-m}^{\nu=+m} A_\nu x^\nu$$

hat, wo m eine ganze positive Zahl bedeutet.

Es sei ξ eine bestimmte Grösse, deren absoluter Betrag gleich 1 ist, und deren Wahl nur der Beschränkung unterliegt, dass ξ^ν, wenn ν eine der Zahlen $0, \pm 1, \pm 2, \ldots \pm m$ ist, nicht gleich 1 sein darf. Ferner bedeute r eine beliebig anzunehmende positive Grösse, so existirt für den absoluten Betrag von $P(x)$, wenn man der Veränderlichen x nur solche Werthe beilegt, deren absoluter Betrag gleich r ist, eine endliche obere Grenze, die mit G bezeichnet werden möge. Dann ist, wenn unter l eine beliebige positive ganze Zahl verstanden wird,

$$\left| \frac{1}{l} \sum_{\lambda=0}^{l-1} P(r\cdot\xi^\lambda) \right| \leqq G.$$

Man hat aber

$$\frac{1}{l} \sum_{\lambda=0}^{l-1} P(r\xi^\lambda) = \sum_{\nu=-m}^{\nu=+m} \sum_{\lambda=0}^{l-1} \left(\frac{1}{l} A_\nu r^{\nu\lambda} \xi^{\nu\lambda} \right)$$
$$= A_0 + \frac{1}{l} \sum_\nu{}' A_\nu \frac{1-\xi^{l\nu}}{1-\xi^\nu} r^\nu,$$

wo bei der durch das Zeichen $\sum'$ angedeuteten Summation der Zahl ν alle Werthe von $-m$ bis $+m$, mit Ausschluss der Null, zu geben sind. Nun kann man aber, nach Annahme einer beliebig kleinen positiven Grösse δ, der Zahl l einen so grossen Werth geben, dass der absolute Betrag von

$$\frac{1}{l} \sum_\nu{}' A_\nu \frac{1-\xi^{l\nu}}{1-\xi^\nu} r^\nu$$

kleiner als δ wird; dann hat man

$$|A_0| < G + \delta,$$

also

$$|A_0| \leq G.$$

Jetzt sei

$$P(x) = \sum_{\nu=-\infty}^{\nu=+\infty} A_\nu x^\nu$$

eine beliebige Potenzreihe, welche convergent ist für jeden Werth von x, dessen absoluter Betrag zwischen zwei bestimmte Grenzen R, R' liegt. Ist dann r eine zwischen R und R' enthaltene, im Übrigen wilkürlich anzunehmende positive Grösse, so giebt es wieder für den absoluten Betrag von $P(x)$, wenn man der Veränderlichen x nur solche Werthe beilegt, deren absoluter Betrag gleich r ist, eine endliche obere Grenze, die mit g bezeichnet werden möge. Man kann ferner, nach Annahme einer beliebig kleinen positiven Grösse δ, eine Zahl m so bestimmen, dass für jeden Werth von x, für den $|x| = r$,

$$\left|\sum_{\nu=-m-1}^{\nu=-\infty} A_\nu x^\nu\right| < \frac{1}{2}\delta, \quad \left|\sum_{\nu=m+1}^{\nu=\infty} A x^\nu\right| < \frac{1}{2}\delta$$

ist; dann hat man

$$\left|\sum_{\nu=-m}^{\nu=+m} A_\nu x^\nu\right| < g + \delta$$

also nach dem Bewiesenen

$$|A_0| < g + \delta$$

und somit

$$|A_0| \leqq g.$$

Lässt man ferner die Reihe $x^{-\mu} P(x)$, wo μ eine beliebige ganze Zahl bedeutet, an die Stelle von $P(x)$ treten, so ist $gr^{-\mu}$ die obere Grenze für den absoluten Betrag von $x^{-\mu} P(x)$, wenn man der Grösse x nur solche Werthe giebt, deren absoluter Betrag gleich r ist; man hat also

$$|A_\mu| \leq gr^{-\mu},$$

was zu beweisen war.

Für Potenzreihen von mehreren Veränderlichen gilt ein analoger Satz, der sich ebenso elementar wie der vorstehende beweisen lässt.

2. Zu S. 81, Z. 9 v. u.

Sind ω, ω' zwei complexe Grössen, für welche der reelle Bestandtheil von $\frac{\omega'}{\omega i}$ positiv ist, und bezeichnet man die Werthe, welche die Function $\wp(u \mid \omega, \omega')$ für $u = \omega, \omega + \omega', \omega'$ annimmt, beziehlich mit e_1, e_2, e_3, so hat man*)

$$\left(\frac{2\omega}{\pi}\right)^2 . (e_1 - e_3) = (1 + 2h + 2h^4 + 2h^9 + \cdots)^4,$$

wo

$$h = e^{-\frac{\omega' \pi}{\omega i}}$$

ist. Nimmt man ferner vier ganze Zahlen p, q, p', q' so an, dass unter ihnen die Relation

$$pq' - p'q = 1$$

besteht, und setzt

$$\bar{\omega} = p\omega + q\omega', \qquad \bar{\omega}' = p'\omega + q'\omega', \quad h_1 = e^{-\frac{\bar{\omega}' \pi}{\bar{\omega} i}},$$

so ist, wenn p', q beide grade, p, q' also beide ungrade Zahlen sind, auch

$$\wp(\bar{\omega} \mid \omega, \omega') = e_1, \quad \wp(\bar{\omega} + \bar{\omega}' \mid \omega, \omega') = e_2, \quad \wp(\bar{\omega}' \mid \omega, \omega') = e_3,$$

und es gilt die Gleichung

$$\left(\frac{2\bar{\omega}}{\pi}\right)^2 . (e_1 - e_3) = (1 + 2h_1 + 2h_1^4 + 2h_1^9 + \cdots)^4;$$

man hat also

$$\left(1 + 2\sum_{\nu=1}^{\infty} h_1^{\nu\nu}\right)^4 = \left(2p + 2q\frac{\omega'}{\omega}\right)^4 . \left(1 + 2\sum_{\nu=1}^{\infty} h^{\nu\nu}\right)^4.$$

Nun sei t eine positive Grösse, und

$$\omega = \frac{1}{2}, \quad \omega' = \frac{1}{2} ti,$$

so ist

$$\operatorname*{Lim.}_{t=\infty} h = \operatorname*{Lim.}_{t=\infty} e^{-t\pi} = 0,$$

$$\operatorname*{Lim.}_{t=\infty} h_1 = \operatorname*{Lim.}_{t=\infty} e^{\frac{p' + q'ti}{p + qti}\pi i} = e^{\frac{q'}{q}\pi i};$$

*) S. die „Formeln und Lehrsätze zum Gebrauche der elliptischen Functionen, herausgegeben von H. A. Schwarz“, S. 43.

es ergiebt sich also, wenn unter x eine Veränderliche, deren absoluter Betrag kleiner als 1 ist, verstanden wird, aus der vorstehenden Gleichung, dass der absolute Betrag der Summe

$$1+2\sum_{\nu=1}^{\infty} x^{\nu\nu}$$

unendlich gross wird, wenn sich x auf einem bestimmten Wege dem Grenzwerthe

$$e^{\frac{q'}{q}\pi i}$$

nähert. Nun kann man aber, wenn x_0 irgend eine bestimmte Grösse vom absoluten Betrage 1 ist, die Zahlen p, q, p', q' so annehmen, dass dieselben den angegebenen Bedingungen genügen und überdies der absolute Betrag der Differenz

$$e^{\frac{q'}{q}\pi i} - x_0$$

so klein wird, wie man will; es giebt also in jeder noch so kleinen Umgebung von x_0 Werthe der Veränderlichen x, für welche der absolute Betrag von

$$1+2\sum_{\nu=1}^{\infty} x^{\nu\nu}$$

grösser ist als jede beliebig angenommene positive Grösse.

Hieraus ergiebt sich nun ohne Weiteres das, was im Texte bereits von dem Ausdrucke

$$F(x)=\sum_{\nu=1}^{\infty}\left(\frac{1}{x^{\nu}+x^{-\nu}}\right)$$

gesagt worden ist, indem für diejenigen Werthe von x, deren absoluter Betrag kleiner als 1 ist, die Gleichung

$$1+4F(x)=\left(1+2\sum_{\nu=1}^{\infty} x^{\nu\nu}\right)^2$$

gilt*).

Dazu bemerke ich noch Folgendes:

Setzt man, unter τ eine Grösse verstehend, deren zweite Coordinate nicht gleich Null sein soll,

$$x=e^{\tau\pi i},\quad 1+4F(x)=\varphi(\tau),$$

*) Fund. nov. § 40, Gl. (4.) und § 95, Gl. (6.).

so hat man, wenn die zweite Coordinate von τ positiv ist,

$$\varphi(\tau) = \vartheta_0^2(0\,|\,\tau),$$

woraus sich die Relation

$$\varphi(\tau) = \frac{i}{\tau}\varphi\left(-\frac{1}{\tau}\right)$$

ergiebt. Ist dagegen die zweite Coordinate von τ negativ, so hat man

$$\varphi(\tau) = \varphi(-\tau) = \frac{i}{-\tau}\varphi\left(\frac{1}{\tau}\right),$$

also

$$\varphi(\tau) = -\frac{i}{\tau}\varphi\left(-\frac{1}{\tau}\right).$$

Hiernach ist also der Ausdruck

$$\frac{i\varphi\left(-\frac{1}{\tau}\right)}{\varphi(\tau)}$$

in dem einen Theile seines Geltungsbereichs gleich τ, in dem andern aber gleich $-\tau$; er ist also nicht eine monogene Function von τ, und demzufolge auch $F(x)$ nicht eine monogene Function von x.

3. Zu S. 92, Z. 9.

Ich lasse hier den angeführten Beweis aus dem 79sten Bande des Borchardt'schen Journals unverändert abdrucken.

„Es sei x eine reelle Veränderliche, a eine ungrade ganze Zahl, b eine positive Constante, kleiner als 1, und

$$f(x) = \sum_{n=0}^{\infty} b^n \cos(a^n x \pi);$$

so ist $f(x)$ eine stetige Function, von der sich zeigen lässt, dass sie, sobald der Werth des Products ab eine gewisse Grenze übersteigt, an keiner Stelle einen bestimmten Differentialquotienten hat.

Es sei x_0 irgend ein bestimmter Werth von x, und m eine beliebig angenommene ganze positive Zahl; so giebt es eine bestimmte ganze Zahl α_m, für welche die Differenz

$$a^m x_0 - \alpha_m,$$

die mit x_{m+1} bezeichnet werde, $> -\frac{1}{2}$, aber $\leqq \frac{1}{2}$ ist.

Setzt man dann

$$x' = \frac{\alpha_m - 1}{a^m}, \quad x'' = \frac{\alpha_m + 1}{a^m},$$

so hat man

$$x' - x_0 = -\frac{1 + x_{m+1}}{a^m}, \quad x'' - x_0 = \frac{1 - x_{m+1}}{a^m};$$

es ist also

$$x' < x_0 < x''.$$

Man kann aber m so gross annehmen, dass x', x'' beide der Grösse x_0 so nahe kommen, wie man will.

Nun ist

$$\begin{aligned}\frac{f(x') - f(x_0)}{x' - x_0} = & \sum_{n=0}^{\infty} \left(b^n \cdot \frac{\cos(a^n x' \pi) - \cos(a^n x_0 \pi)}{x' - x_0} \right) \\ = & \sum_{n=0}^{m-1} \left((ab)^n \cdot \frac{\cos(a^n x' \pi) - \cos(a^n x_0 \pi)}{a^n (x' - x_0)} \right) \\ & \sum_{n=0}^{\infty} \left(b^{m+n} \cdot \frac{\cos(a^{m+n} x' \pi) - \cos(a^{m+n} x_0 \pi)}{x' - x_0} \right).\end{aligned}$$

Der erste Theil dieses Ausdrucks ist, da

$$\frac{\cos(a^n x' \pi) - \cos(a^n x_0 \pi)}{a^n (x' - x_0)} = -\pi \sin\left(a^n \frac{x' + x_0}{2} \pi\right) \cdot \frac{\sin\left(a^n \frac{x' - x_0}{2} \pi\right)}{a^n \frac{x' - x_0}{2} \pi}$$

und der Werth von

$$\frac{\sin\left(a^n \frac{x' - x_0}{2} \pi\right)}{a^n \frac{x' - x_0}{2} \pi}$$

stets zwischen -1 und $+1$, liegt, dem absoluten Betrage nach kleiner als

$$\pi \sum_{n=0}^{m-1} (ab)^n,$$

also auch kleiner als

$$\frac{\pi}{ab-1}(ab)^m.$$

Ferner hat man, weil a eine ungrade Zahl ist:

$$\cos\left(a^{m+n} x' \pi\right) = \cos\left(a^n(\alpha_m - 1)\pi\right) = -(-1)^{\alpha_m},$$

$$\cos\left(a^{m+n} x_0 \pi\right) = \cos\left(a^n \alpha_m \pi + a^n x_{m+1} \pi\right) = (-1)^{\alpha_m} \cos\left(a^n x_{m+1} \pi\right),$$

also

$$\sum_{n=0}^{\infty} b^{m+n} \cdot \left(\frac{\cos(a^{m+n} x' \pi) - \cos(a^{m+n} x_0 \pi)}{x' - x_0}\right) = (-1)^{\alpha_m} (ab)^m \sum_{n=0}^{\infty} \frac{1 + \cos(a^n x_{m+1} \pi)}{1 + x_{m+1}} b^n.$$

Alle Glieder der Summe

$$\sum_{n=0}^{\infty} \frac{1 + \cos(a^n x_{m+1} \pi)}{1 + x_{m+1}} b^n$$

sind positiv, und das erste, da $\cos(x_{m+1} \pi)$ nicht negativ ist, $1 + x_{m+1}$ aber zwischen $\frac{1}{2}$ und $\frac{3}{2}$ liegt, nicht kleiner als $\frac{2}{3}$.

Hiernach hat man

$$\frac{f(x') - f(x_0)}{x' - x_0} = (-1)^{\alpha_m} (ab)^m \cdot \eta \left(\frac{2}{3} + \varepsilon \frac{\pi}{ab-1}\right),$$

wo η eine positive Grösse, die > 1, bezeichnet, während ε zwischen -1 und $+1$ enthalten ist.

Ebenso ergiebt sich

$$\frac{f(x'') - f(x_0)}{x'' - x_0} = -(-1)^{\alpha_m} (ab)^m \cdot \eta_1 \left(\frac{2}{3} + \varepsilon_1 \frac{\pi}{ab-1}\right),$$

wo η_1 ebenso wie η positiv und > 1 ist, ε_1 aber zwischen -1 und $+1$ liegt.

Nimmt man nun a, b so an, dass $ab > 1 + \frac{3}{2}\pi$, also

$$\frac{2}{3} > \frac{\pi}{ab-1}$$

ist, so haben

$$\frac{f(x')-f(x_0)}{x'-x_0}, \quad \frac{f(x'')-f(x_0)}{x''-x_0}$$

stets entgegengesetzte Zeichen, werden aber beide, wenn m ohne Ende wächst, unendlich gross.

Hieraus ergiebt sich unmittelbar, dass $f(x)$ an der Stelle $(x = x_0)$ weder einen bestimmten endlichen, noch auch einen bestimmten unendlich grossen Differentialquotienten besitzt".

Im 13ten Bande der „Fortschritte der Mathematik" finde ich auf S. 335 in einem Referate über Herrn Wiener's im 90sten Bande des Borchardt'schen Journals erschienene, auf die im Vorstehenden betrachtete Function $f(x)$ sich beziehende Abhandlung die Bemerkung, es sei Herr Wiener durch eine gründliche geometrische und analytische Untersuchung der in Rede stehenden Function zu dem Resultate gelangt, dass die Behauptung, es besitze diese Function an keiner Stelle einen bestimmten Differentialquotienten, nicht durchweg aufrecht erhalten werden könne. Ich entnehme daraus, dass ich im Glauben, Jedermann wisse, was erforderlich ist, wenn eine stetige Function an einer bestimmten Stelle einen bestimmten Differentialquotienten besitzen soll, am Schlusse des obigen Beweises mich doch zu kurz gefasst haben muss, weswegen ich die folgenden Erläuterungen hinzufüge, welche freilich für die meisten Leser überflüssig sein werden.

Wenn eine stetige Function $F(x)$ der reellen Veränderlichen x an einer bestimmten Stelle $(x = x_0)$ einen bestimmten endlichen Differentialquotienten besitzen soll, so ist dazu nothwendig — selbstverständlich aber nicht hinreichend — dass alle Werthe, welche der Quotient

$$\frac{F(x) - F(x_0)}{x - x_0}$$

nach Festsetzung einer oberen Grenze für den absoluten Betrag der Differenz $x - x_0$ annehmen kann, zwischen endlichen Grenzen enthalten seien. Diese Bedingung ist für die von mir angegebene Function $f(x)$ niemals erfüllt, wie man auch x_0 annehmen möge.

Soll ferner $F(x)$ für $x = x_0$ einen bestimmten unendlich grossen Differentialquotienten ($+\infty$ oder $-\infty$) haben, so muss nach Annahme einer beliebigen positiven Grösse g für den absoluten Betrag von $x - x_0$ eine obere Grenze sich so festsetzen lassen, dass jeder Werth, den der Quotient $\frac{F(x) - F(x_0)}{x - x_0}$ alsdann erhalten kann, im ersten Falle zwischen g und $+\infty$, im zweiten dagegen zwischen $-g$ und $-\infty$ liegt. Eine nothwendige Bedingung für die Existenz eines bestimmten unendlich grossen Differentialquotienten der Function an der Stelle $(x = x_0)$ ist also, dass der Quotient

$$\frac{F(x) - F(x_0)}{x - x_0}$$

für alle einer hinlänglich klein angenommenen Umgebung der Stelle x_0 angehörigen Werthe von x dasselbe Zeichen habe. Auch diese Bedingung ist für die in Rede stehende Function $f(x)$, wie gezeigt worden, niemals erfüllt. Ich muss also den Satz, dass die von mir aufgestellte Function an keiner Stelle einen bestimmten Differentialquotienten besitze, als unbedingt gültig aufrecht erhalten. Herrn Wiener's Einwendungen dagegen beruhen übrigens auf einem leicht aufzuklärenden Missverständnisse. Es ist mit dem Satze gar wohl vereinbar, dass für gewisse Werthe x_0 sich eine unendliche Reihe von Werthen $x_1, x_2, x_3, \ldots$ so bestimmen lässt, dass $\lim\limits_{n=\infty} x_n = x_0$ ist und zugleich

$$\lim_{n=\infty} \frac{f(x_n) - f(x_0)}{x_n - x_0}$$

einen bestimmten Werth erhält. Daraus aber zu schliessen, dass in einem solchen Falle $f(x)$ an der Stelle $(x = x_0)$ einen bestimmten Differentialquotienten besitze, ist ebenso unzulässig, wie es sein würde, wenn man z. B. von der Function

$$F(x) = x \sin\left(x + \frac{1}{x}\right)$$

behaupten wollte, sie besitze an der Stelle $(x = 0)$, den Differentialquotienten Null, weil sich, wenn man $x_n = \frac{1}{n\pi}$ setzt,

$$\lim_{n=\infty} x_n = 0 \quad \text{und} \quad \lim_{n=\infty} \frac{F(x_n)}{x_n} = 0$$

ergiebt.

„Zur Functionenlehre".

Nachtrag.

(Aus dem Monatsbericht der Akademie der Wissenschaften vom 21. Februar 1881.)

In der am 12. August 1880 der Akademie vorgelegten Abhandlung „Zur Functionenlehre" habe ich (in § 4) eine aus rationalen Functionen einer Veränderlichen x gebildete unendliche Reihe aufgestellt, welche die Eigenthümlichkeit besitzt, dass sie den Werth

$$+1 \text{ oder } -1$$

hat, jenachdem der reelle Theil von x positiv oder negativ ist.

Obwohl diese Reihe an sich einfach genug ist und für den Gebrauch, den ich von ihr zum Beweise des in § 5 d. g. Abhdl. gegebenen Hauptsatzes gemacht habe, durchaus geeignet sich erweist, so ist doch ihre Herleitung einigermassen umständlich und setzt mehrere Sätze aus der Theorie der trigonometrischen Functionen voraus. Um so interessanter war es mir, kürzlich durch eine briefliche Mittheilung von Hrn. J. Tannery, Professor an der Faculté des sciences zu Paris, der meine Abhandlung in's Französische übersetzt hat, zu erfahren, dass es höchst einfache Reihen ähnlicher Art giebt, welche nicht nur für den angegebenen Zweck dasselbe leisten wie die meinige, sondern vor dieser zugleich den wesentlichen Vorzug haben, dass zu ihrer Aufstellung und zum Nachweis ihrer charakteristischen Eigenschaft nur die elementarsten Sätze der Functionenlehre erforderlich sind.

Ich erlaube mir, aus Hrn. Tannery's Briefe das Nachstehende mitzutheilen.

„Man nehme eine unendliche Reihe positiver ganzer Zahlen

$$m_0, m_1, m_2, \ldots$$

so an, dass

$$\operatorname*{Lim.}_{n=\infty} m_n = \infty,$$

so ist

$$\operatorname*{Lim.}_{n=\infty} \frac{1+x^{m_n}}{1-x^{m_n}} = \begin{cases} +1, \text{ wenn } |x|<1, \\ -1, \text{ wenn } |x|>1. \end{cases}$$

Man hat aber

$$\frac{1+x^{m_n}}{1-x^{m_n}} = \frac{1+x^{m_0}}{1-x^{m_0}} + \sum_{\nu=1}^{n} \left\{ \frac{1+x^{m_\nu}}{1-x^{m_\nu}} - \frac{1+x^{m_{\nu-1}}}{1-x^{m_{\nu-1}}} \right\}$$

$$= \frac{1+x^{m_0}}{1-x^{m_0}} + \sum_{\nu=1}^{n} \frac{2x^{m_{\nu-1}}(x^{m_\nu - m_{\nu-1}}-1)}{(x^{m_\nu}-1)(x^{m_{\nu-1}}-1)};$$

setzt man also

$$\psi(x) = \frac{1+x^{m_0}}{1-x^{m_0}} + \sum_{\nu=1}^{\infty} \frac{2x^{m_{\nu-1}}(x^{m_\nu - m_{\nu-1}}-1)}{(x^{m_\nu}-1)(x^{m_{\nu-1}}-1)},$$

so convergirt die Reihe auf der rechten Seite dieser Gleichung für jeden Werth von x, dessen absoluter Betrag von 1 verschieden ist, und hat den Werth

$$+1 \text{ oder } -1,$$

jenachdem der absolute Betrag von x kleiner oder grösser als 1 ist.

Nimmt man in dem vorstehenden Ausdrucke von $\psi(x)$

$$m_\nu = 2^\nu,$$

so erhält derselbe eine besonders einfache Gestalt; es ist dann

$$\psi(x) = \frac{1+x}{1-x} + \frac{2x}{x^2-1} + \frac{2x^2}{x^4-1} + \frac{2x^4}{x^8-1} + \ldots \text{“ *)}$$

*) Ich bin vor nicht langer Zeit darauf aufmerksam gemacht worden, dass sich in einer Abhandlung des Herrn E. Schröder a. d. J. 1876 (Schloemilch's Zeitschrift für Math. u. Phys., 22. Jahrg. S. 184) die Formel

$$\frac{1}{x-x^{-1}} + \frac{1}{x^2-x^{-2}} + \frac{1}{x^4-x^{-4}} + \frac{1}{x^8-x^{-8}} + \cdots = \begin{cases} \dfrac{x}{x-1}, \text{ wenn } |x|<1, \\ \dfrac{1}{x-1}, \text{ wenn } |x|>1, \end{cases}$$

findet, woraus sich die im Texte nachgewiesene Eigenschaft der Function $\psi(x)$ in dem Falle, wo $m_\nu = 2^\nu$ ist, unmittelbar ergiebt.

Dazu bemerke ich noch Folgendes.

Es ist unmittelbar ersichtlich, dass die von Hrn. Tannery gegebene Reihe in der Nähe jedes Werthes von x, dessen absoluter Betrag nicht gleich 1 ist, gleichförmig convergirt.

Ist ferner x' eine beliebige rationale Function von x, so werden in der Ebene der letzteren Grösse diejenigen Werthe derselben, für die der absolute Betrag von x' gleich 1 ist, durch eine algebraische Curve repräsentirt, welche die Ebene dergestalt in mehrere Stücke zerlegt, dass der absolute Betrag von x' in einigen Stücken kleiner als 1, in den andern grösser als 1 ist. Setzt man also

$$\psi(x') = \chi_1(x),$$

so ist $\chi_1(x)$ ein Ausdruck von derselben Beschaffenheit wie der von mir im Anfang des § 5 d. g. Abhdl. ebenso bezeichnete. Nimmt man insbesondere

$$x' = \frac{1+x}{1-x},$$

so erhält man einen Ausdruck, der gleich dem von mir mit $\chi(x)$ bezeichneten den Werth

$$+1 \text{ oder } -1$$

hat, jenachdem der reelle Theil von x positiv oder negativ ist.

Einige auf die Theorie der analytischen Functionen mehrerer Veränderlichen sich beziehende Sätze.

Einige auf die Theorie der analytischen Functionen mehrerer Veränderlichen sich beziehende Sätze.

1. Vorbereitungssatz.*)

Ist $F(x, x_1, \dots x_n)$ eine gegebene, in der Form einer gewöhnlichen Potenzreihe dargestellte Function von $x, x_1, \dots x_n$, welche, wenn diese Veränderlichen sämmtlich verschwinden, ebenfalls gleich Null wird, so giebt es stets unendlich viele, dem Convergenzbezirke der Reihe angehörige Werthsysteme der Grössen $x, x_1, \dots x_n$, welche die Gleichung

$$F(x, x_1, \dots x_n) = 0$$

befriedigen.

Bei vielen Untersuchungen handelt es sich nun darum, von diesen Werthsystemen alle diejenigen zu bestimmen, für welche der absolute Betrag jeder einzelnen Grösse eine — beliebig klein anzunehmende — Grenze δ nicht überschreitet.

Diese Aufgabe lässt sich folgendermassen lösen.

Es werde

$$F(x, 0, \dots 0) \text{ mit } F_0(x)$$

bezeichnet und

$$F(x, x_1, \dots x_n) = F_0(x) - F_1(x, x_1, \dots x_n)$$

gesetzt, so dass F_1 für jeden Werth von x gleich Null wird, wenn $x_1, \dots x_n$

*) Diesen Satz habe ich seit dem Jahre 1860 wiederholt in meinen Universitäts-Vorlesungen vorgetragen.

sämmtlich verschwinden. Ich nehme nun zunächst an, dass $F_0(x)$ nicht für jeden Werth von x verschwinde. Dann kann man eine positive Grösse ρ so annehmen, dass $F_0(x)$ für keinen Werth von x, dessen absoluter Betrag > 0, aber $\leq \rho$ ist, verschwindet, und dass es zugleich Werthe von $x_1, x_2, \dots x_n$, die sämmtlich von Null verschieden sind, giebt, für welche die Reihe $F_1(\rho, x_1, \dots x_n)$ convergirt. Wenn ferner eine zweite positive Grösse ρ_0 so angenommen wird, dass sie > 0, aber $< \rho$ ist, und festgesetzt wird, dass der absolute Betrag von x zwischen ρ_0 und ρ liege, die absoluten Beträge von $x_1, \dots x_n$ aber alle unter einer Grenze ρ_1 bleiben sollen, so kann man ρ_1 so klein annehmen, dass für alle Werthsysteme von $x, x_1, \dots x_n$, welche diese Bedingungen erfüllen,

F_0 dem absoluten Betrage nach grösser als F_1

ist. Man hat dann

$$\frac{1}{F(x, x_1, \dots x_n)} = \frac{1}{F_0} + \frac{F_1}{F_0^2} + \frac{F_1^2}{F_0^3} + \cdots = \sum_{\lambda=0}^{\lambda=\infty} \frac{F_1^\lambda}{F_0^{\lambda+1}}$$

$$\frac{\frac{\partial F}{\partial x}}{F} = \frac{\frac{\partial F_0}{\partial x}}{F_0} + \sum_{\lambda=1}^{\lambda=\infty} \frac{F_1^\lambda \frac{\partial F_0}{\partial x}}{F_0^{\lambda+1}} - \sum_{\lambda=1}^{\lambda=\infty} \frac{F_1^{\lambda-1} \frac{\partial F_1}{\partial x}}{F_0^\lambda}$$

$$= \frac{\frac{\partial F_0}{\partial x}}{F_0} - \sum_{\lambda=1}^{\lambda=\infty} \frac{1}{\lambda} \frac{\partial}{\partial x} \left(\frac{F_1^\lambda}{F_0^\lambda} \right).$$

Es ist aber, da der grösste Werth, welchen der absolute Betrag von $\frac{F_1}{F_0}$ für alle jetzt betrachteten Werthe von $x, x_1, \dots x_n$ besitzt, kleiner als 1 ist, die Reihe

$$\sum_{\lambda=1}^{\lambda=\infty} \frac{1}{\lambda} \frac{F_1^\lambda}{F_0^\lambda}$$

gleichmässig convergent, und daher

$$\frac{\frac{\partial F}{\partial x}}{F} = \frac{\frac{\partial F_0}{\partial x}}{F_0} - \frac{\partial}{\partial x} \sum_{\lambda=1}^{\lambda=\infty} \frac{1}{\lambda} \frac{F_1^\lambda}{F_0^\lambda}.$$

Es kann ferner, wenn das Anfangsglied in der Entwickelung von $F_0(x)$ den Exponenten m hat, $\frac{F_1^\lambda}{F_0^\lambda}$ in eine Reihe von der Form

$$\sum_{\mu=0}^{\mu=\infty} G(x_1, \dots x_n)_{\lambda,\mu}\, x^{-m\lambda+\mu}$$

entwickelt werden, wo $G(x_1, \dots x_n)_{\lambda,\mu}$ eine gewöhnliche Potenzreihe von $x_1, \dots x_n$ bedeutet; und bei der eben erwähnten Eigenschaft der Reihe

$$\sum_{\lambda=1}^{\infty} \frac{1}{\lambda} \frac{F_1^\lambda}{F_0^\lambda}$$

kann man alle Glieder, welche dieselbe Potenz von x enthalten, in eines zusammenziehen und erhält so:

$$\sum_{\lambda=1}^{\lambda=\infty} \frac{1}{\lambda} \frac{F_1^\lambda}{F_0^\lambda} = \sum_{\nu=-\infty}^{\nu=+\infty} G(x_1, \dots x_n)_\nu\, x^\nu,$$

wo auch $G(x_1, \dots x_n)_\nu$ eine gewöhnliche Potenzreihe bezeichnet. Ferner ist

$$\frac{\frac{\partial F_0}{\partial x}}{F_0} = m x^{-1} + G(x),$$

wo $G(x)$ eine gewöhnliche Potenzreihe von x bedeutet. Also:

$$\frac{\frac{\partial F}{\partial x}}{F} = m x^{-1} + G(x) - \frac{\partial}{\partial x} \sum_{\nu=-\infty}^{\nu=+\infty} G(x_1, \dots x_n)_\nu \,.\, x^\nu$$

Aus dieser Gleichung lässt sich zunächst ersehen, dass, wenn man den Grössen $x_1, x_2, \dots x_n$ bestimmte Werthe, die dem absoluten Betrage nach sämmtlich kleiner als ρ_1 sind, beilegt, die Gleichung

$$F(x, x_1, \dots x_n) = 0$$

stets durch m Werthe von x, die dem absoluten Betrage nach kleiner als ρ sind, befriedigt wird, vorausgesetzt, dass jeder so oft gezählt wird als die zugehörige Ordnungszahl anzeigt. (Vgl. S. 10.)

Dass es überhaupt innerhalb des angegebenen Bereiches Werthe von x giebt, welche $F=0$ machen, lässt sich so zeigen: Angenommen, es würde $F(x, x_1, \dots x_n)$ bei gegebenen Werthen von $x_1, \dots x_n$ für keinen der in Rede stehenden Werthe von x gleich Null, so liesse sich $\frac{\frac{\partial F}{\partial x}}{F}$ für alle Werthe von x, die dem absoluten Betrage nach kleiner als ρ sind, in eine nur ganze positive Potenzen von x enthaltende Reihe entwickeln, und diese müsste für die ihrem absoluten Betrage nach zwischen ρ_0 und ρ liegenden Werthe von x mit der vorstehenden übereinstimmen. Dies ist aber nicht möglich, da in der letzteren Reihe das Glied mx^{-1} vorkommt. (Da die erste Ableitung einer Potenzreihe von x niemals ein Glied mit dem Exponenten -1 enthält, so kann sich das angegebene Glied nicht gegen ein anderes heben). — Angenommen nun, es seien

$$x', x'', \dots x^{(r)}$$

die in dem angegebenen Bereiche liegenden Werthe von x, welche die Gleichung $F(x, x_1, \dots x_n) = 0$ befriedigen, wobei ein jeder in diese Reihe so oft aufzunehmen ist, als seine Ordnungszahl anzeigt, so wird die Differenz

$$\frac{\frac{\partial F}{\partial x}}{F} - \frac{1}{x - x'} - \cdots - \frac{1}{x - x^{(r)}}$$

für keinen Werth von x, dessen absoluter Betrag kleiner als ρ ist, unendlich gross, und kann daher in eine nur ganze positive Potenzen von x enthaltende Reihe $\mathfrak{P}(x)$ entwickelt werden. Für alle Werthe von x, die dem absoluten Betrage nach kleiner als ρ, aber grösser als jede der Grössen $x', x'', \dots x^{(r)}$ und ρ_0 sind, hat man also:

$$\frac{\frac{\partial F}{\partial x}}{F} = \mathfrak{P}(x) + \sum_{\nu=0}^{\nu=\infty} s_\nu \, x^{-\nu-1},$$

wo

$$s_\nu = (x')^\nu + \cdots + (x^{(r)})^\nu,$$

und

$$\frac{\frac{\partial F}{\partial x}}{F} = mx^{-1} + G(x) - \sum_{\nu=-\infty}^{\nu=+\infty} G(x_1, \dots x_n)_\nu \, . \, \nu x^{\nu-1}$$

Die Vergleichung dieser beiden Ausdrücke von $\frac{\frac{\partial F}{\partial x}}{F}$ giebt

$$s_0 = m \text{ oder } r = m$$

d. h. die Anzahl der in Rede stehenden, die Gleichung $F(x, x_1, \ldots x_n) = 0$ befriedigenden Werthe von x ist gleich dem Grade des Anfangsgliedes von $F(x, 0, \ldots 0)$.

Ferner ergiebt sich, wenn man

$$\nu = \quad l \text{ und } l > 0 \text{ annimmt}$$

$$s_l = l\, G(x_1, \ldots x_n)_{-l}$$

Setzt man daher:

$$f(x, x_1, \ldots x_n) = (x - x') \ldots . . (x - x^{(m)}) = x^m + f_1 x^{m-1} + \cdots + f_m$$

so dass

$$\frac{\frac{\partial f}{\partial x}}{f} = \frac{1}{x - x'} + \cdots + \frac{1}{x - x^{(m)}}$$

ist, so erhält man für Werthe von x, die dem absoluten Betrage nach grösser sind als $x', \ldots x^{(m)}$,

$$\frac{m x^{m-1} + (m-1) f_1 x^{m-2} + \cdots + f_{m-1}}{x^m + f_1 x^{m-1} + \cdots + f_m} = m x^{-1} + s_1 x^{-2} + s_2 x^{-3} + \cdots$$

und hieraus:

$$\begin{aligned}
f_1 &= - s_1 \\
2 f_2 &= - s_2 - s_1 f_1 \\
3 f_3 &= - s_3 - s_2 f_1 - s_1 f_2 \\
&\ldots \ldots \ldots \\
m f_m &= - s_m - s_{m-1} f_1 - s_{m-2} f_2 - \cdots - s_1 f_{m-1} .
\end{aligned}$$

Hiernach sind $f_1, \ldots f_m$ sämmtlich Potenzreihen von $x_1, \ldots x_n$, welche sicher convergiren, wenn alle diese Grössen dem absoluten Betrage nach kleiner als ρ_1 sind. Die gesuchten m Werthe von x werden dann gefunden durch Auflösung der Gleichung

$$x^m + f_1 x^{m-1} + \cdots + f_m = 0$$

Man erhält ferner durch Vergleichung der beiden Ausdrücke von $\dfrac{\frac{\partial F}{\partial x}}{F}$

$$\mathfrak{P}(x) = G(x) - \sum_{\nu=0}^{\infty} (\nu+1)\, G(x_1, \ldots x_n)_{\nu+1} \cdot x^\nu$$

für alle Werthe von x, die dem absoluten Betrage nach kleiner als ρ sind.

Setzt man daher

$$\mathfrak{G}(x, x_1, \ldots x_n) = \int_0 G(x)\, dx - \sum_{\nu=0}^{\infty} G(x_1, \ldots x_n)_{\nu+1}\, x^{\nu+1},$$

$$\mathfrak{F}(x, x_1, \ldots x_n) = e^{\mathfrak{G}(x, x_1, \ldots x_n)},$$

so sind $\mathfrak{G}$ und $\mathfrak{F}$ gewöhnliche Potenzreihen von $x, x_1, \ldots x_n$, welche sicher convergiren, wenn $|x| < \rho$, $|x_1| < \rho_1, \ldots |x_n| < \rho_1$. Dabei wird $\mathfrak{F} = 1$, wenn $x, x_1, \ldots x_n$ sämmtlich verschwinden.

Aus der Gleichung

$$\frac{\frac{\partial F}{\partial x}}{F} = \frac{\frac{\partial f}{\partial x}}{f} + \frac{\frac{\partial \mathfrak{F}}{\partial x}}{\mathfrak{F}}$$

folgt nun

$$F(x, x_1, \ldots x_n) = f(x, x_1, \ldots x_n) \,.\, C\,\mathfrak{F}(x, x_1, \ldots x_n),$$

wo C den Coëfficienten von x^m in $F(x, 0, \ldots 0)$ bedeutet.

Die Coëfficienten von f, $\mathfrak{F}$ sind nun unabhängig von den gewählten Grössen ρ, ρ_1; die vorstehende Gleichung muss also gelten für alle Werthe von $x, x_1, \ldots x_n$, bei denen die Reihen $F, f, \mathfrak{F}$ alle drei convergiren.

Nehmen wir also eine Grösse δ so an, dass erstens alle Werthsysteme von $x, x_1, \ldots x_n$, in denen jede dieser Grössen dem absoluten Betrage nach die Grenze δ nicht überschreitet, dem Convergenzbezirk der genannten drei Reihen angehören, und dass zweitens $\mathfrak{F}(x, x_1, \ldots x_n)$ für keines derselben verschwindet, so werden diejenigen unter diesen Werthsystemen, welche die Gleichung $F(x, x_1, \ldots x_n) = 0$ befriedigen, durch Auflösung der Gleichung $m$ten Grades $f(x, x_1, \ldots x_n) = 0$ bestimmt.

Es ist hierbei, wie bemerkt, angenommen worden, dass

$$F(x, 0, \ldots 0)$$

nicht identisch gleich Null ist. Ist dies der Fall, so hat man zur Lösung der gestellten Aufgabe folgendermassen zu verfahren.

Man bezeichne mit $(x, x_1, \ldots x_n)_\lambda$ die Summe derjenigen Glieder von $F(x, x_1, \ldots x_n)$, welche von der λten Dimension sind, und mit μ den kleinsten Werth von λ; für welchen die Coëfficienten von $(x, x_1, \ldots x_n)_\lambda$ nicht sämmtlich verschwinden, so dass man

$$F(x, x_1, \ldots x_n) = (x, x_1, \ldots x_n)_\mu + (x, x_1, \ldots x_n)_{\mu+1} + \cdots\cdots\cdots\cdots\cdots\cdots$$

hat. Sodann führe man an Stelle von $x, x_1, \ldots x_n$ ebenso viele andere Veränderliche $y, y_1, \ldots y_n$ ein mittelst der Gleichungen:

$$\begin{aligned} x &= c_{00}\, y + c_{01}\, y_1 + \cdots + c_{0n}\, y_n \\ x_1 &= c_{10}\, y + c_{11}\, y_1 + \cdots + c_{1n}\, y_n \\ &\cdots\cdots\cdots\cdots\cdots \\ x_n &= c_{n0}\, y + c_{n1}\, y_1 + \cdots + c_{nn}\, y_n , \end{aligned}$$

wo die Grössen $c_{00}, \ldots c_{nn}$ Constanten bezeichnen, die keiner andern Beschränkung unterworfen sind, als dass

$$\begin{vmatrix} c_{00}, & \cdots & c_{0n} \\ c_{10}, & \cdots & c_{1n} \\ \cdots & \cdots & \cdots \\ c_{n0}, & \cdots & c_{nn} \end{vmatrix}$$

und

$$(c_{00}, c_{10}, \ldots c_{n0})_\mu$$

von Null verschieden sein müssen. Durch diese Substitution verwandelt sich $F(x, x_1, \ldots x_n)$ in eine ähnliche Function von $y, y_1, \ldots y_n$, welche mit $\bar{F}(y, y_1, \ldots y_n)$ bezeichnet werden möge. Dann hat man:

$$\bar{F}(y, 0, \ldots 0) = (c_{00}, c_{10}, \ldots c_{n0})_\mu\, y^\mu + (c_{00}, c_{10}, \ldots c_{n0})_{\mu+1}\, y^{\mu+1} + \cdots$$

Es ist also die Function $\bar{F}(y, 0, \ldots 0)$ nicht identisch gleich Null und ihr Anfangsglied von der μten Ordnung.

Man kann daher nach dem Bewiesenen $\bar{F}(y, y_1, \ldots y_n)$ darstellen in der Form

$$\bar{F}(y, y_1, \ldots y_n) = \left(y^\mu + y^{\mu-1}\,\mathfrak{G}_1(y_1, \ldots y_n) + \cdots + \mathfrak{G}_\mu(y_1, \ldots y_n)\right)\bar{\mathfrak{G}}(y, y_1, \ldots y_n),$$

wo $\mathfrak{G}_1, \ldots \mathfrak{G}_\mu$ Potenzreihen von $y_1, \ldots y_n$ bezeichnen, die sämmtlich gleich Null werden, wenn diese Veränderlichen sämmtlich verschwinden, während $\overline{\mathfrak{G}}(y, y_1, \ldots y_n)$ eine Potenzreihe von $y, y_1, \ldots y_n$ ist, welche einen von Null verschiedenen Werth erhält, wenn $y, y_1, \ldots y_n$ sämmtlich gleich Null gesetzt werden. Die letztere Reihe kann nun in eine ebenso beschaffene Potenzreihe von $x, x_1, \ldots x_n$ verwandelt werden, die mit $\mathfrak{G}(x, x_1, \ldots x_n)$ bezeichnet werden möge. Dann hat man

$$F(x, x_1, \ldots x_n) = \left(y^\mu + y^{\mu-1}\mathfrak{G}_1(y_1, \ldots y_n) + \cdots + \mathfrak{G}_\mu(y_1, \ldots y_n)\right)\mathfrak{G}(x, x_1, \ldots x_n)$$

Nun kann man δ so klein annehmen, dass für jedes Werthsystem der Grössen $x, x_1, \ldots x_n$, in welchem jede einzelne dem absoluten Betrage nach kleiner als δ ist, erstens $\mathfrak{G}(x, x_1, \ldots x_n)$ einen von Null verschiedenen Werth erhält und zweitens das entsprechende Werthsystem der Grössen $y_1, \ldots y_n$ dem gemeinschaftlichen Convergenzbezirke der Reihen $\mathfrak{G}_1(y_1, \ldots y_n), \ldots \mathfrak{G}_\mu(y_1, \ldots y_n)$ angehört. Hieraus ergiebt sich Folgendes:

Wenn man zu jedem dem gemeinschaftlichen Convergenzbezirke der Reihen $\mathfrak{G}_1, \ldots \mathfrak{G}_\mu$ angehörigen Werthsysteme $y_1, \ldots y_n$ die μ der Gleichung

$$y^\mu + y^{\mu-1}\mathfrak{G}_1(y_1, \ldots y_n) + \cdots + \mathfrak{G}_\mu(y_1, \ldots y_n) = 0$$

genügenden Werthe von y bestimmt, und dann aus den so sich ergebenden Werthsystemen $y, y_1, \ldots y_n$ die entsprechenden Werthsysteme $x, x_1, \ldots x_n$ berechnet, so finden sich unter den letzteren alle diejenigen, welche die Gleichung $F(x, x_1, \ldots x_n) = 0$ befriedigen und die Bedingung erfüllen, dass jede einzelne Grösse dem absoluten Betrage nach kleiner als die angegebene Grösse δ ist.

2.

Eine Potenzreihe $\mathfrak{P}_1(x_1, \ldots x_n)$ ist durch eine andere $\mathfrak{P}_0(x_1, \ldots x_n)$ theilbar, wenn sich eine dritte Reihe $\mathfrak{P}_2(x_1, \ldots x_n)$ so bestimmen lässt, dass

$$\mathfrak{P}_1(x_1, \ldots x_n) = \mathfrak{P}_0(x_1, \ldots x_n)\,\mathfrak{P}_2(x_1, \ldots x_n)$$

ist.

Hat $\mathfrak{P}_0$ an der Stelle $(x_1 = 0, \ldots x_n = 0)$ einen von Null verschiedenen Werth, so existirt stets eine die vorstehende Gleichung befriedigende

Reihe $\mathfrak{P}_2$; dagegen ist dies nicht der Fall, wenn $\mathfrak{P}_0(0,\dots 0) = 0$ ist, während $\mathfrak{P}_1(0,\dots 0)$ einen von Null verschiedenen Werth hat. Es bleibt daher nur zu untersuchen, unter welchen Bedingungen $\mathfrak{P}_1$ durch $\mathfrak{P}_0$ theilbar ist in dem Falle, wo

$$\mathfrak{P}_0(0,\dots 0)\,,\quad \mathfrak{P}_1(0,\dots 0)$$

beide gleich Null sind.

Man führe (wie in Art. 1) an Stelle von $x_1,\dots x_n$ n andere Veränderliche $t_1,\dots t_n$ ein, indem man

$$\begin{array}{l} x_1 = g_{11}t_1 + \cdots + g_{1n}t_n \\ \cdot\quad\cdot\quad\cdot\quad\cdot\quad\cdot\quad\cdot\quad\cdot\quad\cdot\quad\cdot \\ x_n = g_{n1}t_1 + \cdots + g_{nn}t_n \end{array}$$

setzt und die Constanten $g_{11}, g_{12}, \dots g_{nn}$ so wählt, dass erstens $x_1,\dots x_n$ von einander unabhängige Functionen der Grössen $t_1,\dots t_n$ sind, und zweitens weder $\mathfrak{P}_0(g_{11}t_1,\dots g_{n1}t_1)$ noch $\mathfrak{P}_1(g_{11}t_1,\dots g_{n1}t_1)$ für jeden Werth von t_1 verschwindet. Wenn dann die höchsten Potenzen von t_1, durch welche diese beiden Functionen von t_1 theilbar sind, beziehlich die Exponenten μ, ν haben, so kann man, wie in Art. 1 gezeigt worden,

$$\begin{array}{llll} \mathfrak{P}_0(x_1,\dots x_n) & \text{auf die Form} & G_0(t_1,t_2,\dots t_n)\,\overline{\mathfrak{P}}_0(t_1,\dots t_n) \\ \mathfrak{P}_1(x_1,\dots x_n) & \text{„}\quad\text{„}\quad\text{„} & G_1(t_1,t_2,\dots t_n)\,\overline{\mathfrak{P}}_1(t_1,\dots t_n) \end{array}$$

bringen, wo

$$\begin{array}{l} G_0(t_1,t_2,\dots t_n) = t_1^{\mu} + \overset{0}{\mathfrak{P}}_1(t_2,\dots t_n)\,t_1^{\mu-1} + \cdots + \overset{0}{\mathfrak{P}}_{\mu}(t_2,\dots t_n) \\ G_1(t_1,t_2,\dots t_n) = t_1^{\nu} + \overset{1}{\mathfrak{P}}_1(t_2,\dots t_n)\,t_1^{\nu-1} + \cdots + \overset{1}{\mathfrak{P}}_{\mu}(t_2,\dots t_n) \end{array}$$

ist. Dabei verschwinden $\overset{0}{\mathfrak{P}}_1,\dots \overset{0}{\mathfrak{P}}_{\mu}$, $\overset{1}{\mathfrak{P}}_1,\dots \overset{1}{\mathfrak{P}}_{\nu}$ sämmtlich an der Stelle $(t_2 = 0,\dots t_n = 0)$, während $\overline{\mathfrak{P}}_0(0,\dots 0)$, $\overline{\mathfrak{P}}_1(0,\dots 0)$ beide einen von Null verschiedenen Werth haben.

Man nehme nun eine positive Grösse δ so an, dass für jedes den Bedingungen

$$|t_1| \leqq \delta\,,\quad \dots\quad |t_n| \leqq \delta$$

genügende Werthsystem $(t_1, \dots t_n)$ die angegebenen Umformungen von $\mathfrak{P}_0(x_1, \dots x_n)$, $\mathfrak{P}_1(x_1, \dots x_n)$ gelten. Dann kann man ferner eine positive Grösse δ_1, die kleiner als δ ist, so annehmen, dass für jedes den Bedingungen

$$|t_2| \leqq \delta_1\,, \;\dots\; |t_n| \leqq \delta_1$$

genügende Werthsystem $(t_2, \dots t_n)$ jede der beiden Gleichungen

$$G_0(t_1, t_2, \dots t_n) = 0\,,$$
$$G_1(t_1, t_2, \dots t_n) = 0$$

nur durch solche Werthe von t_1, die dem absoluten Betrage nach kleiner als δ sind, befriedigt wird. Sind für irgend ein System bestimmter Werthe von $t_2, \dots t_n$

$$t_1', t_1'', \;\dots\; t_1^{(m)}$$

die von einander verschiedenen Werthe von t_1, welche der einen oder der anderen dieser Gleichungen, oder auch beiden genügen, so hat man

$$\frac{G_1(t_1, t_2, \dots t_n)}{G_0(t_1, t_2, \dots t_n)} = (t_1 - t_1')^{\lambda_1} \dots (t_1 - t_1^{(m)})^{\lambda_m}\,,$$

wo $\lambda_1, \dots \lambda_m$ ganze Zahlen bezeichnen, deren Summe gleich $\nu - \mu$ ist. Hat eine dieser Zahlen einen negativen Werth, so kann man der Grösse t_1 einen solchen Werth geben, dass

$$\left| \frac{G_1(t_1, t_2, \dots t_n)}{G_0(t_1, t_2, \dots t_n)} \right| > g$$

ist, wo g eine beliebig angenommene positive Grösse bedeutet, ohne dass $G_0(t_1, t_2, \dots t_n) = 0$ ist. Infolge der Gleichung

$$\frac{\mathfrak{P}_1(x_1, \dots x_n)}{\mathfrak{P}_0(x_1, \dots x_n)} = \frac{G_1(t_1, t_2, \dots t_n)}{G_0(t_1, t_2, \dots t_n)} \cdot \frac{\overline{\mathfrak{P}}_1(t_1, \dots t_n)}{\overline{\mathfrak{P}}_0(t_1, \dots t_n)}$$

existiren also in jeder noch so kleinen Umgebung der Stelle $(0, 0 \dots 0)$ Werthsysteme $(x_1, \dots x_n)$, für die der Quotient

$$\frac{\mathfrak{P}_1(x_1, \dots x_n)}{\mathfrak{P}_0(x_1, \dots x_n)}$$

dem absoluten Betrage nach jede beliebig angenommene Grösse übertrifft. Daraus folgt sofort, dass, wenn $\mathfrak{P}_1(x_1, \dots x_n)$ durch $\mathfrak{P}_0(x_1, \dots x_n)$ theilbar sein soll, jede der Zahlen $\lambda_1, \dots \lambda_m$ positiv oder gleich Null, und somit (zunächst unter der Voraussetzung, dass $t_2, \dots t_n$ bestimmte, den Bedingungen

$$|t_2| \leqq \delta_1 , \quad \dots \quad |t_n| \leqq \delta_1$$

genügende Werthe haben, und der absolute Betrag der Veränderlichen t_1 nicht grösser als δ sei) $G_1(t_1, t_2, \dots t_n)$ durch $G_0(t_1, t_2, \dots t_n)$ theilbar sein muss. Dazu ist zuerst erforderlich, dass $\nu \geqq \mu$ sei.

Nun kann man aber, wenn diese Bedingung erfüllt ist, und

$$A_0 t_1^{\mu} + A_1 t_1^{\mu-1} + \cdots + A_\mu , \quad B_0 t_1^{\nu} + B_1 t_1^{\nu-1} + \cdots + B_\nu$$

zwei ganze Functionen von t_1 mit unbestimmten Coëfficienten sind, zwei andere Functionen

$$C_0 t_1^{\nu-\mu} + \cdots + C_{\nu-\mu} , \quad D_1 t_1^{\mu-1} + \cdots D_\mu$$

dergestalt bestimmen, dass die Gleichung

$$A_0^{\nu-\mu+1} (B_0 t_1^{\nu} + \cdots + B_\nu)$$
$$= (A_0 t_1^{\mu} + \cdots + A_\mu)(C_0 t_1^{\nu-\mu} + \cdots + C_{\nu-\mu}) + D_1 t_1^{\mu-1} + \cdots + D_\mu$$

besteht; und es sind dann

$$C_0, \dots C_{\nu-\mu} , \quad D_1, \dots D_\mu$$

ganze Functionen von $A_0, \dots A_\mu$, $B_0, \dots B_\nu$. Die nothwendigen und hinreichenden Bedindungen dafür, dass bei bestimmten Werthen von $A_0, \dots A_\mu$, $B_0, \dots B_\nu$ und unter der Voraussetzung, dass A_0 nicht den Werth Null habe,

$$B_0 t_1^{\nu} + \cdots + B_\nu \text{ durch } A_0 t_1^{\mu} + \cdots + A_\mu \text{ theilbar sei,}$$

werden dann durch die μ Gleichungen

$$D_1 = 0 , \quad \dots \quad D_\mu = 0$$

ausgedrückt.

Setzt man nun

$$A_0=1\,,\ A_1=\overset{0}{\mathfrak{P}}_1(t_2,\dots t_n)\,,\ \dots\ A_\mu=\overset{0}{\mathfrak{P}}_\mu(t_2,\dots t_n)$$
$$B_0=1\,,\ B_1=\overset{1}{\mathfrak{P}}_1(t_2,\dots t_n)\,,\ \dots\ B_\nu=\overset{1}{\mathfrak{P}}_\nu(t_1,\dots t_n)\,,$$

so werden $C_0,\dots C_{\nu-\mu}$, $D_1,\dots D_\mu$ Potenzreihen von $t_2,\dots t_n$, die sämmtlich an der Stelle $(t_2=0,\dots t_n=0)$ verschwinden und mit

$$\overset{3}{\mathfrak{P}}_0(t_2,\dots t_n)\,,\ \dots\ \overset{3}{\mathfrak{P}}_{\nu-\mu}(t_2,\dots t_n)\,;\ \overset{4}{\mathfrak{P}}_1(t_2,\dots t_n)\,,\ \dots\ \overset{4}{\mathfrak{P}}_\mu(t_2,\dots t_n)$$

bezeichnet werden mögen. Damit $\mathfrak{P}_1(x_1,\dots x_n)$ durch $\mathfrak{P}_0(x_1,\dots x_n)$ theilbar sei, müssen nun

$$\overset{4}{\mathfrak{P}}_1(t_2,\dots t_n)\,,\ \dots\ \overset{4}{\mathfrak{P}}_\mu(t_1,\dots t_n)$$

sämmtlich verschwinden, wenn

$$|t_2|\leqq\delta_1\,,\ \dots\ |t_n|\leqq\delta_1\,.$$

Dies ist aber nur möglich, wenn in jeder Reihe sämmtliche Coëfficienten gleich Null sind.

Angenommen nun, diese Bedingung sei erfüllt, so hat man

$$\begin{aligned} G_1(t_1,t_2,\dots t_n) &= G_0(t_1,t_2,\dots t_n)\,.\,\big(t_1^{\nu-\mu}+\cdots+\overset{3}{\mathfrak{P}}_{\nu-\mu}(t_2,\dots t_n)\big)\\ &= G_0(t_1,t_2,\dots t_n)\,.\,G_3(t_1,t_2,\dots t_n)\end{aligned}$$

und daher

$$\mathfrak{P}_0(x_1,\dots x_n)=G_0(t_1,t_2,\dots t_n)\,.\,\overline{\overline{\mathfrak{P}}}_0(t_1,t_2,\dots t_n)$$

$$\begin{aligned}\mathfrak{P}_1(x_1,\dots x_n) &= G_0(t_1,t_2,\dots t_n)\,.\,G_3(t_1,t_2,\dots t_n)\,.\,\overline{\overline{\mathfrak{P}}}_1(t_1,\dots t_n)\\ &= \mathfrak{P}_0(x_1,x_2,\dots x_n)\,.\,G_3(t_1,t_2,\dots t_n)\,.\,\frac{\overline{\overline{\mathfrak{P}}}_1(t_1,\dots t_n)}{\overline{\overline{\mathfrak{P}}}_0(t_1,\dots t_n)}\\ &= \mathfrak{P}_0(x_1,x_2,\dots x_n)\,.\,\overline{\overline{\mathfrak{P}}}_2(t_1,t_2,\dots t_n)\,.\end{aligned}$$

Verwandelt man nunmehr $\overline{\overline{\mathfrak{P}}}_2(t_1,\dots t_n)$ in eine Potenzreihe von $x_1,\dots x_n$, so ergiebt sich

$$\mathfrak{P}_1(x_1,\dots x_n)=\mathfrak{P}_0(x_1,x_2,\dots x_n)\,\mathfrak{P}_2(x_1,x_2,\dots x_n)\,.$$

Wir haben also folgenden Satz:

Es seien $\mathfrak{P}_0(x_1, \dots x_n)$, $\mathfrak{P}_1(x_1, \dots x_n)$ zwei Potenzreihen von $x_1, \dots x_n$, welche beide an der Stelle $(x_1 = 0, \dots x_n = 0)$ verschwinden. Man bilde auf die angegebene Weise die beiden Ausdrücke

$$t_1^{\mu} + \overset{0}{\mathfrak{P}}_1(t_2, \dots t_n)\, t_1^{\mu-1} + \cdots + \overset{0}{\mathfrak{P}}_{\mu}(t_2, \dots t_n)$$

$$t_1^{\nu} + \overset{1}{\mathfrak{P}}_1(t_2, \dots t_n)\, t_1^{\nu-1} + \cdots + \overset{1}{\mathfrak{P}}_{\nu}(t_2, \dots t_n),$$

und setze aus $\overset{0}{\mathfrak{P}}_0, \dots \overset{0}{\mathfrak{P}}_{\mu}$, $\overset{1}{\mathfrak{P}}_1, \dots \overset{1}{\mathfrak{P}}_{\nu}$ die Potenzreihen

$$\overset{4}{\mathfrak{P}}_1(t_2, \dots t_n), \quad \dots \quad \overset{4}{\mathfrak{P}}_{\mu}(t_2, \dots t_n)$$

zusammen. Die nothwendige und hinreichende Bedingung dafür, dass $\mathfrak{P}_1(x_1, \dots x_n)$ durch $\mathfrak{P}_0(x_1, \dots x_n)$ theilbar sei, besteht dann darin, dass in jeder der Reihen $\overset{4}{\mathfrak{P}}_1, \dots \overset{4}{\mathfrak{P}}_{\mu}$ sämmtliche Coëfficienten gleich Null sein müssen.

Es geht aber auch aus dem Vorstehenden hervor, dass nur in dem Falle, wo eine der mit $\lambda_1, \dots \lambda_m$ bezeichneten Zahlen negativ ist, $\mathfrak{P}_1$ nicht durch $\mathfrak{P}_0$ theilbar ist. Daraus lässt sich schliessen:

Kann man zeigen, dass der absolute Betrag des Quotienten

$$\frac{\mathfrak{P}_1(x_1, \dots x_n)}{\mathfrak{P}_0(x_1, \dots x_n)},$$

wenn $(x_1, \dots x_n)$ in einer gewissen Umgebung der Stelle $(0, \dots 0)$ und so, dass $\mathfrak{P}_0(x_1, \dots x_n)$ nicht gleich Null ist, angenommen wird, stets kleiner als eine angebbare Grösse ist, so reicht dies aus, um festzustellen, dass $\mathfrak{P}_1(x_1, \dots x_n)$ durch $\mathfrak{P}_0(x_1, \dots x_n)$ theilbar ist.

Denn wäre das Letztere nicht der Fall, so müsste wenigstens eine der Zahlen $\lambda_1, \dots \lambda_m$ negativ sein, und es existirte, wie gezeigt worden, innerhalb jeder Umgebung der Stelle $(0, \dots 0)$ ein Werthsystem $(x_1, \dots x_n)$, für welches der absolute Betrag des in Rede stehenden Quotienten jede angebbare Grösse überträfe, ohne dass $\mathfrak{P}_0(x_1, \dots x_n)$ gleich Null wäre; was der Voraussetzung widerspricht.

In jedem Falle, wo entschieden werden kann, ob der Quotient $\frac{\mathfrak{P}_1}{\mathfrak{P}_0}$ die angegebene Beschaffenheit hat oder nicht, ist man demnach der Bildung der Reihen $\overset{4}{\mathfrak{P}}_1, \dots \overset{4}{\mathfrak{P}}_{\mu}$ überhoben.

Es soll nun ferner untersucht werden, unter welchen Bedingungen zwei Reihen $\mathfrak{P}_0(x_1, \dots x_n)$, $\mathfrak{P}_1(x_1, \dots x_n)$, die beide an der Stelle $(0, \dots 0)$ verschwinden, einen gemeinschaftlichen Theiler von derselben Form, der ebenfalls an der Stelle $(0, \dots 0)$ verschwindet, besitzen.

Angenommen, man habe

$$\mathfrak{P}_0(x_1, \dots x_n) = \mathfrak{P}_2(x_1, \dots x_n) \,.\, \mathfrak{P}_3(x_1, \dots x_n)$$
$$\mathfrak{P}_1(x_1, \dots x_n) = \mathfrak{P}_2(x_1, \dots x_n) \,.\, \mathfrak{P}_4(x_1, \dots x_n)\,,$$

und es sei $\mathfrak{P}_2(0, \dots 0) = 0$. Man verwandle wieder $\mathfrak{P}_0$, $\mathfrak{P}_1$ auf die angegebene Weise in Functionen von $t_1, \dots t_n$. Zufolge der in Betreff der Functionen $\mathfrak{P}_0(g_{11}t_1, \dots g_{n1}t_1)$, $\mathfrak{P}_1(g_{11}t_1, \dots g_{n1}t_1)$ gemachten Voraussetzung kann auch $\mathfrak{P}_2(g_{11}t_1, \dots g_{n1}t_1)$ nicht für jeden Werth von t_1 verschwinden; die höchste Potenz von t_1, durch welche diese Function theilbar ist, habe den Exponenten λ_1, so kann man

$$\mathfrak{P}_2(x_1, \dots x_n) \text{ auf die Form } G_2(t_1, t_2, \dots t_n)\, \overline{\mathfrak{P}}_2(t_1, \dots t_n)$$

bringen, wo

$$G_2(t_1, t_2, \dots t_n) = t_1^{\lambda} + \overset{2}{\mathfrak{P}}_1(t_2, \dots t_n)\, t_1^{\lambda-1} + \cdots + \overset{2}{\mathfrak{P}}_{\lambda}(t_2, \dots t_n)\,,$$

und $\overline{\mathfrak{P}}_2(0, \dots 0)$ nicht gleich Null ist.

Dann hat man

$$G_0(t_1, t_2, \dots t_n) = G_2(t_1, t_2, \dots t_n)\, \frac{\overline{\mathfrak{P}}_2(t_1, \dots t_n)}{\overline{\mathfrak{P}}_0(t_1, \dots t_n)}\, \mathfrak{P}_3(x_1, \dots x_n) = G_2(t_1, t_2, \dots t_n)\, \mathfrak{P}_5(t_1, \dots t_n)$$

$$G_1(t_1, t_2, \dots t_n) = G_2(t_1, t_2, \dots t_n)\, \frac{\overline{\mathfrak{P}}_2(t_1, \dots t_n)}{\overline{\mathfrak{P}}_0(t_1, \dots t_n)}\, \mathfrak{P}_4(x_1, \dots x_n) = G_2(t_1, t_2, \dots t_n)\, \mathfrak{P}_6(t_1, \dots t_n)\,.$$

Es sind also

$$G_0(t_1, t_2, \dots t_n),\ G_1(t_1, t_2, \dots t_n)$$

beide durch $G_2(t_1, t_2, \dots t_n)$ theilbar.

Nun kann man bekanntlich, wenn

$$A_0, A_1, \dots A_\mu,\ B_0, B_1, \dots B_\nu$$

unbestimmte Grössen bedeuten, aus denselben eine Reihe von ganzen Functionen

$$C, C_1, C_2, \ldots$$

zusammensetzen, vermittelst welcher sich die nothwendigen und hinreichenden Bedingungen dafür, dass bei bestimmten Werthen von $A_0, \ldots A_\mu$, $B_0, \ldots B_\nu$ und unter der Voraussetzung, dass weder A_0 noch B_0 gleich Null sei, die Functionen

$$A_0 t_1^\mu + \cdots + A_\mu, \quad B_0 t_1^\nu + \cdots + B_\nu$$

einen grössten gemeinschaftlichen Theiler λten Grades besitzen, sich folgendermassen ausdrücken lassen: Es muss C_λ in der Reihe der Grössen $C, C_1, C_2, \ldots$ die erste sein, welche nicht gleich Null ist.

Diese Bedingung als erfüllt vorausgesetzt, stellt sich dann der grösste gemeinschaftliche Theiler der beiden Functionen in der Form

$$t_1^\lambda + \frac{C_\lambda'}{C_\lambda} t_1^{\lambda-1} + \cdots + \frac{C_\lambda^{(\lambda)}}{C_\lambda}$$

dar, wo $C_\lambda', \ldots C_\lambda^{(\lambda)}$ ebenfalls ganze Functionen von $A_0, \ldots A_\mu, B_0, \ldots B_\nu$ sind. Nimmt man

$$A_0 = 1, \; A_1 = \overset{0}{\mathfrak{P}}_1(t_2, \ldots t_n), \; \ldots \; A_\mu = \overset{0}{\mathfrak{P}}_\mu(t_2, \ldots t_n)$$

$$B_0 = 1, \; B_1 = \overset{1}{\mathfrak{P}}_1(t_2, \ldots t_n), \; \ldots \; B_\nu = \overset{1}{\mathfrak{P}}_\nu(t_2, \ldots t_n),$$

so werden $C, C_1, C_2, \ldots; C_\lambda', C_\lambda'', \ldots$ Potenzreihen von $t_2, \ldots t_n$, die mit

$$\mathfrak{P}(t_2, \ldots t_n), \; \mathfrak{P}^{(1)}(t_2, \ldots t_n), \; \mathfrak{P}^{(2)}(t_2, \ldots t_n) \ldots; \; \mathfrak{P}^{(\lambda,1)}(t_2, \ldots t_n), \; \mathfrak{P}^{(\lambda,2)}(t_1, \ldots t_n), \ldots$$

bezeichnet werden mögen. Dann muss, damit für ein bestimmtes Werthsystem $(t_2, \ldots t_n)$

$$G_0(t_1, t_2, \ldots t_n), \; G_1(t_1, t_2, \ldots t_n),$$

als Functionen von t_1 betrachtet, einen gemeinschaftlichen Theiler haben,

$$\mathfrak{P}(t_2, \ldots t_n) = 0$$

sein. Diese Gleichung besteht also bei der in Betreff der Functionen $\mathfrak{P}_0(x_1, \dots x_n)$, $\mathfrak{P}_1(x_1, \dots x_n)$ gemachten Annahme, wenn man den Grössen $t_2, \dots t_n$ solche Werthe giebt, für welche die angegebenen Umformungen von $\mathfrak{P}_0$, $\mathfrak{P}_1$ gelten; woraus folgt, dass die Coëfficienten der Reihe $\mathfrak{P}(t_2, \dots t_n)$ sämmtlich gleich Null sein müssen.

Damit ist die nothwendige Bedingung dafür, dass $\mathfrak{P}_0(x_1, \dots x_n)$, $\mathfrak{P}_1(x_1, \dots x_n)$ einen gemeinschaftlichen Theiler besitzen, festgestellt.

Angenommen nun, es seien für zwei gegebene Potenzreihen $\mathfrak{P}_0(x_1, \dots x_n)$, $\mathfrak{P}_1(x_1, \dots x_n)$ die im Vorstehenden definirten Functionen

$$G_0(t_1, t_2, \dots t_n)\,,\; G_1(t_1, t_2, \dots t_n)$$

$$\mathfrak{P}(t_2, \dots t_n),\; \mathfrak{P}^{(1)}(t_2, \dots t_n),\; \mathfrak{P}^{(2)}(t_2, \dots t_n)\,,\; \dots$$

gebildet, und es ergebe sich, dass die Coëfficienten der Reihe $\mathfrak{P}(t_2, \dots t_n)$ sämmtlich gleich Null sind, so wie ferner, dass $\mathfrak{P}^{(\lambda)}$ in der Reihe der Functionen $\mathfrak{P}$, $\mathfrak{P}^{(1)}$, ... die erste sei, die nicht identisch gleich Null ist. Nimmt man dann im Innern des gemeinschaftlichen Convergenzbezirkes der Reihen

$$\overset{0}{\mathfrak{P}}_1(t_2, \dots t_n),\; \dots\; \overset{0}{\mathfrak{P}}_\mu(t_2, \dots t_n)\,,\; \overset{1}{\mathfrak{P}}_1(t_2, \dots t_n),\; \dots\; \overset{1}{\mathfrak{P}}_\nu(t_2, \dots t_n)$$

irgend ein bestimmtes Werthsystem $(t_2, \dots t_n)$ der Grössen $t_2, \dots t_n$ an und unterwirft diese der Bedingung, dass

$$|t_2| \leqq |\tau_2|\,,\; \dots\; |t_n| \leqq |\tau_n|$$

und $\mathfrak{P}^{(\lambda)}(t_2, \dots t_n)$ nicht gleich Null sein soll, so haben

$$G_0(t_1, t_2, \dots t_n)\,,\; G_1(t_1, t_2, \dots t_n)\,,$$

als Functionen von t_1 betrachtet, einen grössten gemeinschaftlichen Theiler vom Grade λ, der zunächst in der Form

$$t_1^\lambda + \frac{\mathfrak{P}^{(\lambda,1)}(t_2, \dots t_n)}{\mathfrak{P}^{(\lambda)}(t_2, \dots t_n)}\, t_1^{\lambda-1} + \dots + \frac{\mathfrak{P}^{(\lambda,\lambda)}(t_2, \dots t_n)}{\mathfrak{P}^{(\lambda)}(t_2, \dots t_n)}$$

erhalten wird. Die Werthe von t_1, für welche diese Function verschwindet, sind sämmtlich unter denen, für die $G_0(t_1, t_2, \dots t_n) = 0$ wird, enthalten.

Jeder der letzteren aber hat, wie man auch $t_2, \dots t_n$ den angegebenen Bedingungen entsprechend annehmen möge, einen endlichen Werth, dessen absoluter Betrag unterhalb einer angebbaren, von $t_2, \dots t_n$ unabhängigen Grenze liegt. Dasselbe gilt also auch von dem Bruch

$$\frac{\mathfrak{P}^{(\lambda,\lambda')}(t_2, \dots t_n)}{\mathfrak{P}^{(\lambda)}(t_2, \dots t_n)}, \qquad (\lambda' = 1, \dots \lambda)$$

woraus sich nach dem Obigen ergiebt, dass der Zähler durch den Nenner theilbar ist. Damit ist bewiesen, dass der vorstehende gemeinschaftliche Theiler von $G_0(t_1, t_2, \dots t_n)$ und $G_1(t_1, t_2, \dots t_n)$ in der Form

$$G_2(t_1, t_2, \dots t_n = t_1^{\lambda} + \overset{2}{\mathfrak{P}}_1(t_2, \dots t_n)\, t_1^{\lambda-1} + \cdots + \overset{2}{\mathfrak{P}}_\lambda(t_2, \dots t_n)$$

dargestellt werden kann.

Betrachtet man nun wieder $G_0(t_1, t_2, \dots t_n)$, $G_1(t_1, t_2, \dots t_n)$, $G_2(t_1, t_2, \dots t_n)$ als Functionen von t_1 und dividirt die beiden ersten durch die dritte, so ergiebt sich:

$$G_0(t_1, t_2, \dots t_n) = G_2(t_1, t_2, \dots t_n)\; G_3(t_1, t_2, \dots t_n)$$
$$G_1(t_1, t_2, \dots t_n) = G_2(t_1, t_2, \dots t_n)\; G_4(t_1, t_2, \dots t_n),$$

wo G_3, G_4 ganze Functionen von t_1, deren Coëfficienten Potenzreihen von $t_2, \dots t_n$ sind, bezeichnen.

Multiplicirt man sodann die erste dieser Gleichungen mit $\overline{\mathfrak{P}}_0(t_1, \dots t_n)$, die zweite mit $\overline{\mathfrak{P}}_1(t_1, \dots t_n)$ und drückt darauf $t_1, \dots t_n$ durch $x_1, \dots x_n$ aus, so ergiebt sich:

$$\mathfrak{P}_0(x_1, \dots x_n) = \mathfrak{P}_2(x_1, \dots x_n)\; \mathfrak{P}_3(x_1, \dots x_n)$$
$$\mathfrak{P}_1(x_1, \dots x_n) = \mathfrak{P}_2(x_1, \dots x_n)\; \mathfrak{P}_4(x_1, \dots x_n),$$

wo

$$\mathfrak{P}_2(x_1, \dots x_n) = G_2(t_1, t_2, \dots t_n)$$

ist.

Es lässt sich nun ferner beweisen, dass $\mathfrak{P}_3(x_1, \dots x_n)$, $\mathfrak{P}_4(x_1, \dots x_n)$ nicht beide durch eine an der Stelle $(x_1 = 0, \dots x_n = 0)$ verschwindende Potenzreihe von $x_1, \dots x_n$ theilbar sind.

Es ist:

$$\mathfrak{P}_3(x_1, \dots x_n) = G_3(t_1, t_2, \dots t_n)\, \overline{\mathfrak{P}}_0(t_1, t_2, \dots t_n)$$

$$\mathfrak{P}_4(x_1, \dots x_n) = G_4(t_1, t_2, \dots t_n)\, \overline{\mathfrak{P}}_1(t_1, t_2, \dots t_n)\,.$$

Wären nun $\mathfrak{P}_3(x_1, \dots x_n)$, $\mathfrak{P}_4(x_1, \dots x_n)$ beide durch eine an der Stelle $(x_1 = 0, \dots x_n = 0)$ verschwindende Potenzreihe von $x_1, \dots x_n$ theilbar, so müssten sich, wie oben gezeigt worden ist, zwei Grössen δ, δ_1 so annehmen lassen, dass für jedes den Bedingungen

$$|t_2| \leqq \delta_1, \quad \dots \quad |t_n| \leqq \delta_1$$

genügende Werthsystem $(t_2, \dots t_n)$ die Gleichungen

$$G_3(t_1, t_2, \dots t_n)\, \overline{\mathfrak{P}}_0(t_1, \dots t_n) = 0\,,$$

$$G_4(t_1, t_2, \dots t_n)\, \overline{\mathfrak{P}}_1(t_1, \dots t_n) = 0$$

durch einen und denselben Werth von t_1, dessen absoluter Betrag kleiner als δ wäre, befriedigt würden. Bei hinlänglich kleinen Werthen von δ, δ_1 müsste dieser Werth von t_1 also den beiden Gleichungen

$$G_3(t_1, t_2, \dots t_n) = 0\,,$$

$$G_4(t_1, t_2, \dots t_n) = 0$$

genügen, und es hätten somit für jedes den angegebenen Bedingungen entsprechende Werthsystem $(t_2, \dots t_n)$

$$G_3(t_1, t_2, \dots t_n) \text{ und } G_4(t_1, t_2, \dots t_n)$$

als Functionen von t_1 betrachtet einen gemeinschaftlichen Theiler, und daher

$$G_0(t_1, t_2, \dots t_n) \text{ und } G_1(t_1, t_2, \dots t_n)$$

einen gemeinschaftlichen Theiler von höherem als dem λten Grade. Dies ist aber nicht der Fall, wenn man $t_2, \dots t_n$ so annimmt, dass $\mathfrak{P}^{(\lambda)}(t_2, \dots t_n)$ nicht verschwindet; und es ist somit die Annahme, dass $\mathfrak{P}_3(x_1, \dots x_n)$ und $\mathfrak{P}_4(x_1, \dots x_n)$ beide durch eine an der Stelle $(x_1 = 0, \dots x_n = 0)$ verschwindende Potenzreihe von $x_1, \dots x_n$ theilbar seien, unstatthaft.

Wir haben also den Satz:

Die nothwendige und hinreichende Bedingung dafür, dass zwei gegebene, an der Stelle $(x_1=0, \dots x_n=0)$ verschwindende Potenzreihen $\mathfrak{P}_0(x_1, \dots x_n)$, $\mathfrak{P}_1(x_1, \dots x_n)$ beide durch eine dritte Reihe von derselben Beschaffenheit theilbar seien, besteht darin, dass die Coëfficienten einer bestimmten, nach der gegebenen Vorschrift zu bildenden Potenzreihe von $n-1$ Veränderlichen $t_2, \dots t_n$ sämmtlich gleich Null sein müssen. Ferner ist es, wenn diese Bedingung erfüllt ist, stets möglich, $\mathfrak{P}_0(x_1, \dots x_n)$, $\mathfrak{P}_1(x_1, \dots x_n)$ in der Form

$$\mathfrak{P}_0(x_1, \dots x_n) = \mathfrak{P}_2(x_1, \dots x_n)\ \mathfrak{P}_4(x_1, \dots x_n)$$
$$\mathfrak{P}_1(x_1, \dots x_n) = \mathfrak{P}_2(x_1, \dots x_n)\ \mathfrak{P}_5(x_1, \dots x_n)$$

so ausdrücken, dass $\mathfrak{P}_4(x_1, \dots x_n)$, $\mathfrak{P}_5(x_1, \dots x_n)$ keinen an der Stelle $(x_1=0, \dots x_n=0)$ verschwindenden gemeinschaftlichen Theiler haben.*)

Hieran knüpfen sich nun noch einige andere Sätze.

Ich nehme jetzt an, es seien $\mathfrak{P}_0(x_1, \dots x_n)$, $\mathfrak{P}_1(x_1, \dots x_n)$ nicht beide durch eine an der Stelle $(0, \dots 0)$ verschwindende Potenzreihe von $x_1, \dots x_n$ theilbar, aber $\mathfrak{P}_0(0, \dots 0)$ und $\mathfrak{P}_1(0, \dots 0)$ gleich Null. Dann giebt es in jeder Umgebung der Stelle $(0, \dots 0)$ unendlich viele Werthsysteme $(x_1, \dots x_n)$, für die sowohl $\mathfrak{P}_0(x_1, \dots x_n)$ als $\mathfrak{P}_1(x_1, \dots x_n)$ verschwindet. Denn man drücke wieder $\mathfrak{P}_0(x_1, \dots x_n)$, $\mathfrak{P}_1(x_1, \dots x_n)$ auf die angegebene Weise durch die Veränderlichen $t_1, t_2, \dots t_n$ aus, bestimme die Function $\mathfrak{P}(t_2, \dots t_n)$ und nehme auch die Grössen δ, δ_1 so an, wie oben festgesetzt worden ist. Dann giebt es unendlich viele, den Bedingungen

$$|t_2| \leq \delta_1, \dots |t_n| \leq \delta_1$$

entsprechende Werthsysteme $(t_2, \dots t_n)$, für die

$$\mathfrak{P}(t_2, \dots t_n) = 0$$

ist, und zu jedem dieser Werthsysteme giebt es wenigstens einen Werth

*) Es lässt sich aus dem Vorhergehenden noch leicht ableiten, dass jede Potenzreihe von $x_1, \dots x_n$, durch welche die gegebenen Reihen beide theilbar sind, nothwendig ein Theiler von $\mathfrak{P}_2(x_1, \dots x_n)$ ist.

von t_1, dessen absoluter Betrag kleiner als δ ist, und der die beiden Gleichungen

$$G_0(t_1, t_2, \dots t_n) = 0\,,$$

$$G_1(t_1, t_2, \dots t_n) = 0$$

befriedigt; woraus das zu Beweisende unmittelbar folgt.

Man nehme jetzt im Gebiete der Grössen $x_1, \dots x_n$ irgend einen die Stelle $(0, \dots 0)$ umgebenden Bezirk so an, dass für jedes demselben angehörige Werthsystem $(x_1, \dots x_n)$ nicht nur die Gleichungen

$$\mathfrak{P}_0(x_1, \dots x_n) = G_0(t_1, t_2, \dots t_n)\ \overline{\mathfrak{P}}_0(t_1, \dots t_n)$$

$$\mathfrak{P}_1(x_1, \dots x_n) = G_1(t_1, t_2, \dots t_n)\ \overline{\mathfrak{P}}_1(t_1, \dots t_n)$$

gelten, sondern auch $\overline{\mathfrak{P}}_0(t_1, \dots t_n)$, $\overline{\mathfrak{P}}_1(t_1, \dots t_n)$ beide einen von Null verschiedenen Werth haben; und setze, unter $(c_1, \dots c_n)$ irgend ein bestimmtes Werthsystem der Grössen $x_1, \dots x_n$ in dem genannten Bezirke und unter $(b_1, \dots b_n)$ das entsprechende Werthsystem der Grössen $t_1, \dots t_n$ verstehend,

$$x_1 = c_1 + u_1, \quad \dots \quad x_n = c_n + u_n$$

$$t_1 = b_1 + s_1, \quad \dots \quad t_n = b_n + s_n\,,$$

so dass man

$$u_1 = g_{11}s_1 + \dots + g_{1n}s_n, \quad \dots \quad u_n = g_{n1}s_1 + \dots + g_{nn}s_n$$

$$\mathfrak{P}_0(c_1+u_1, \dots c_n+u_n) = G_0(b_1+s_1, b_2+s_2, \dots b_n+s_n)\ \overline{\mathfrak{P}}_0(b_1+s_1, \dots b_n+s_n)$$

$$\mathfrak{P}_1(c_1+u_1, \dots c_n+u_n) = G_1(b_1+s_1, b_2+s_2, \dots b_n+s_n)\ \overline{\mathfrak{P}}_1(b_1+s_1, \dots b_n+s_n)$$

hat.

Es können nun $\mathfrak{P}_0(c_1+u_1, \dots c_n+u_n)$, $\mathfrak{P}_1(c_1+u_1, \dots c_n+u_n)$, als Potenzreihen von $u_1, \dots u_n$ betrachtet, einen an der Stelle $(u_1 = 0, \dots u_n = 0)$ verschwindenden gemeinschaftlichen Theiler nur in dem Falle besitzen, wo $\mathfrak{P}_0(c_1, \dots c_n)$, $\mathfrak{P}_1(c_1, \dots c_n)$ beide gleich Null sind. Dann ist auch

$$G_0(b_1, b_2, \dots b_n) = 0\,,$$

$$G_1(b_1, b_2, \dots b_n) = 0\,;$$

es geht aber aus den Ausdrücken von G_0, G_1 hervor, dass weder $G_0(b_1+s_1, b_2, \dots b_n)$ noch $G_1(b_1+s_1, b_2, \dots b_n)$ für jeden Werth von s_1 verschwindet; man kann also

$$G_0(b_1+s_1, b_2+s_2, \dots b_n+s_n) \text{ auf die Form } \Big(s_1^m + \overset{0}{\mathfrak{P}}(s_2, \dots s_n)_1 s_1^{m-1} + \dots + \overset{0}{\mathfrak{P}}(s_2, \dots s_n)_m\Big)\overline{\mathfrak{P}}(s_1, \dots s_n)_0$$

$$G_1(b_1+s_1, b_2+s_2, \dots b_n+s_n) \quad ,, \quad ,, \quad ,, \quad \Big(s_1^n + \overset{1}{\mathfrak{P}}(s_2, \dots s_n)_1 s_1^{n-1} + \dots + \overset{1}{\mathfrak{P}}(s_2, \dots s_n)_n\Big)\overline{\mathfrak{P}}(s_1, \dots s_n)_1$$

in der Art bringen, dass

$$\overset{0}{\mathfrak{P}}(0, \dots 0)_1, \quad . \; . \; . \quad \overset{0}{\mathfrak{P}}(0, \dots 0)_m,$$

$$\overset{1}{\mathfrak{P}}(0, \dots 0)_1, \quad . \; . \; . \quad \overset{1}{\mathfrak{P}}(0, \dots 0)_n$$

sämmtlich gleich Null sind, während $\overline{\mathfrak{P}}(0, \dots 0)_0$, $\overline{\mathfrak{P}}(0, \dots 0)_1$ beide einen von Null verschiedenen Werth haben.

Angenommen nun, $\mathfrak{P}_0(c_1+u_1, \dots c_n+u_n)$, $\mathfrak{P}_1(c_1+u_1, \dots c_n+u_n)$ wären beide durch eine dritte an der Stelle $(u_1=0, \dots u_n=0)$ verschwindende Potenzreihe von $u_1, \dots u_n$ theilbar, so würde sich nach dem Vorhergehenden zu jedem System unendlich kleiner Werthe von $s_2, \dots s_n$ ein ebenfalls unendlich kleiner Werth von s_1 finden lassen für den

$$G_0(b_1+s_1, b_2+s_2, \dots b_n+s_n), \quad G_1(b_1+s_1, b_2+s_2, \dots b_n+s_n)$$

beide gleich Null wären. Dann aber müsste

$$\mathfrak{P}(b_2+s_2, \dots b_n+s_n) = 0$$

für jedes System unendlich kleiner Werthe von $s_2, \dots s_n$ sein, was nach einem bekannten Satze nur der Fall ist, wenn

$$\mathfrak{P}(t_2, \dots t_n)$$

für jedes dem Convergenzbezirk der Reihe angehörige Werthsystem $t_2, \dots t_n$ verschwindet, also die Coëfficienten der Reihe sämmtlich gleich Null sind. Bei der in Betreff der Reihen $\mathfrak{P}_0(x_1, \dots x_n)$, $\mathfrak{P}_1(x_1, \dots x_n)$ gemachten Annahme ist aber $\mathfrak{P}(t_2, \dots t_n)$ nicht identisch gleich Null; und es ist somit erwiesen:

Wenn die Reihen

$$\mathfrak{P}_0(x_1, \dots x_n), \; \mathfrak{P}_1(x_1, \dots x_n)$$

keinen an der Stelle ($x_1 = 0, \dots x_n = 0$) verschwindenden gemeinschaftlichen Theiler besitzen, so haben auch

$$\mathfrak{P}_0(c_1 + u_1, \dots c_n + u_n), \; \mathfrak{P}_1(c_1 + u_1, \dots c_n + u_n)$$

als Potenzreihen von $u_1, \dots u_n$ betrachtet, keinen an der Stelle ($u_1 = 0, \dots u_n = 0$) verschwindenden gemeinschaftlichen Theiler, vorausgesetzt, dass die Stelle ($x_1 = c_1, \dots x_n = c_n$) innerhalb einer gewissen — oben definirten — Umgebung der Stelle ($x_1 = 0, \dots x_n = 0$) angenommen werde.

3.

Zur Theorie der eindeutigen analytischen Functionen beliebig vieler Veränderlichen.

Ich sage von einer eindeutigen analytischen Function $f(x_1, \dots x_n)$, sie verhalte sich an einer bestimmten Stelle $(a_1, \dots a_n)$ regulär, wenn sie in einer gewissen Umgebung dieser Stelle durch eine Reihe von der Form

$$\sum \left\{ A_{\nu_1, \dots \nu_n} (x_1 - a_1)^{\nu_1} \dots (x_n - a_n)^{\nu_n} \right\}$$
$$(\nu_1, \dots \nu_n = 0, \dots \infty)$$

dargestellt werden kann, wo $\nu_1, \dots \nu_n$ ganze Zahlen bezeichnen und unter den Coëfficienten $A_{\nu_1, \dots \nu_n}$ von $x_1, \dots x_n$ unabhängige Grössen zu verstehen sind. Diese Reihe nenne ich dann ein reguläres Element der Function. Dabei ist zu bemerken, dass die Grössen $a_1, \dots a_n$ zum Theil oder auch alle den Werth ∞ haben können, wenn festgesetzt wird, dass das Zeichen $x - \infty$ gleichbedeutend mit $\frac{1}{x}$ sein soll.

Aus der vorstehenden Definition ergiebt sich nun sofort:

Verhält sich eine eindeutige analytische Function $f(x_1, \dots x_n)$ regulär an einer bestimmten Stelle $(a_1, \dots a_n)$, so gilt dasselbe auch von jeder Stelle $(a_1', \dots a_n')$, die in einer gewissen Umgebung der ersteren liegt.

Denn es sei $\mathfrak{P}(x_1-a_1, \dots x_n-a_n)$ die Reihe, welche die betrachtete Function in der Umgebung von $(a_1, \dots a_n)$ darstellt, so lässt sich aus derselben, wenn man im Innern ihres Convergenzbezirkes eine Stelle $(a'_1, \dots a'_n)$ willkürlich annimmt, eine andere Reihe $\mathfrak{P}_1(x_1-a'_1, \dots x_n-a'_n)$ dergestalt ableiten, dass für alle einer gewissen Umgebung der Stelle $(a'_1, \dots a'_n)$ angehörigen Werthsysteme $(x_1, \dots x_n)$ die Gleichung

$$\mathfrak{P}_1(x_1-a'_1, \dots x_n-a'_1) = \mathfrak{P}(x_1-a_1, \dots x_n-a_n)$$

besteht. Es ist also $\mathfrak{P}_1(x_1-a'_1, \dots x_n-a'_n)$ ebenfalls ein Element der Function $f(x_1, \dots x_n)$, und es verhält sich diese demnach auch an der Stelle $(a'_1, \dots a'_n)$ regulär.

Die Gesammtheit der Stellen, an denen die Function $f(x_1, \dots x_n)$ sich regulär verhält, bildet hiernach ein $2n$-fach ausgedehntes Continuum im Gebiet der Grössen $x_1, \dots x_n$.

Dieses Continuum ist nun nothwendig begrenzt.

Angenommen nämlich, es sei $\mathfrak{P}(x_1-a_1, \dots x_n-a_n)$ irgend ein Element der Function f, wobei verausgesetzt werde, dass die Stelle $(a_1, \dots a_n)$ im Endlichen liege; so können zwei Fälle eintreten:

1. Convergirt die Reihe $\mathfrak{P}(x_1-a_1, \dots x_n-a_n)$ für jedes System endlicher Werthe der Grössen $x_1, \dots x_n$, so besteht, wenn $\mathfrak{P}_1(x_1-a'_1, \dots xn-a'_n)$ irgend ein reguläres Element der Function f ist, für jedes dem Convergenzbezirk der Reihe $\mathfrak{P}_1$ angehörige System endlicher Werthe von $x_1, \dots x_n$ die Gleichung

$$\mathfrak{P}_1(x_1-a'_1, \dots x_n-a'_n) = \mathfrak{P}(x_1-a_1, \dots x_n-a_n).$$

Dies ist aber unmöglich, wenn die Grössen $a'_1, \dots a'_n$ nicht sämmtlich endliche Werthe haben, woraus folgt, dass in dem angenommenen Falle eine Stelle $(x_1, \dots x_n)$ im Innern oder an der Grenze des in Rede stehenden Continuums liegt, je nachdem die Grössen $x_1, \dots x_n$ sämmtlich endliche Werthe haben oder nicht.

2. Liegen die den Convergenzbezirk der Reihe $\mathfrak{P}(x_1-a_1, \dots x_n-a_n)$ begrenzenden Stellen alle oder zum Theil im Endlichen, so giebt es, wie in der Functionentheorie gezeigt wird, unter ihnen mindestens eine Stelle, an der sich $f(x_1, \dots x_n)$ nicht regulär verhält; eine solche Stelle liegt dann auch an der Grenze des in Rede stehenden Continuums.

Dies festgestellt, nenne ich jede an der Grenze dieses Continuums liegende Stelle eine s i n g u l ä r e Stelle für die betrachtete Function.

Ist $(a'_1, \dots a'_n)$ eine solche singuläre Stelle, so kann es möglicherweise eine Potenzreihe

$$\mathfrak{P}_0(x_1 - a'_1, \dots x_n - a'_n)$$

geben, die für $x_1 = a'_1, \dots x_n = a'_n$ verschwindet und so beschaffen ist, dass das Product

$$\mathfrak{P}_0(x_1 - a'_1, \dots x_n - a'_n)\; f(x_1, \dots x_n)$$

für alle einer gewissen Umgebung der Stelle $(a'_1, \dots a'_n)$ angehörigen Werthsysteme $(x_1, \dots x_n)$ in der Form

$$\mathfrak{P}_1(x_1 - a'_1, \dots x_n - a'_n)$$

dargestellt werden kann. In diesem Falle nenne ich $(a'_1, \dots a'_n)$ eine ausserwesentliche, in jedem andern Falle eine wesentliche singuläre Stelle.

Es giebt aber, wenn $n > 1$ ist, zwei wohl von einander zu unterscheidende Arten von ausserwesentlichen singulären Stellen.

Ist $(a_1, \dots a_n)$ irgend eine solche Stelle, so lässt sich die Function $f(x_1, \dots x_n)$ für hinlänglich kleine Werthe der Differenzen $x_1 - a_1, \dots x_n - a_n$ stets dergestalt in der Form

$$\frac{\mathfrak{P}_1(x_1 - a_1, \dots x_n - a_n)}{\mathfrak{P}_0(x_1 - a_1, \dots x_n - a_n)}$$

darstellen, dass $\mathfrak{P}_0(x_1 - a_1. \dots x_n - a_n)$, $\mathfrak{P}_1(x_1 - a_1, \dots x_n - a_n)$ nicht beide durch eine dritte, an der Stelle $(a_1, \dots a_n)$ verschwindende Reihe $\mathfrak{P}(x_1 - a_1, \dots x_n - a_n)$ theilbar sind.

Wenn dann $\mathfrak{P}_1(x_1 - a_1, \dots x_n - a_n)$ an der Stelle $(a_1, \dots a_n)$ einen von Null verschiedenen Werth hat, so ist für alle einer unendlich kleinen Umgebung der Stelle $(a_1, \dots a_n)$ angehörigen Werthsysteme $(x_1, \dots x_n)$ der Werth von $f(x_1, \dots x_n)$ unendlich gross, und daher

$$f(x_1, \dots x_n) = \infty \quad \text{für } (x_1 = a_1, \dots x_n = a_n).$$

Verschwinden dagegen $\mathfrak{P}_0(x_1 - a_1, \dots x_n - a_n)$, $\mathfrak{P}_1(x_1 - a_1, \dots x_n - a_n)$ beide an der Stelle $(a_1, \dots a_n)$, so kann man (nach Art. 1), indem man homogene lineare Functionen $t_1, t_2, \dots t_n$ von $x_1 - a_1, \; \dots \; x_n - a_n$ einführt, in mannigfaltiger Weise

$$\mathfrak{P}_0(x_1-a_1,\dots x_n-a_n) \text{ auf die Form } \Big(t_1^{\mu}+\overset{0}{\mathfrak{P}}_1(t_2\dots t_n)t_1^{\mu-1}+\dots+\overset{0}{\mathfrak{P}}_{\mu}(t_2\dots t_n)\Big)\,\overline{\mathfrak{P}}_0(x_1-a_1,\dots x_n-a_n)$$

$$\mathfrak{P}_1(x_1-a_1,\dots x_n-a_n) \;\;\text{,,}\;\;\text{,,}\;\;\text{,,}\;\; \Big(t_1^{\nu}+\overset{1}{\mathfrak{P}}_1(t_2\dots t_n)t_1^{\nu-1}+\dots+\overset{1}{\mathfrak{P}}_{\nu}(t_2\dots t_n)\Big)\,\overline{\mathfrak{P}}_1(x_1-a_1,\dots x_n-a_n)$$

bringen, dergestalt dass

$$\overset{0}{\mathfrak{P}}_1(t_2,\dots t_n),\;\dots\;\overset{0}{\mathfrak{P}}_{\mu}(t_2,\dots t_n),\;\;\overset{1}{\mathfrak{P}}_1(t_2,\dots t_n),\;\dots\;\overset{1}{\mathfrak{P}}_{\nu}(t_2,\dots t_n)$$

für $t_2=0,\dots t_n=0$ verschwinden, $\overline{\mathfrak{P}}_0(0,\dots 0)$, $\overline{\mathfrak{P}}_1(0,\dots 0)$ beide von Null verschieden sind und dic Functionen

$$t_1^{\mu}+\overset{0}{\mathfrak{P}}_1(t_2,\dots t_n)\,t_1^{\mu-1}+\dots+\overset{0}{\mathfrak{P}}_{\mu}(t_2,\dots t_n),$$

$$t_1^{\nu}+\overset{1}{\mathfrak{P}}_2(t_2,\dots t_n)\,t_1^{\nu-1}+\dots+\overset{1}{\mathfrak{P}}_{\nu}(t_2,\dots t_n)$$

keinen an der Stelle $(t_1=0,\dots t_n=0)$ verschwindenden gemeinschaftlichen Theiler besitzen. Dann existiren unzählige Systeme unendlich kleiner Werthe $t_1, t_2, \dots t_n$, für welche die erste der vorstehenden Functionen, nicht aber zugleich die zweite verschwindet; woraus folgt, dass es in jeder noch so kleinen Umgebung von $(a_1,\dots a_n)$ andere Stellen $(x_1,\dots x_n)$ giebt, an denen $\mathfrak{P}_0(x_1-a_1,\dots x_n-a_n)$ verschwindet, $\mathfrak{P}_1(x_1-a_1,\dots x_n-a_n)$ aber nicht, so dass an jeder solchen Stelle $f(x_1,\dots x_n)=\infty$ ist. Es hat aber, wenn b eine beliebig angenommene endliche Grösse ist, die Function

$$\frac{1}{f(x_1,\dots x_n)-b}$$

in der Umgebung der Stelle $(a_1,\dots a_n)$ dieselbe Form wie $f(x_1,\dots x_n)$; es existiren also in jeder Umgebung von $(a_1,\dots a_n)$ auch Stellen, an denen

$$\frac{1}{f(x_1,\dots x_n)-b}=\infty$$

d. h.

$$f(x_1,\dots x_n)=b$$

ist. Es kann also $f(x_1,\dots x_n)$ in dem jetzt betrachteten Falle in einer unendlich kleinen Umgebung der singulären Stelle $(a_1,\dots a_n)$ jeden beliebigen Werth annehmen und besitzt deshalb an dieser Stelle selbst keinen bestimmten Werth.

Hierzu ist noch Folgendes zu bemerken:

Die Gesammtheit der Stellen, an denen sich $f(x_1, \dots x_n)$ wie eine rationale Function verhält — d. h. die Gesammtheit der nicht singulären und der ausserwesentlichen singulären Stellen — ist ein $2n$-fach ausgedehntes Continuum, dessen Begrenzung die wesentlichen singulären Stellen bilden.

Ist $(a_1, \dots a_n)$ irgend eine bestimmte Stelle im Innern dieses Continuums, und hat $f(a_1, \dots a_n)$ einen bestimmten endlichen Werth, so verhält sich, wie schon oben angegeben worden ist, $f(x_1, \dots x_n)$ in einer bestimmten Umgebung der Stelle $(a_1, \dots a_n)$ überall regulär.

Ist $f(a_1, \dots a_n) = \infty$, so giebt es in jeder Umgebung der Stelle $(a_1, \dots a_n)$, die keine singuläre Stelle der Function

$$\frac{1}{f(x_1, \dots x_n)}$$

enthält, unendlich viele, eine $(2n-2)$-fache Mannigfaltigkeit bildende Stellen, an denen die Function $f(x_1, \dots x_n)$ den Werth ∞ hat, während sie sich an allen übrigen Stellen des genannten Bereiches regulär verhält.

Hat endlich $f(x_1, \dots x_n)$ an der Stelle $(a_1, \dots a_n)$ keinen bestimmten Werth, so giebt es in jeder Umgebung dieser Stelle nicht nur unendlich viele andere singuläre Stellen, an denen $f(x_1, \dots x_n)$ den Werth ∞ hat — was schon vorhin nachgewiesen ist — sondern auch, wenn $n > 2$ ist, unendlich viele Stellen, an denen $f(x_1, \dots x_n)$ keinen bestimmten Werth hat. Das Letztere lässt sich folgendermassen zeigen:

Es gelte für alle Werthsysteme $(x_1, \dots x_n)$ in der Umgebung von $(a_1, \dots a_n)$ die Gleichung

$$\mathfrak{P}_0(x_1 - a_1, \dots x_n - a_n)\, f(x_1, \dots x_n) = \mathfrak{P}_1(x_1 - a_1, \dots x_n - a_n)\,,$$

unter der gestatteten Annahme, dass die Potenzreihen $\mathfrak{P}_0$, $\mathfrak{P}_1$ keinen an der Stelle $(a_1, \dots a_n)$ verschwindenden gemeinschaftlichen Theiler haben. Innerhalb des gemeinschaftlichen Convergenzbezirks der beiden Reihen nehme man eine Stelle $(a'_1, \dots a'_n)$ zunächst beliebig an, und setze

$$x_1 - a_1 = \xi_1, \quad \dots \quad x_n - a_n = \xi_n$$

$$x_1 - a'_1 = \xi'_1, \quad \dots \quad x_n - a'_n = \xi'_n\,.$$

Ferner sei $c_\varkappa$ der Werth von $\xi_\varkappa$ für $x_\varkappa = a'_\varkappa$, und $\eta_\varkappa = \xi_\varkappa - c_\varkappa$, so sind $\xi'_\varkappa$, $\eta_\varkappa$ lineare Functionen von $x_\varkappa$, die beide für $x_\varkappa = a'_\varkappa$ verschwinden; man hat daher

$$\eta_\varkappa = \frac{h_\varkappa \xi'_\varkappa}{1 + l_\varkappa \xi'_\varkappa}, \quad \xi'_\varkappa = \frac{\eta_\varkappa}{h_\varkappa - l_\varkappa \eta_\varkappa}, \qquad (\varkappa = 1, \ldots n)$$

wo $h_\varkappa$, $l_\varkappa$ Constanten bezeichnen. (Wenn $a_\varkappa$ nicht $= \infty$ ist, so ist $h_\varkappa = 1$, $l_\varkappa = 0$.) Entwickelt man nun

$$\mathfrak{P}_0(c_1 + \eta_1, \ldots c_n + \eta_n), \quad \mathfrak{P}_1(c_1 + \eta_1, \ldots c_n + \eta_n)$$

nach Potenzen von $\eta_1, \ldots \eta_n$ und verwandelt die so sich ergebenden Reihen in Potenzreihen von $\xi'_1, \ldots \xi'_n$, die mit

$$\mathfrak{P}_2(\xi'_1, \ldots \xi'_n), \quad \mathfrak{P}_3(\xi'_1, \ldots \xi'_n)$$

bezeichnet werden mögen, so gelten für alle einer bestimmten Umgebung der Stelle $(a'_1, \ldots a'_n)$ angehörigen Werthsysteme $(x_1, \ldots x_n)$ die Gleichungen

$$\mathfrak{P}_0(x_1 - a_1, \ldots x_n - a_n) = \mathfrak{P}_2(x_1 - a'_1, \ldots x_n - a'_n),$$

$$\mathfrak{P}_1(x_1 - a_1, \ldots x_n - a_n) = \mathfrak{P}_3(x_1 - a'_1, \ldots x_n - a'_n),$$

$$\mathfrak{P}_2(x_1 - a'_1, \ldots x_n - a'_n) f(x_1, \ldots x_n) = \mathfrak{P}_3(x_1 - a'_1, \ldots x_n - a'_n).$$

Nun nehme man — was dem am Schlusse von Art. 2 Bewiesenen zufolge stets angeht — n positive Grössen $C_1, \ldots C_n$ so an, dass erstens die Stelle $(\xi_1 = C_1, \ldots \xi_n = C_n)$ im gemeinschaftlichen Convergenzbezirk der Reihen $\mathfrak{P}_0(\xi_1, \ldots \xi_n)$, $\mathfrak{P}_1(\xi_1, \ldots \xi_n)$ liegt, und dass zweitens, wenn man $c_1, \ldots c_n$ den Bedingungen

$$|c_1| \leqq C_1, \ \ldots \ |c_n| \leqq C_n$$

unterwirft, $\mathfrak{P}_0(c_1 + \eta_1, \ldots c_n + \eta_n)$, $\mathfrak{P}_1(c_1 + \eta_1, \ldots c_n + \eta_n)$, als Potenzreihen von $\eta_1, \ldots \eta_n$ betrachtet, keinen an der Stelle $(\eta_1 = 0, \ldots \eta_n = 0)$ verschwindenden gemeinschaftlichen Theiler haben. Dann besitzen auch die Reihen $\mathfrak{P}_2(x_1 - a'_1, \ldots x_n - a'_n)$ und $\mathfrak{P}_3(x_1 - a'_1, \ldots x_n - a'_n)$, wie sofort erhellt, keinen an der Stelle $(x_1 = a'_1, \ldots x_n = a'_n)$ verschwindenden gemeinschaftlichen Theilern, und es hat daher nach dem vorhin Bewiesenen

$f(x_1, \ldots x_n)$ an der Stelle $(a_1', \ldots a_n')$ keinen bestimmten Werth, wenn $\mathfrak{P}_2(0, \ldots 0)$, $\mathfrak{P}_3(0, \ldots 0)$ beide gleich Null sind. Es giebt aber, wenn $n > 2$ ist, wie am Schlusse von No. 2 gezeigt worden ist, unendlich viele, den vorstehenden Bedingungen genügende Werthsysteme $(c_1, \ldots c_n)$, für welche die beiden Gleichungen

$$\mathfrak{P}_0(c_1, \ldots c_n) = 0\,, \quad \mathfrak{P}_1(c_1, \ldots c_n) = 0$$

bestehen; jedem dieser Werthsysteme, deren Gesammtheit eine $(2n-4)$-fache Mannigfaltigkeit bildet, entspricht also im Gebiete der Grössen $x_1, \ldots x_n$ innerhalb des durch die Bedingungen

$$|x_1 - a_1| \leqq C_1, \;\ldots\; |x_n - a_n| \leqq C_n$$

definirten Bezirkes eine Stelle $(a_1', \ldots a_n')$, an der $f(x_1, \ldots x_n)$ keinen bestimmten Werth hat.

Hieran knüpft sich noch eine wichtige Bemerkung.

Es seien zwei beliebige Potenzreihen

$$\mathfrak{P}_0(x_1 - a_1, \ldots x_n - a_n)\,, \quad \mathfrak{P}_1(x_1 - a_1, \ldots x_n - a_n)$$

gegeben, so lässt sich für die dem Innern des gemeinschaftlichen Convergenzbezirks der beiden Reihen angehörigen Stellen $(x_1, \ldots x_n)$, deren Gesammtheit mit $\mathfrak{G}$ bezeichnet werde, eine eindeutige Function $f(x_1, \ldots x_n)$ in folgender Weise definiren:

Ist $x_1', \ldots x_n'$ eine Stelle von $\mathfrak{G}$, an der $\mathfrak{P}_0$, $\mathfrak{P}_1$ nicht beide verschwinden, so soll

$$f(x_1', \ldots x_n') = \frac{\mathfrak{P}_1(x_1' - a_1, \ldots x_n' - a_n)}{\mathfrak{P}_0(x_1' - a_1, \ldots x_n' - a_n)}$$

sein.

Hat aber an einer Stelle $(x_1', \ldots x_n')$ sowohl $\mathfrak{P}_1$ als $\mathfrak{P}_0$ den Werth Null, so bringe man auf die im Vorgehenden angegebene Weise

$$\begin{array}{lll} \mathfrak{P}_0(x_1 - a_1, \ldots x_n - a_n) & \text{auf die Form} & \mathfrak{P}_2(x_1 - x_1', \ldots x_n - x_n')\,\mathfrak{P}_4(x_1 - x_1', \ldots x_n - x_n') \\ \mathfrak{P}_1(x_1 - a_1, \ldots x_n - a_n) & \text{,, \quad ,, \quad ,,} & \mathfrak{P}_3(x_1 - x_1', \ldots x_n - x_n')\,\mathfrak{P}_4(x_1 - x_1', \ldots x_n - x_n'), \end{array}$$

in der Art, dass die Reihen $\mathfrak{P}_2$, $\mathfrak{P}_3$ keinen an der Stelle $(x_1 = x_1', \ldots x_n = x_n')$ verschwindenden gemeinschaftlichen Theiler haben. Wenn dann

$$\mathfrak{P}_2(0, \ldots 0)\,, \quad \mathfrak{P}_3(0, \ldots 0)$$

nicht beide gleich Null sind, so soll

$$f(x'_1, \dots x'_n) = \frac{\mathfrak{P}_3(0, \dots 0)}{\mathfrak{P}_2(0, \dots 0)}$$

sein. Dagegen soll, wenn sowohl

$$\mathfrak{P}_3(0, \dots 0) = 0 \text{ als } \mathfrak{P}_2(0, \dots 0) = 0$$

ist, $f(x_1, \dots x_n)$ an der Stelle $(x'_1, \dots x'_n)$ keinen bestimmten Werth haben.

Dies lässt sich auch so ausdrücken. Ist $(x'_1, \dots x'_n)$ irgend eine bestimmte Stelle von $\mathfrak{G}$, so kann man stets zwei Potenzreihen

$$\mathfrak{P}_2(x_1 - x'_1, \dots x_n - x'_n), \quad \mathfrak{P}_3(x_1 - x'_1, \dots x_n - x'_1)$$

ohne einen an der Stelle $(x_1 = x'_1, \dots x_n = x'_n)$ verschwindenden gemeinschaftlichen Theiler so bestimmen, dass an allen einer bestimmten Umgebung der Stelle $(x'_1, \dots x'_n)$ angehörigen Stellen die Gleichung

$$\mathfrak{P}_3(x_1 - x'_1, \dots x_n - x'_n)\mathfrak{P}_0(x_1 - a_1, \dots x_n - a_n) = \mathfrak{P}_2(x_1 - x'_1, \dots x_n - x'_n)\mathfrak{P}_1(x_1 - a_1, \dots x_n - a_n)$$

besteht. Dann ist

$$f(x'_1, \dots x'_n) = \frac{\mathfrak{P}_3(0, \dots 0)}{\mathfrak{P}_2(0, \dots 0)}$$

zu setzen, mit der Massgabe, dass, wenn so dargestellt $f(x'_1, \dots x'_n)$ in der Form $\frac{0}{0}$ erscheint, der Function f an der Stelle $(x'_1, \dots x'_n)$ kein bestimmter Werth beizulegen ist.

Es ist nun zu zeigen, dass die so definirte Function $f(x_1, \dots x_n)$ innerhalb des Bereiches $\mathfrak{G}$ eine eindeutige analytische Function ist, für welche diejenigen Stellen, an denen sie der gegebenen Definition gemäss den Werth ∞ hat oder unbestimmt ist, ausserwesentliche singuläre Stellen in dem oben festgestellten Sinne sind, während sie an allen übrigen Stellen sich regulär verhält.

Es sei $(x'_1, \dots x'_n)$ irgend eine bestimmte Stelle von $\mathfrak{G}$, und

$$\mathfrak{P}_0(x_1 - a_1, \dots x_n - a_n) = \mathfrak{P}_2(x_1 - x'_1, \dots x_n - x'_n) \,.\, \mathfrak{P}_4(x_1 - x'_1, \dots x_n - x'_n)$$

$$\mathfrak{P}_1(x_1 - a_1, \dots x_n - a_n) = \mathfrak{P}_3(x_1 - x'_1, \dots x_n - x'_n) \,.\, \mathfrak{P}_4(x_1 - x'_1, \dots x_n - x'_n),$$

wo $\mathfrak{P}_2, \mathfrak{P}_3, \mathfrak{P}_4$ dieselbe Bedeutung wie im Vorstehenden haben, und $\mathfrak{P}_4$ sich auf eine Constante reduciren kann. Nach dem oben Bewiesenen kann man nun eine Umgebung der Stelle $(x'_1, \dots x'_n)$ so bestimmen, dass, wenn $(x''_1, \dots x''_n)$ eine bestimmte Stelle dieser Umgebung ist, und man aus $\mathfrak{P}_2, \mathfrak{P}_3, \mathfrak{P}_4$ die drei Potenzreihen $\overline{\mathfrak{P}}_2, \overline{\mathfrak{P}}_3, \overline{\mathfrak{P}}_4$ von $x_1 - x''_1, \dots x_n - x''_n$ ableitet, für welche bei hinlänglich kleinen Werthen dieser Differenzen, die Gleichungen

$$\mathfrak{P}_2(x_1 - x'_1, \dots x_n - x'_n) = \overline{\mathfrak{P}}_2(x_1 - x''_1, \dots x_n - x''_n)$$
$$\mathfrak{P}_3(x_1 - x'_1, \dots x_n - x'_n) = \overline{\mathfrak{P}}_3(x_1 - x''_1, \dots x_n - x''_n)$$
$$\mathfrak{P}_4(x_1 - x'_1, \dots x_n - x'_n) = \overline{\mathfrak{P}}_4(x_1 - x''_1, \dots x_n - x''_n)$$

bestehen, die beiden Reihen $\overline{\mathfrak{P}}_2, \overline{\mathfrak{P}}_3$ keinen an der Stelle $(x_1 = x''_1, \dots x_n = x''_n)$ verschwindenden gemeinschaftlichen Theiler besitzen. Wenn dann $f(x''_1, \dots x''_n)$ einen bestimmten endlichen Werth hat, so ist

$$f(x''_1, \dots x''_n) = \frac{\overline{\mathfrak{P}}_3(0, \dots 0)}{\overline{\mathfrak{P}}_2(0, \dots 0)}$$
$$= \frac{\mathfrak{P}_3(x''_1 - x'_1, \dots x''_n - x'_n)}{\mathfrak{P}_2(x''_1 - x'_1, \dots x''_n - x'_n)}$$

d. h. es gilt die Gleichung

$$f(x_1, \dots x_n) = \frac{\mathfrak{P}_3(x_1 - x'_1, \dots x_n - x'_n)}{\mathfrak{P}_2(x_1 - x'_1, \dots x_n - x'_n)}$$

innerhalb einer gewissen Umgebung der Stelle $(x'_1, \dots x'_n)$ für alle Stellen $(x_1, \dots x_n)$, an denen $f(x_1, \dots x_n)$ einen bestimmten endlichen Werth hat. Wenn daher $\mathfrak{P}_2(0, \dots 0)$ nicht $= 0$ ist, so verhält sich $f(x_1, \dots x_n)$ an der Stelle $(x'_1, \dots x'_n)$ regulär.

Ist $\mathfrak{P}_2(0, \dots 0) = 0$, nicht aber $\mathfrak{P}_3(0, \dots 0)$, so kann man die in Rede stehende Umgebung von $(x'_1, \dots x'_n)$ so klein annehmen, dass an allen Stellen derselben der absolute Betrag von $f(x_1, \dots x_n)$ grösser ist als jede beliebig angenommene endliche Grösse, so dass $f(x'_1, \dots x'_n) = \infty$ zu setzen ist, wie der Ausdruck von $f(x_1, \dots x_n)$ angiebt.

Sind endlich $\mathfrak{P}_2(0, \dots 0)$, $\mathfrak{P}_3(0, \dots 0)$ beide gleich Null, so giebt es, wie oben gezeigt worden ist, in jeder noch so kleinen Umgebung von

$(x'_1, \dots x'_n)$ Stellen, an denen die Function $f(x_1, \dots x_n)$ einen beliebig vorgeschriebenen Werth hat; sie hat also an der Stelle $(x'_1, \dots x'_n)$ selbst keinen bestimmten Werth.

Damit ist bewiesen, dass die in der angegebenen Weise definirte Function $f(x_1, \dots x_n)$ innerhalb des Bezirkes $\mathfrak{G}$ sich überall wie eine rationale Function verhält.

4.

Zur Theorie der ganzen eindeutigen Functionen von beliebig vielen Veränderlichen.

Dem Vorstehenden zufolge stellt eine Potenzreihe $\mathfrak{P}(x_1, \dots x_n)$, die für jedes System endlicher Werthe der Veränderlichen $x_1, \dots x_n$ convergirt, eine eindeutige Function $f(x_1, \dots x_n)$ dar, die sich an jeder im Endlichen des Grössengebiets $(x_1, \dots x_n)$ liegenden Stelle regulär verhält.

Umgekehrt weiss man, dass jede eindeutige Function $f(x_1, \dots x_n)$, die sich an allen im Endlichen liegenden Stellen des Gebietes $(x_1, \dots x_n)$ regulär verhält, durch eine für jedes System endlicher Werthe von $x_1, \dots x_n$ convergirende Reihe $\mathfrak{P}(x_1, \dots x_n)$ ausgedrückt werden kann.

Ich nenne eine solche Function $f(x_1, \dots x_n)$ eine *ganze* Function. Hat die Reihe, durch welche sie dargestellt wird, unendlich viele Glieder, deren Coëfficienten nicht gleich Null sind, so ist die Function eine transcendente.

Sind ferner zwei Potenzreihen $\mathfrak{P}_0(x_1, \dots x_n)$, $\mathfrak{P}_1(x_1, \dots x_n)$ gegeben, welche beide für jedes System endlicher Werthe von $x_1, \dots x_n$ convergiren, so wird durch den Quotienten

$$\frac{\mathfrak{P}_1(x_1, \dots x_n)}{\mathfrak{P}_0(x_1, \dots x_n)}$$

den in Art. 3 festgesetzten Bestimmungen gemäss eine eindeutige Function $f(x_1, \dots x_n)$ definirt, die dadurch charakterisirt ist, dass sie sich an jeder im Endlichen liegenden Stelle des Grössengebiets $(x_1, \dots x_n)$ wie eine rationale Function verhält.

Ob aber umgekehrt jede eindeutige Function $f(x_1, \dots x_n)$, welche sich im Endlichen überall wie eine rationale Function verhält — also, wenn $(a_1, \dots a_n)$ irgend ein System endlicher Werthe ist, in einer gewissen Umgebung der Stelle $(a_1, \dots a_n)$ als Quotient zweier Potenzreihen von $x_1-a_1, \ldots x_n-a_n$ ausgedrückt werden kann —, auch als Quotient zweier für jedes System endlicher Werthe von $x_1, \ldots x_n$ convergirenden Potenzreihen sich darstellen lasse, das ist eine für Functionen von mehreren Veränderlichen bis jetzt unerledigte Frage, welche sehr erhebliche Schwierigkeiten darzubieten scheint.

Mit dieser Frage ist aber noch eine andere verknüpft.

Für jede rationale Function von $x_1, \ldots x_n$ gilt, dass sie als Quotient zweier ganzen Functionen dieser Veränderlichen dargestellt werden kann und zwar so, dass der Dividend und der Divisor keinen gemeinschaftlichen Theiler besitzen. Dann verschwinden Dividend und Divisor gleichzeitig nur an solchen Stellen, an denen die Function keinen bestimmten Werth hat. Es entsteht also die Frage, ob in dem Falle, wo eine Function als Quotient zweier ganzen Functionen von $x_1, \ldots x_n$, von denen wenigstens eine transcendent ist, dargestellt werden kann, dies auch in der Art geschehen könne, dass der Quotient nur bei solchen Werthsystemen der Veränderlichen, für welche die Function unbestimmt ist, in der Form $\frac{0}{0}$ erscheint — mit andern Worten, dass aus den Werthen, welche Dividend und Divisor an einer bestimmten Stelle haben, sich unmittelbar entnehmen lässt, ob an dieser Stelle die Function einen bestimmten Werth hat oder nicht, und wie sie sich in der Umgebung dieser Stelle verhält. Auch diese Frage ist bis jetzt nur für Functionen von einer Veränderlichen — und zwar für diese im bejahenden Sinne — entschieden.

In manchen Fällen, wo eine eindeutige Function mehrerer Veränderlichen durch analytische Bestimmungen definirt ist, ist es aber möglich, die angeregten Fragen mittelst eines Theoremes, das ich im Folgenden ausführlich entwickeln will, zu erledigen.

Es bedeute jetzt $f(x_1, \ldots x_n)$ eine (transcendente oder rationale) ganze Function der Veränderlichen $x_1, \ldots x_n$. Man setze für diese Grössen ganze lineare Functionen einer Veränderlichen τ

$$x_1 = a_1 + c_1\tau, \quad \ldots \quad x_n = a_n + c_n\tau,$$

so geht $f(x_1, \ldots x_n)$ in eine ganze Function von τ über, welche im Allgemeinen — d. h. wenn die Grössen $c_1, \ldots c_n$ einer sogleich anzugebenden Beschränkung unterworfen werden — nicht für jeden Werth von τ verschwindet. Denn es erhält $f(x_1, \ldots x_n)$, nach Potenzen von $x_1-a_1, \ldots x_n-a_n$ entwickelt, die Form

$$\sum_{\nu=0}^{\infty} (x_1-a_1, \ldots x_n-a_n)^{\nu},$$

wo $(x_1-a_1, \dots x_n-a_n)^\nu$ eine homogene ganze Function von $x_1-a_1, \dots x_n-a_n$ bezeichnet; es brauchen also die Grössen $c_1, \dots c_n$ nur die Bedingung zu erfüllen, dass die Ausdrücke

$$(c_1, \dots c_n)^\nu$$

nicht alle gleich Null sind. Dies vorausgesetzt, sei in der Entwickelung von $f(a_1+c_1\tau, \dots a_n+c_n\tau)$ nach Potenzen von τ das erste Glied, dessen Coëfficient nicht verschwindet, von der Ordnung μ, so hat man

$$f(a_1+c_1\tau, \dots a_n+c_n\tau) = C_\mu \tau^\mu + C_{\mu+1}\tau^{\mu+1} + \cdots,$$

wo C_μ nicht gleich Null ist. Daraus ergiebt sich für hinlänglich kleine Werthe von τ

$$\frac{d\log f(a_1+c_1\tau, \dots a_n+c_n\tau)}{d\tau} = \mu\tau^{-1} + \mathfrak{P}(\tau).$$

Setzt man also

$$d\log f(x_1, \dots x_n) = \sum_{\alpha=1}^{n} f_\alpha(x_1, \dots x_n)\, dx_\alpha,$$

wo $f_1(x_1, \dots x_n), \dots f_n(x_1, \dots x_n)$ eindeutige Functionen sind, welche sich an jeder im Endlichen liegenden Stelle des Gebietes $(x_1, \dots x_n)$ wie rationale Functionen verhalten und den Gleichungen

$$\frac{\partial f_\alpha(x_1, \dots x_n)}{\partial x_\beta} = \frac{\partial f_\beta(x_1, \dots x_n)}{\partial x_\alpha} \qquad \begin{pmatrix}\alpha = 1, \dots n\\ \beta = 1, \dots n\end{pmatrix}$$

genügen, so hat man

$$\sum_{\alpha=1}^{n} f_\alpha(x_1, \dots x_n)\, dx_\alpha = \left(\mu\tau^{-1} + \mathfrak{P}(\tau)\right) d\tau,$$

wenn

$$x_1 = a_1 + c_1\tau, \dots x_n = a_n + c_n\tau$$

gesetzt wird, und es ist dann μ stets entweder gleich Null oder eine positive ganze Zahl.

Dieser Satz lässt sich nun in folgender Weise umkehren: Es seien n Functionen

$$f_1(x_1, \dots x_n), \dots f_n(x_1, \dots x_n)$$

gegeben, welche den folgenden Bedingungen genügen:

1) Sie sollen eindeutige Functionen sein, für die wesentliche singuläre Stellen im Endlichen des Grössengebiets $(x_1, \dots x_n)$ nicht existiren.

2) Der Differentialausdruck

$$\sum_{\alpha=1}^{n} f_\alpha(x_1, \dots x_n)\, dx_\alpha$$

soll die durch die Gleichungen

$$\frac{\partial f_\alpha(x_1, \dots x_n)}{\partial x_\beta} = \frac{\partial f_\beta(x_1, \dots x_n)}{\partial x_\alpha} \qquad \begin{pmatrix} \alpha = 1 \dots n \\ \beta = 1 \dots n \end{pmatrix}$$

ausgedrückten Integrabilitätsbedingungen erfüllen.

3) Es soll, wenn man für $x_1, \dots x_n$ irgend welche ganze lineare Functionen einer Veränderlichen τ substituirt:

$$x_1 = a_1 + c_1\tau, \; \dots \; x_n = a_n + c_n\tau,$$

für hinlänglich kleine Werthe von τ

$$\sum_{\alpha=1}^{n} f_\alpha(x_1, \dots x_n)\, dx_\alpha \text{ die Form } \left(\mu\tau^{-1} + \mathfrak{P}(\tau)\right) d\tau$$

annehmen, und dann μ entweder gleich Null oder eine positive ganze Zahl sein, vorausgesetzt, dass von den beiden Potenzreihen von $x_1 - a_1, \dots x_n - a_n$, als deren Quotient

$$\sum_{\alpha=1}^{n} c_\alpha f_\alpha(x_1, \dots x_n)$$

in der Umgebung der Stelle $(a_1, \dots a_n)$ dargestellt werden kann, der Divisor durch die angegebenen Substitutionen nicht indentisch gleich Null werde.

Alsdann existirt eine ganze Function $f(x_1, \dots x_n)$, welche der Differentialgleichung

$$d \log f(x_1, \dots x_n) = \sum_{\alpha=1}^{n} f_\alpha(x_1, \dots x_n)\, dx_\alpha$$

genügt und völlig bestimmt ist, wenn der Werth irgend eines ihrer Coëfficienten, der in Folge der vorstehenden Gleichung nicht nothwendig gleich Null ist, fixirt wird, was in beliebiger Weise geschehen kann.

Um diesen Satz zu beweisen, nehme ich zuerst an, es sei innerhalb einer bestimmten Umgebung der Stelle $(0, \dots 0)$ jede Function f_α in der Form

$$f_\alpha(x_1, \dots x_n) = \mathfrak{P}_\alpha(x_1, \dots x_n) = \sum_{\nu=0}^{\infty} (x_1, \dots x_n)_\alpha^{\nu}$$

darstellbar. Dann ist infolge der Bedingung (2)

$$\frac{\partial (x_1, \dots x_n)_\alpha^{\nu}}{\partial x_\beta} = \frac{\partial (x_1, \dots x_n)_\beta^{\nu}}{\partial x_\alpha}.$$

Setzt man

$$(x_1, \dots x_n)^{\nu+1} = \sum_{\alpha=1}^{n} \frac{1}{\nu+1} (x_1, \dots x_n)_\alpha^{\nu} x_\alpha,$$

so ist

$$d(x_1, \dots x_n)^{\nu+1} = \sum_{\alpha=1}^{n} \left\{ \frac{1}{\nu+1} (x_1, \dots x_n)_\alpha^{\nu} dx_\alpha \right\} + \frac{1}{\nu+1} \sum_{\alpha=1}^{n} \sum_{\beta=1}^{n} \frac{\partial (x_1, \dots x_n)_\alpha^{\nu}}{\partial x_\beta} x_\alpha dx_\beta.$$

Es ist aber

$$\sum_{\alpha=1}^{n} \sum_{\beta=1}^{n} \frac{\partial (x_1, \dots x_n)_\alpha^{\nu}}{\partial x_\beta} x_\alpha dx_\beta = \sum_{\alpha=1}^{n} \sum_{\beta=1}^{n} \frac{\partial (x_1, \dots x_n)_\beta^{\nu}}{\partial x_\alpha} x_\alpha dx_\beta$$
$$= \sum_{\beta=1}^{n} \nu (x_1, \dots x_n)_\beta^{\nu} dx_\beta$$
$$= \sum_{\alpha=1}^{n} \nu (x_1, \dots x_n)_\alpha^{\nu} dx_\alpha,$$

und daher

$$d(x_1, \dots x_n)^{\nu+1} = \sum_{\alpha=1}^{n} (x_1, \dots x_n)_\alpha^{\nu} dx_\alpha,$$

$$\sum_{\alpha=1}^{n} \sum_{\nu=0}^{\infty} (x_1, \dots x_n)_\alpha^{\nu} dx_\alpha = d \sum_{\nu=0}^{\infty} (x_1, \dots x_n)^{\nu+1}$$

Entwickelt man also, unter C eine willkürlich anzunehmende Constante verstehend, den Ausdruck

$$Ce^{\sum\limits_{\nu=0}^{\infty}(x_1,\dots x_n)^{\nu+1}}$$

nach Potenzen von $x_1, \dots x_n$, so genügt die so sich ergebende Potenzreihe, für $f(x_1, \dots x_n)$ gesetzt, der in Rede stehenden Differentialgleichung und ist sicher convergent in dem gemeinschaftlichen Convergenzbezirk der Entwickelungen von $f_1(x_1, \dots x_n), \dots f_n(x_1, \dots x_n)$.

Zweitens nehme ich an, man habe für alle einer bestimmten Umgebung der Stelle $(0, \dots 0)$ angehörigen Werthsysteme $(x_1, \dots x_n)$

$$f_\alpha(x_1, \dots x_n) = \frac{\mathfrak{P}_\alpha^{(1)}(x_1, \dots x_n)}{\mathfrak{P}_\alpha^{(0)}(x_1, \dots x_n)},$$

wobei ich bemerke, dass es nicht eine nothwendige Bedingung ist, dass $\mathfrak{P}_\alpha^{(1)}(x_1, \dots x_n)$, $\mathfrak{P}_\alpha^{(1)}(x_1, \dots x_n)$ keinen an der Stelle $(x_1 = 0, \dots x_n = 0)$ verschwindenden gemeinschaftlichen Theiler haben. Man substituire nun für $x_1, \dots x_n$ homogene lineare Functionen von n andern Veränderlichen $t_1, \dots t_n$

$$x_\alpha = \sum_{\beta=1}^{n} g_{\alpha\beta} t_\beta, \qquad (\alpha = 1, \dots n)$$

wodurch sich das Differential

$$\sum_{\alpha=1}^{n} f_\alpha(x_1, \dots x_n)\, dx_\alpha$$

in ein anderes von der Form

$$\sum_{\alpha=1}^{n} \varphi_\alpha(t_1, \dots t_n)\, dt_\alpha$$

verwandelt, für welches die Integrabilitätsbedingungen ebenfalls erfüllt sind. Die Constanten $g_{\alpha\beta}$ hat man so anzunehmen, dass die Determinante

$$\begin{vmatrix} g_{11} & g_{12} & \cdots & g_{1n} \\ g_{21} & g_{22} & \cdots & g_{2n} \\ \cdot & \cdot & \cdot & \cdot \\ g_{n1} & g_{n2} & \cdots & g_{nn} \end{vmatrix}$$

von Null verschieden ist, und bei keiner der Functionen

$$\mathfrak{P}_1^{(0)}(g_{11}t_1, \dots g_{n1}t_1), \dots \mathfrak{P}_n^{(0)}(g_{11}t_1, \dots g_{n1}t_1),$$

wenn man sie nach Potenzen von t_1 entwickelt, sämmtliche Coëfficienten verschwinden.

Dann lässt sich

$$\varphi_\alpha(t_1, \dots t_n) \text{ in der Form } \frac{\mathfrak{P}_\alpha(t_1, \dots t_n)}{\mathfrak{P}_0(t_1, \dots t_n)}$$

darstellen, und es ist $\mathfrak{P}_0(t_1, 0, \dots 0)$ eine Potenzreihe von t_1, deren Coëfficienten nicht sämmtlich gleich Null sind. Ist das Anfangsglied dieser Reihe von der Ordnung l, so nehme man eine positive Grösse δ_1 so an, dass die Stelle $(t_1 = \delta_1, t_2 = 0, \dots t_n = 0)$ innerhalb des gemeinschaftlichen Convergenzbezirks der Reihen

$$\mathfrak{P}_0(t_1, \dots t_n), \mathfrak{P}_1(t_1, \dots t_n), \dots \mathfrak{P}_n(t_1, \dots t_n)$$

liegt, und die Function

$$t_1^{-l}\mathfrak{P}_0(t_1, 0, \dots 0)$$

für jeden Werth von t_1, dessen absoluter Betrag nicht grösser als δ_1 ist, einen von Null verschiedenen Werth hat. Wird darauf eine zweite positive Grösse δ', die kleiner als δ_1 ist, beliebig angenommen, so lassen sich $n-1$ andere $\delta_2, \dots \delta_n$ so bestimmen, dass die Stelle $(t_1 = \delta_1, t_2 = \delta_2, \dots t_n = \delta_n)$ innerhalb des gemeinschaftlichen Convergenzbezirkes der Reihen $\mathfrak{P}_0, \mathfrak{P}_1, \dots \mathfrak{P}_n$ liegt, und für jedes den Bedingungen

$$\text{A)} \qquad \delta_1 \geqq |t_1| \geqq \delta', \quad |t_2| \leqq \delta_2, \dots |t_n| \leqq \delta_n$$

genügende Werthsystem $(t_1, t_2, \dots t_n)$

$$|\mathfrak{P}_0(t_1, 0, \dots 0)| > |\mathfrak{P}_0(t_1, t_2, \dots t_n) - \mathfrak{P}_0(t_1, 0, \dots 0)|$$

ist. Dann giebt es, wie in Art. 1 gezeigt worden ist, für jedes den Bedingungen

$$\text{B)} \qquad |t_2| \leqq \delta_2, \dots |t_n| \leqq \delta_n$$

entsprechende Werthsystem $(t_2, \dots t_n)$ unter denjenigen Werthen von t_1, für welche $|t_1| \leq \delta_1$ ist, nicht mehr als l, welche der Gleichung

$$\mathfrak{P}_0(t_1, t_2, \dots t_n) = 0$$

genügen, und diese sind ihrem absoluten Betrage nach sämmtlich kleiner als δ'. Nun sei $(t_2', \dots t_n')$ irgend ein System bestimmter, den Bedingungen B) genügender Werthe von $t_2, \dots t_n$, und es habe die Gleichung

$$\mathfrak{P}_0(t_1, t_2', \dots t_n') = 0$$

r von einander verschiedene Wurzeln

$$t_1', t_1'', \dots t_1^{(r)},$$

welche ihrem absoluten Betrage nach kleiner als δ' sind. Setzt man dann

$$t_1 = t_1' + \tau, \quad t_2 = t_2', \quad \dots \quad t_n = t_n',$$

so werden $x_1, \dots x_n$ ganze lineare Funtionen von τ, welche der oben (unter 3) angegebenen Bedingung genügen, indem

$$\sum_{\alpha=1}^{n} f_\alpha(x_1, \dots x_n)\, dx_\alpha = \sum_{\alpha=1}^{n} \frac{\mathfrak{P}_\alpha(t_1, \dots t_n)}{\mathfrak{P}_0(t_1, \dots t_n)}\, dt_\alpha$$

ist, und $\mathfrak{P}_0(t_1' + \tau, t_2', \dots t_n')$ nicht für jeden Werth von τ verschwindet. Man erhält also für hinlänglich kleine Werthe von τ

$$\varphi_1(t_1' + \tau, t_2', \dots t_n') = \frac{m'}{\tau} + \mathfrak{P}'(\tau),$$

wo m' eine ganze Zahl und $\geqq 0$ ist; und ebenso

$$\varphi_1(t_1'' + \tau, t_2', \dots t_n') = \frac{m''}{\tau} + \mathfrak{P}''(\tau), \quad \dots \quad \varphi_1(t_1^{(r)} + \tau, t_2', \dots t_n') = \frac{m^{(r)}}{\tau} + \mathfrak{P}^{(r)}(\tau),$$

wo $m'', \dots m^{(r)}$ gleichfalls ganze, nicht negative Zahlen sind. Daraus folgt, dass die Differenz

$$\varphi_1(t_1, t_2', \dots t_n') - \left(\frac{m'}{t_1 - t_1'} + \frac{m''}{t_1 - t_1''} + \dots + \frac{m^{(r)}}{t_1 - t^{(r)}}\right)$$

für keinen Werth von t_1, dessen absoluter Betrag kleiner als δ_1 ist, unendlich gross wird und demgemäss in der Form

$$\mathfrak{P}(t_1)$$

dargestellt werden kann. Setzt man also

$$\varphi(t) = (t - t_1')^{m'} (t - t_1'')^{m''} \dots (t - t_1^{(r)})^{m^{(r)}},$$

so ergiebt sich für jeden der Bedingung $|t_1| < \delta_1$ genügenden Werth von t_1

$$\varphi_1(t_1, t_2', \dots t_n') = \frac{1}{\varphi(t_1)} \frac{d\varphi(t_1)}{dt_1} + \mathfrak{P}(t_1)$$

Die Function $\varphi(t)$ lässt sich aber ermitteln, ohne dass es nöthig wäre, die Grössen $t_1', t_1'', \dots t_1^{(r)}$ und die zugehörigen Zahlen $m', m'', \dots m^{(r)}$ zu bestimmen.

Man kann, wenn man die Grössen $t_1, t_2, \dots t_n$ den Bedingungen

$$\text{C)} \qquad |t_1| \leqq \delta_1, \; |t_2| \leqq \delta_2, \; \dots \; |t_n| \leqq \delta_n$$

unterwirft, $\mathfrak{P}_0(t_1, t_2, \dots t_n)$ in der oben (in Art. 1) angegebenen Weise auf die Form

$$G_0(t_1, t_2, \dots t_n) \; \overline{\mathfrak{P}}_0(t_1, \dots t_n)$$

bringen, in der Art, dass $\overline{\mathfrak{P}}_0(t_1, \dots t_n)$ für kein den vorstehenden Bedingungen entsprechendes Werthsystem $(t_1, t_2, \dots t_n)$ verschwindet. Die Function $G_0(t_1, t_2, \dots t_n)$ kann dann nicht unendlich klein werden, wenn man die Grössen $t_1, t_2, \dots t_n$ den Bedingungen (A) unterwirft. Für alle diesen Bedingungen genügenden Werthsysteme $(t_1, t_2, \dots t_n)$ lässt sich deshalb

$$\frac{1}{G_0(t_1, t_2, \dots t_n)}$$

in eine gleichmässig convergirende Reihe von der Form

$$\sum_{\nu=0}^{\infty} \mathrm{T}_\nu \, t_1^{-l-\nu}$$

entwickeln, in der die Coëfficienten T_ν gewöhnliche Potenzreihen von $t_2, \dots t_n$ sind. Diese Reihe convergirt dann auch, als Potenzreihe von $t_1, t_2, \dots t_n$ betrachtet, bei jeder Anordnung ihrer Glieder. Dasselbe gilt für die gewöhnliche Potenzreihe von $t_1, t_2, \dots t_n$, in welche der Quotient

$$\frac{\mathfrak{P}_1(t_1, \dots t_n)}{\mathfrak{P}_0(t_1, \dots t_n)}$$

verwandelt werden kann; man erhält daher für die jetzt betrachteten Werthsysteme $(t_1, \dots t_n)$ die Function $\varphi_1(t_1, \dots t_n)$ dargestellt durch eine bei jeder Anordnung ihrer Glieder convergirende Potenzreihe der Grössen $t_1, t_2, \dots t_n$, welche negative Potenzen von t_1 in unendlicher Anzahl, aber keine negative Potenzen von $t_2, \dots t_n$ enthält und somit auf die Form:

$$\sum_{\mu=0}^{\infty} \mathfrak{P}^{(-\mu-1)}(t_2, \dots t_n)\, t_1^{-\mu-1} + \sum_{\nu=0}^{\infty} \mathfrak{P}^{(\nu)}(t_2, \dots t_n)\, t_1^{\nu}$$

gebracht werden kann.*)

Es lässt sich aber auch

$$\frac{1}{\varphi(t_1)} \frac{d\varphi(t_1)}{dt_1} = \frac{m'}{t_1 - t_1'} + \frac{m''}{t_1 - t_1''} + \dots + \frac{m^{(r)}}{t_1 - t_1^{(r)}},$$

wenn $|t_1| \geqq \varepsilon'$ ist, in eine Reihe von der Form

$$\sum_{\mu=0}^{\infty} T'_{\mu+1}\, t_1^{-\mu-1}$$

entwickeln, und es ist dann namentlich $T_1' = m' + m'' + \dots + m^{(r)}$. Man hat also

$$\varphi_1(t_1, t_2', \dots t_n') - \frac{1}{\varphi(t_1)} \frac{d\varphi(t_1)}{dt_1} = \sum_{\mu=0}^{\infty} \left\{ \mathfrak{P}^{(-\mu-1)}(t_2', \dots t_n') - T'_{\mu+1} \right\} t_1^{-\mu-1} + \sum_{\nu=0}^{\infty} \mathfrak{P}^{(\nu)}(t_2', \dots t_n') t_1^{\nu}$$

*) Diese Reihe erhält man auch dadurch, dass man (unter der Annahme $\delta_1 \geqq |t_1| \geqq \delta'$ die Function $\varphi_1(t_1, t_2, \dots t_n)$ als Potenzreihe von $t_2, \dots t_n$ darstellt und darauf die Coëfficienten derselben, welche sämmtlich die Form

$$\frac{\mathfrak{P}(t_1)}{\mathfrak{P}_0^{\nu}(t_1, 0 \dots 0)}$$

haben, nach steigenden Potenzen von t_1 entwickelt.

Aus dieser Reihe müssen nun dem vorhin Bemerkten zufolge alle Glieder mit einer negativen Potenz von t_1 verschwinden; man hat also

$$T'_{\mu+1} = \mathfrak{P}^{(-\mu-1)}(t'_2, \ldots t'_n). \qquad (\mu = 0, \ldots \infty)$$

Es ist daher $\mathfrak{P}^{(-1)}(t_2, \ldots t_n)$ für jedes der betrachteten Werthsysteme $(t_2, \ldots t_n)$ eine ganze Zahl. Daraus folgt, dass sich $\mathfrak{P}^{(-1)}(t_2, \ldots t_n)$ auf ein von $t_2, \ldots t_n$ unabhängiges Glied reducirt. Denn wäre dies nicht der Fall, so würde $\mathfrak{P}^{(-1)}(t_2, \ldots t_n)$ eine continuirliche Function von $t_2 \ldots t_n$ sein, die auch andere als ganzzahlige Werthe haben könnte. Es ist also die Summe $(m' + m'' + \cdots + m^{(r)})$ von dem gewählten Werthsystem $(t'_2, \ldots t'_n)$ unabhängig und kann gefunden werden, wenn man gleichzeitig $t'_2 = 0, \ldots t'_n = 0$ setzt.

Da nun, wenn $t'_2, \ldots t'_n$ sämmtlich gleich Null gesetzt werden,

$$\varphi_1(t_1, 0 \ldots 0) = \sum_{\mu=0}^{\infty} \mathfrak{P}^{(-\mu-1)}(0, \ldots 0)\, t_1^{-\mu-1} + \sum_{\nu=0}^{\infty} \mathfrak{P}^{(\nu)}(0, \ldots 0)\, t_1^{\nu}$$

$$\frac{d\varphi(t_1)}{dt_1} = (m' + m'' + \cdots + m^{(r)})\, t_1^{-1}$$

ist, und aus der Differenz der Ausdrücke auf der Rechten dieser Gleichungen alle Glieder mit negativen Potenzen von t_1 wegfallen müssen, so sieht man, dass die Entwickelung von

$$\varphi_1(t_1, 0, \ldots 0)$$

für jeden Werth von t_1, dessen absoluter Betrag $\leqq \delta_1$ ist, die Gestalt

$$m t_1^{-1} + \mathfrak{P}(t_1)$$

hat, wo m eine ganze Zahl bedeutet, die $\geqq 0$ ist, und dass man

$$m' + m'' + \cdots + m^{(r)} = m$$

hat. Dabei ist noch zu bemerken, dass m immer > 0 ist, wenn nicht etwa jede Function $\mathfrak{P}^{(1)}_{\alpha}(x_1, \ldots x_n)$ durch $\mathfrak{P}^{(0)}_{\alpha}(x_1, \ldots x_n)$ theilbar ist, welcher Fall schon behandelt worden und hier auszuschliessen ist.

Nachdem so der Grad der Function $\varphi(t_1)$ ermittelt ist, setze man

$$\varphi(t_1) = t_1^m + F_1' t_1^{m-1} + \cdots + F_m',$$

so hat man, zunächst für die der Bedingung

$$\delta_1 \geqq |t_1| \geqq \delta'$$

genügenden Werthe von t_1,

$$\frac{1}{\varphi(t_1)} \frac{d\varphi(t_1)}{dt_1} = \sum_{\mu=0}^{\infty} \mathrm{T}'_{\mu+1} t_1^{-\mu-1} = \sum_{\mu=0}^{\infty} \mathfrak{P}^{(-\mu-1)}(t_2', \ldots t_n') t_1^{-\mu-1},$$

$$m t_1^{m-1} + (m-1) F_1' t_1^{m-2} + \cdots + F_{m-1}' = \left(t_1^m + F_1' t_1^{m-1} + \cdots + F_m'\right) \left\{ m t_1^{-1} + \sum_{\mu=1}^{\infty} \mathfrak{P}^{(-\mu-1)}(t_2', \ldots t_n') t_1^{-\mu-1} \right\}$$

Daraus ergeben sich die Gleichungen

$$\begin{array}{l}
F_1' + \mathfrak{P}^{(-2)}(t_2', \ldots t_n') = 0 \\
2F_2' + F_1' \,.\, \mathfrak{P}^{(-2)}(t_2', \ldots t_n') + \mathfrak{P}^{(-3)}(t_2', \ldots t_n') = 0 \\
3F_3' + F_2' \,.\, \mathfrak{P}^{(-2)}(t_2', \ldots t_n') + F_1' \,.\, \mathfrak{P}^{(-3)}(t_2', \ldots t_n') + \mathfrak{P}^{(-4)}(t_2', \ldots t_n') = 0 \\
\cdot \quad \cdot \quad \cdot \quad \cdot \quad \cdot \quad \cdot \quad \cdot \quad \cdot \quad \cdot \quad \cdot \quad \cdot \quad \cdot \quad \cdot \quad \cdot \quad \cdot \quad \cdot \\
mF_m' + F_{m-1}' \mathfrak{P}^{(-2)}(t_2', \ldots t_n') + F_{m-2}' \mathfrak{P}^{(-3)}(t_2', \ldots t_n') + \cdots + \mathfrak{P}^{(-m-1)}(t_2', \ldots t_n') = 0 .
\end{array}$$

Durch diese Gleichungen lassen sich die Grössen $F_1', \ldots F_m'$ bestimmen. Substituirt man in den Ausdrücken derselben für $t_2', \ldots t_n'$ die unbestimmten Grössen $t_2, \ldots t_n$, bezeichnet die Potenzreihe von $t_2, \ldots t_n$, in welche F_μ' dadurch übergeht, mit

$$F_\mu(t_2, \ldots t_n)$$

und setzt

$$\varphi(t_1, t_2, \ldots t_n) = t_1^m + F_1(t_2, \ldots t_n) t_1^{m-1} + \cdots + F_m(t_2, \ldots t_n),$$

so ist durch das Vorstehende bewiesen, dass für jedes den angegebenen Bedingungen entsprechende Werthsystem $(t_1, t_2, \ldots t_n)$

$$\varphi_1(t_1, t_2, \ldots t_n) - \frac{\partial \log \varphi(t_1, t_2, \ldots t_n)}{\partial t_1} = \sum_{\nu=0}^{\infty} \mathfrak{P}^{(\nu)}(t_2, \ldots t_n) t_1^{\nu}$$

ist. Da aber die Reihe auf der Rechten dieser Gleichung keine negativen Potenzen von t_1 enthält, so convergirt sie für jedes den Bedingungen (C) genügende Werthsystem $(t_1, t_2, \dots t_n)$, und zwar, wie aus ihrer Entstehungsweise hervorgeht, unabhängig von der Anordnung ihrer Glieder. Dasselbe gilt von den Reihen

$$F_1(t_2, \dots t_n), \quad . \; . \; . \quad F_m(t_2, \dots t_n);$$

es besteht somit die vorstehende Gleichung für jedes den zuletzt angegebenen Bedingungen entsprechende Werthsystem $(t_1, \dots t_n)$.

Nun hat man, wenn $\alpha > 1$ ist,

$$\frac{\partial \varphi_\alpha(t_1, \dots t_n)}{\partial t_1} = \frac{\partial \varphi_1(t_1, \dots t_n)}{\partial t_\alpha} = \frac{\partial^2 \log \varphi(t_1, \dots t_n)}{\partial t_1 \partial t_\alpha} + \frac{\partial}{\partial t_\alpha} \sum_{\nu=0}^{\infty} \mathfrak{P}^{(\nu)}(t_2, \dots t_n) t_1^\nu,$$

$$\frac{\partial}{\partial t_1} \left\{ \varphi_\alpha(t_1, \dots t_n) - \frac{\partial \log \varphi(t_1, \dots t_n)}{\partial t_\alpha} \right\} = \frac{\partial}{\partial t_1} \sum_{\nu=0}^{\infty} \left\{ \frac{t_1^{\nu+1}}{\nu+1} \frac{\partial \mathfrak{P}^{(\nu)}(t_2, \dots t_n)}{\partial t_\alpha} \right\}$$

Es lassen sich aber, wenn man $t_1, t_2, \dots t_n$ wieder den Bedingungen (A) unterwirft,

$$\varphi_\alpha(t_1, \dots t_n) \text{ und } \frac{\partial \log \varphi(t_1, \dots t_n)}{\partial t_\alpha}$$

in Reihen von derselben Form, wie die im Vorhergehenden für $\varphi_1(t_1, \dots t_n)$ angegebene, entwickeln. Die vorstehende Gleichung lehrt nun, dass in der Differenz dieser beiden Reihen Glieder mit einer negativen Potenz von t_1 nicht vorkommen, und dass man

$$\varphi_\alpha(t_1, \dots t_n) - \frac{\partial \log \varphi(t_1, \dots t_n)}{\partial t_\alpha} = \mathfrak{P}_\alpha^{(0)}(t_2, \dots t_n) - \varphi_\alpha^{(0)}(t_2, \dots t_n) + \sum_{\nu=0}^{\infty} \frac{t_1^{\nu+1}}{\nu+1} \frac{\partial \mathfrak{P}^{(\nu)}(t_2, \dots t_n)}{\partial t_\alpha}$$

hat, wo $\mathfrak{P}_\alpha^{(0)}(t_2, \dots t_n)$ die Summe der von t_1 unabhängigen Glieder der eben erwähnten Entwickelung von $\varphi_\alpha(t_1, \dots t_n)$ bezeichnet, und $\varphi_\alpha^{(0)}(t_2, \dots t_n)$ dieselbe Bedeutung für die Function $\dfrac{\partial \log \varphi(t_1, \dots t_n)}{\partial t_\alpha}$ hat. Aus der Form der Ausdrücke auf beiden Seiten dieser Gleichung ergiebt sich dann wieder, dass die Gleichung für jedes den Bedingungen (C) entsprechende Werthsystem $(t_1, t_2, \dots t_n)$ gilt.

Damit ist bewiesen, dass sich

$$\sum_{\alpha=1}^{n} \varphi_\alpha(t_1, \dots t_n)\, dt_\alpha$$

auf die Form

$$d\log\varphi(t_1, \dots t_n) + \sum_{\alpha=1}^{n} \mathfrak{P}(t_1, \dots t_1)_n\, dt_\alpha$$

bringen lässt. Der Ausdruck unter dem Summenzeichen genügt dann wieder den Integrabilitätsbedingungen und kann nach dem im zuerst betrachteten Falle Bewiesenen in der Form

$$d\log\mathfrak{P}(t_1, \dots t_n)$$

dargestellt werden, wobei man $\mathfrak{P}(0, \dots 0) = 1$ annehmen kann. Folglich ist, wenn man, unter C eine von Null verschiedene, im Übrigen willkürlich anzunehmende Constante verstehend,

$$\psi(t_1, \dots t_n) = C\varphi(t_1, \dots t_n)\, \mathfrak{P}(t_1, \dots t_n)$$

setzt,

$$\sum_{\alpha=1}^{n} \varphi_\alpha(t_1, \dots t_n)\, dt_\alpha = d\log\psi(t_1, \dots t_n).$$

Drückt man nunmehr $t_1, \dots t_n$ durch $x_1, \dots x_n$ aus und setzt

$$\psi(t_1, \dots t_n) = f(x_1, \dots x_n),$$

so ergiebt sich

$$\sum_{\alpha=1}^{n} f_\alpha(x_1, \dots x_n)\, dx_\alpha = d\log f(x_1, \dots x_n).$$

Diese Gleichung gilt nun ihrer Herleitung zufolge für alle einer gewissen Umgebung der Stelle $(0, \dots 0)$ angehörigen Werthsysteme $(x_1, \dots x_n)$. Etwas Bestimmteres über den Convergenzbezirk der Reihe für $f(x_1, \dots x_n)$ lässt sich durch die gegebene Deduction nicht ermitteln, weil bei derselben nur vorausgesetzt ist, dass die Functionen $f_\alpha(x_1, \dots x_n)$ innerhalb einer begrenzten Umgebung der Stelle $(0, \dots 0)$ überall eindeutig definirt seien und sich wie rationale Functionen verhalten. Gleichwohl reicht der in der vorstehenden Gleichung ausgesprochene Satz aus, um für den Fall, wo die Functionen $f_\alpha(x_1, \dots x_n)$ sich an allen im Endlichen des Grössengebietes $(x_1, \dots x_n)$ liegenden Stellen wie rationale Functionen verhalten, das oben ausgesprochene Theorem zu beweisen.

Es sei $(a_1, \dots a_n)$ ein System bestimmter, endlicher Werthe von $x_1, \dots x_n$, und man nehme an, es convergire die auf die beschriebene Weise hergeleitete Reihe $f(x_1, \dots x_n)$ (in der wir uns jetzt für die Constante C einen bestimmten Werth gesetzt denken) für jedes den Bedingungen

$$|x_1| < |a_1|, \quad \dots \quad |x_n| < |a_n|$$

genügende Werthsystem $(x_1, \dots x_n)$. — Ferner sei $(a'_1, \dots a'_n)$ irgend ein bestimmtes Werthsystem, das den Bedingungen

$$|a'_1| = |a_1|, \quad \dots \quad |a'_n| = |a_n|$$

gemäss, im Übrigen aber beliebig angenommen ist. Dann kann man innerhalb einer bestimmten Umgebung der Stelle $(a'_1, \dots a'_n)$

$$f_\alpha(x_1, \dots x_n) \text{ in der Form } \frac{\mathfrak{P}_\alpha^{(1)}(x_1 - a'_1, \dots x_n - a'_n)}{\mathfrak{P}_\alpha^{(0)}(x_1 - a'_1, \dots x_n - a'_n)}$$

darstellen und nach dem Vorhergehenden eine Reihe

$$\mathfrak{P}(x_1 - a'_1, \dots x_n - a'_n)$$

herleiten, welche der Gleichung

$$d \log \mathfrak{P}(x_1 - a'_1, \dots x_n - a'_n) = \sum_\alpha \frac{\mathfrak{P}_\alpha^{(1)}(x_1 - a'_1, \dots x_n - a'_n)}{\mathfrak{P}_\alpha^{(0)}(x_1 - a'_1, \dots x_n - a'_n)} \, dx_\alpha$$

genügt. Diese Reihe möge convergiren an allen Stellen, für die

$$|x_1 - a'_1| < \delta, \quad \dots \quad |x_n - a'_n| < \delta$$

ist, wo δ eine positive Grösse bedeutet. Unter diesen Stellen giebt es nun auch solche — und zwar bilden dieselben ein $2n$-fach ausgedehntes Continuum, — welche zugleich den Bedingungen

$$|x_1| < |a_1|, \quad \dots \quad |x_n| < |a_n|$$

genügen. Innerhalb des Bereiches dieser Stellen hat man also

$$d\log \mathfrak{P}(x_1-a_1', \dots x_n-a_n') = \sum_{\alpha=1}^{n} f_\alpha(x_1, \dots x_n)\, dx_\alpha$$

$$d\log f(x_1, \dots x_n) = \sum_{\alpha=1}^{n} f_\alpha(x_1, \dots x_n)\, dx_\alpha$$

$$\frac{d\mathfrak{P}(x_1-a_1', \dots x_n-a_n')}{\mathfrak{P}(x_1-a_1', \dots x_n-a_n')} = \frac{df(x_1, \dots x_n)}{f(x_1, \dots x_n)},$$

woraus sich, da die Functionen $f(x_1, \dots x_n)$, $\mathfrak{P}(x_1-a_1', \dots x_n-a_n')$ innerhalb des in Rede stehenden Bereichs an allen Stellen sich regulär verhalten,

$$f(x_1, \dots x_n) = C' \mathfrak{P}(x_1-a_1', \dots x_n-a_n')$$

ergiebt, wo C' eine von $x_1, \dots x_n$ unabhängige Grösse bedeutet. Da dies für jedes den angegebenen Bedingungen entsprechende Werthsystem $(a_1', \dots a_n')$ gilt, so folgt daraus (nach einem der Sätze, welche in der Functionentheorie in Betreff der Convergenzbedingungen für Potenzreihen entwickelt werden), dass die Reihe auch noch convergirt für jedes den Bedingungen

$$|x_1| < |a_1| + \delta, \quad \dots \quad |x_n| < |a_n| + \delta$$

genügende Werthsystem $(x_1, \dots x_n)$ Daraus ergiebt sich sofort, dass die Reihe $f(x_1, \dots x_n)$ für jedes System endlicher Werthe von $x_1, \dots x_n$ convergirt und die Gleichung

$$\sum_{\alpha=1}^{n} f_\alpha(x_1, \dots x_n)\, dx_\alpha = d\log f(x_1, \dots x_n)$$

befriedigt.

Man sieht zugleich, wie sich die in $f(x_1, \dots x_n)$ vorkommende Constante C so bestimmen lässt, dass einer der Coëfficienten der Reihe, welcher nicht nothwendig bei jedem Werth von C gleich Null ist, einen vorgeschriebenen Werth erhält.

Es bedarf kaum der Erinnerung, dass in einem gegebenen Falle die Entwickelung der Reihe $f(x_1, \dots x_n)$ nicht nothwendig auf dem beschriebenen Wege bewerkstelligt zu werden braucht. Vielmehr kann man, nachdem einmal durch das Vorstehende die Form und der Convergenzbezirk der Reihe festgestellt worden sind, jedes zur Bestimmung ihrer Coëfficienten führende Verfahren ohne Verstoss gegen die Strenge der Herleitung anwenden.

5.

An das im Vorstehenden entwickelte Theorem schliesst sich nun ein anderes an, durch welches in manchen Fällen für eine eindeutige Function $f(x_1, \dots x_n)$, welche an allen im Endlichen des Grössengebietes $(x_1, \dots x_n)$ liegenden Stellen sich wie eine rationale Function verhält, der Nachweis geführt werden kann, dass sie als Quotient zweier — transcendenten oder rationalen — ganzen Functionen von $x_1, \dots x_n$ darstellbar ist, und zwar in der Art, dass nur an denjenigen Stellen, wo $f(x_1, \dots x_n)$ keinen bestimmten Werth hat, der Dividend sowohl als der Divisor verschwindet.

Angenommen, es sei eine bestimmte Function $f(x_1, \dots x_n)$ in der angegebenen Weise als Quotient zweier ganzen Functionen $g_1(x_1, \dots x_n)$, $g_0(x_1, \dots x_n)$ ausgedrückt, so hat man, wenn

$$\frac{\partial \log g_0(x_1, \dots x_n)}{\partial x_\alpha} = f_\alpha^{(0)}(x_1, \dots x_n)$$

$$\frac{\partial \log g_1(x_1, \dots x_n)}{\partial x_\alpha} = f_\alpha^{(1)}(x_1, \dots x_n)$$

gesetzt wird,

$$d \log f(x_1, \dots x_n) = \sum_{\alpha=1}^{n} f_\alpha^{(1)}(x_1, \dots x_n)\, dx_\alpha - \sum_{\alpha=1}^{n} f_\alpha^{(0)}(x_1, \dots x_n)\, dx_\alpha$$

und es besitzen die Functionen $f_\alpha^{(0)}, f_\alpha^{(1)}$ folgende Eigenschaften:

1) Sie sind alle eindeutige Functionen von $x_1, \dots x_n$, welche sich im Endlichen überall wie rationale Functionen verhalten.

2) Die Differentialausdrücke

$$\sum_{\alpha=1}^{n} f_\alpha^{(1)}(x_1, \dots x_n)\, dx_\alpha, \quad \sum_{\alpha=1}^{n} f_\alpha^{(0)}(x_1, \dots x_n)\, dx_\alpha$$

genügen beide den Integrabilitätsbedingungen.

3) Jede im Endlichen gelegene singuläre Stelle einer der Functionen $f_\alpha^{(0)}(x_1, \dots x_n)$ ist zugleich eine singuläre Stelle der Function $f(x_1 \dots x_n)$; jede im Endlichen gelegene singuläre Stelle einer der Functionen $f_\alpha^{(1)}(x_1, \dots x_n)$ ist entweder eine Null-Stelle von $f(x_1, \dots x_n)$ oder eine derjenigen singulären Stellen dieser Function, an denen sie keinen bestimmten Werth hat.

Dies Theorem — dessen Beweis auf der Hand liegt — lässt sich folgendermassen umkehren.

Angenommen, man wisse von einer irgendwie definirten Function $f(x_1, \dots x_n)$, dass sie eine eindeutige Function der hier betrachteten Art sei, und es gelinge, das Differential

$$d \log f(x_1, \dots x_n)$$

in der Form

$$\sum_{\alpha=1}^{n} f_\alpha^{(1)}(x_1, \dots x_n) dx_\alpha - \sum_{\alpha=1}^{n} f_\alpha^{(0)}(x_1, \dots x_n) dx_\alpha$$

dergestalt auszudrücken, dass die Functionen $f_\alpha^{(0)}, f_\alpha^{(1)}$ die im Vorstehenden (unter 1, 2, 3) angegebenen Eigenschaften besitzen; so sind diese Functionen auch so beschaffen, dass sich auf die in Art. 4 gelehrte Weise zwei ganze Functionen $g_0(x_1, \dots x_n)$, $g_1(x_1, \dots x_n)$ bestimmen lassen, welche die Gleichungen

$$\text{A)} \quad \begin{aligned} d \log g_0(x_1, \dots x_n) &= \sum_{\alpha=1}^{n} f_\alpha^{(0)}(x_1, \dots x_n) dx_\alpha \\ d \log g_1(x_1, \dots x_n) &= \sum_{\alpha=1}^{n} f_\alpha^{(1)}(x_1, \dots x_n) dx_n \end{aligned}$$

befriedigen. Dann ist

$$\text{B)} \qquad f(x_1, \dots x_n) = C \frac{g_1(x_1, \dots x_n)}{g_0(x_1, \dots x_n)},$$

wo C eine von $x_1, \dots x_n$ unabhängige Grösse bezeichnet, und es verschwinden g_0, g_1 gleichzeitig nur an solchen Stellen $(x_1, \dots x_n)$, wo $f(x_1, \dots x_n)$ keinen bestimmten Werth hat.

Es sei $(a_1, \dots a_n)$ irgend ein System endlicher Werthe der Grössen $x_1, \dots x_n$ so giebt es — nach Art. 2 — eine gewisse Umgebung ($\mathfrak{C}$) der Stelle $(a_1 \dots a_n)$, innerhalb welcher jede der Functionen $f, f_1^{(0)}, \dots f_n^{(0)}, f_1^{(1)}, \dots f_n^{(1)}$ sich als Quotient zweier Potenzreihen von $x_1 - a_1, \dots x_n - a_n$ in der Art darstellen lässt, dass der Dividend und der Divisor nur an solchen Stellen $(x_1, \dots x_n)$, wo die betreffende Function keinen bestimmten Werth hat, gleichzeitig verschwinden. Bezeichnet man für $f, f_\alpha^{(0)}, f_\alpha^{(1)}$ die Dividenden bez. mit p, p'_α, q'_α und die Divisoren bez. mit q, p_α, q_α, so hat man

$$\sum_{\alpha=1}^{n}\left(\frac{1}{p}\frac{\partial p}{\partial x_\alpha}-\frac{p'_\alpha}{p_\alpha}\right)dx_\alpha=\sum_{\alpha=1}^{n}\left(\frac{1}{q}\frac{\partial q}{\partial x_\alpha}-\frac{q'_\alpha}{q_\alpha}\right)dx_\alpha,$$

woraus sich, da die Veränderlichen $x_1, \dots x_n$ unabhängig von einander sind,

$$\frac{1}{p}\frac{\partial p}{\partial x_\alpha}-\frac{p'_\alpha}{p_\alpha}=\frac{1}{q}\frac{\partial q}{\partial x_\alpha}-\frac{q_\alpha}{q_\alpha} \qquad (\alpha=1,2,\dots n)$$

ergiebt.

Der Voraussetzung (3) nach kann q_α innerhalb des Bereiches ($\mathfrak{C}$) nur an solchen Stellen $(x_1, \dots x_n)$ verschwinden, die zugleich singuläre Stellen der Function $\frac{p}{q}$ sind, für welche also $q=0$ ist. Ebenso kann p_α nur an solchen Stellen verschwinden, an denen $p=0$ ist. Daraus kann man schliessen, dass die Function

$$\frac{1}{q}\frac{\partial q}{\partial x_\alpha}-\frac{q'_\alpha}{q_\alpha}$$

sich innerhalb ($\mathfrak{C}$) regulär verhält. Denn wäre dies nicht der Fall, so hätte sie (nach Art. 3) innerhalb ($\mathfrak{C}$) unendlich viele singuläre Stellen, und unter diesen gäbe es unzählige, an denen $q=0$ wäre, p aber, und somit auch p_α, einen von Null verschiedenen Werth besässe, was der Gleichung

$$\frac{1}{q}\frac{\partial q}{\partial x_\alpha}-\frac{q'_\alpha}{q_\alpha}=\frac{1}{p}\frac{\partial p}{\partial x_\alpha}-\frac{p'_\alpha}{p_\alpha}$$

widersprechen würde. Man kann also für die dem Bereiche ($\mathfrak{C}$) angehörigen Werthsysteme $(x_1, \dots x_n)$

$$\frac{1}{q}\frac{\partial q}{\partial x_\alpha}-\frac{q'_\alpha}{q_\alpha}=\mathfrak{P}_\alpha(x-a_1, \dots x_n-a_\alpha)$$

setzen und hat dann

$$\sum_{\alpha=1}^{n} f_\alpha^{(0)}(x_1, \dots x_n)\,dx_\alpha=d\log q-\sum_{\alpha=1}^{n}\mathfrak{P}_\alpha(x_1-a_1, \dots x_n-a_n)\,dx_\alpha$$

$$\sum_{\alpha=1}^{n} f_\alpha^{(1)}(x_1, \dots x_n)\,dx_\alpha=d\log p-\sum_{\alpha=1}^{n}\mathfrak{P}_\alpha(x_1-a_1, \dots x_n-a_n)\,dx_\alpha.$$

Der Differentialausdruck auf der rechten Seite dieser Gleichungen genügt nun den Integrabilitätsbedingungen; man kann ihn daher in der Form

$$d\mathfrak{P}(x_1 - a_1, \dots x_n - a_n)$$

darstellen und erhält dann

$$\sum_{\alpha=1}^{n} f_\alpha^{(0)}(x_1, \dots x_n)\, dx_\alpha = d\log\left\{q.e^{-\mathfrak{P}(x_1-a_1,\dots x_n-a_n)}\right\} = d\log\mathfrak{P}^{(0)}(x_1 - a_1, \dots x_1 - a_n)$$

$$\sum_{\alpha=1}^{n} f_\alpha^{(1)}(x_1, \dots x_n)\, dx_\alpha = d\log\left\{p.e^{-\mathfrak{P}(x_1-a_1,\dots x_n-a_n)}\right\} = d\log\mathfrak{P}^{(1)}(x_1 - a_1, \dots x_n - a_n).$$

Es sind also die Functionen $f_\alpha^{(0)}(x_1, \dots x_n)$, $f_\alpha^{(1)}(x_1, \dots x_n)$ in der That so beschaffen, dass man (nach Art. 4) zwei ganze Functionen $g_0(x_1, \dots x_n)$, $g_1(x_1, \dots x_n)$ bestimmen kann, für welche — bei gehöriger Bestimmung der Constante C — die vorstehenden Gleichungen (A, B) gelten. In der Umgebung jeder bestimmten Stelle $(a_1, \dots a_n)$ ist dann

$$g_0(x_1, \dots x_n) = C_1 q e^{-\mathfrak{P}(x_1-a_1,\dots x_n-a_n)}$$

$$g_1(x_1, \dots x_n) = C_2 p e^{-\mathfrak{P}(x_1-a_1,\dots x_n-a_n)},$$

wo C_1, C_2 Constanten bezeichnen; es verschwinden daher g_0, g_1 gleichzeitig an der Stelle $(a_1, \dots a_n)$ nur dann, wenn auch p, q an derselben beide verschwinden, $f(x_1, \dots x_n)$ also für das Werthsystem $(x_1 = a_1, \dots x_n = a_n)$ keinen bestimmten Werth besitzt; w. z. b. w.

Anmerkungen.

1. Es ist vorausgesetzt worden, man wisse von der Function $f(x_1, \dots x_n)$, dass sie eine eindeutige Function sei und im Endlichen sich überall wie eine rationale Function verhalte. Ist dies nicht bekannt, vielmehr die Aufgabe gestellt, die Function so zu bestimmen, dass sie der Differentialgleichung

$$d\log f(x_1, \dots x_n) = \sum_{\alpha=1}^{n} f_\alpha^{(1)}(x_1, \dots x_n)\, dx_\alpha - \sum_{\alpha=1}^{n} f_\alpha^{(0)}(x_1, \dots x_n)\, dx_\alpha$$

genüge, so hat man zur Lösung dieser Aufgabe kein anderes Mittel als zu untersuchen, ob jeder der beiden Differentialausdrücke auf der Rechten der Gleichung die in Art. 4 von dem dort betrachteten Ausdruck

$$\sum_{\alpha=1}^{n} f_\alpha(x_1, \dots x_n)\, dx_\alpha$$

vorausgesetzte Beschaffenheit habe, und im Falle, dass sich dies bestätigt und somit feststeht, dass $f(x_1, \dots x_n)$ in der Form

$$\frac{g_1(x_1, \dots x_n)}{g_0(x_1, \dots x_n)}$$

dargestellt werden kann, sich zu vergewissern, ob die Functionen $f_\alpha^{(0)}, f_\alpha^{(1)}$ auch der oben (unter 3) angegebenen Bedingung entsprechen.

2. Das im Vorstehenden entwickelte Theorem kann ohne Schwierigkeit folgendermassen verallgemeinert werden:

Es sei von einer irgendwie definirten Function $f(x_1, \dots x_n)$ bekannt, dass sie sich im Endlichen überall wie eine rationale Function verhalte, und es lasse sich $d^m \log f(x_1, \dots x_n)$ in die Form

$$d^m \log f(x_1, \dots x_n) = \sum f^{(1)}_{\alpha_1, \dots \alpha_m}(x_1, \dots x_n)\, dx_{\alpha_1} \dots dx_{\alpha_m} - \sum f^{(0)}_{\alpha_1, \dots \alpha_m}(x_1, \dots x_n)\, dx_{\alpha_1} \dots dx_{\alpha_m}$$
$$(a_1, \dots a_m = 1, 2, \dots n)$$

dergestalt ausdrücken, dass jeder der beiden Differentialausdrücke auf der Rechten der Gleichung den Integrabilitätsbedingungen genüge, und die Functionen $f^{(0)}_{\alpha_1, \dots \alpha_m}, f^{(1)}_{\alpha_1, \dots \alpha_m}$ die im Vorstehenden unter (1, 3) angegebene Beschaffenheit besitzen, so ist $f(x_1, \dots x_n)$ in der Form

$$\frac{g_1(x_1, \dots x_n)}{g_0(x_1, \dots x_n)}$$

darstellbar, wo g_0, g_1 ganze Functionen von $x_1, \dots x_n$ sind, welche nur an solchen Stellen $(x_1, \dots x_n)$, wo $f(x_1, \dots x_n)$ keinen bestimmten Werth hat, gleichzeitig verschwinden.

Der Beweis dieses Satzes ist dem für den Fall, wo $m = 1$ ist, durchgeführten ganz analog, und braucht dabei nur folgender, leicht abzuleitende Hülfssatz vorausgesetzt zu werden:

Genügt ein Differentialausdruck

$$\sum \mathfrak{P}_{\alpha_1,\dots\alpha_m}(x_1-a_1,\dots x_n-a_n)\,dx_{\alpha_1}\dots dx_{\alpha_m}$$

den Integrabilitätsbedingungen, so kann er auf die Form

$$d^m\,\mathfrak{P}(x_1-a_1,\dots x_n-a_n)$$

gebracht werden.

3. Auch das in Art. 4 bewiesene Theorem kann folgendermassen verallgemeinert werden:

Ist ein den Integrabilitätsbedingungen genügender Differentialausdruck

$$\sum f_{\alpha_1,\dots\alpha_m}(x_1,\dots x_n)\,dx_{\alpha_1}\dots dx_{\alpha_m}$$

$$(\alpha_1,\dots\alpha_m=1,2,\dots n)$$

gegeben, in welchem die Functionen $f_{\alpha_1,\dots\alpha_m}(x_1,\dots x_n)$ eindeutige Functionen der hier betrachteten Art sind, und lässt sich zeigen, dass derselbe, wenn für $x_1,\dots x_n$ lineare Functionen einer Veränderlichen τ gesetzt werden — welche nur der in Art. 4 für den Fall, wo $m=1$ ist, angegebenen Bedingung unterworfen sind — für hinlänglich kleine Werthe von τ stets die Gestalt

$$\mu\,d^m\log\tau+\mathfrak{P}(\tau)\,d\tau^m$$

erhält, wo μ entweder gleich 0 oder eine positive ganze Zahl ist, so ist jede der Differentialgleichung

$$d^m\log f(x_1,\dots x_n)=\sum_\alpha f_{\alpha_1,\dots\alpha_m}(x_1,\dots x_n)\,dx_{\alpha_1}\dots dx_{\alpha_m}$$

genügende Function $f(x_1,\dots x_n)$ eine ganze Function von $x_1,\dots x_n$; und ist eine solche Function $f_0(x_1,\dots x_n)$ bestimmt, so erhält man den allgemeinen Ausdruck von $f(x_1,\dots x_n)$, wenn man

$$f(x_1,\dots x_n)=f_0(x_1,\dots x_n)\,e^{G(x_1,\dots x_n)}$$

setzt und für $G(x_1,\dots x_n)$ eine ganze rationale Function $(m-1)$ten Grades von $x_1,\dots x_n$ mit willkürlichen Coëfficienten nimmt.

Um diesen Satz beweisen zu können, hat man zunächst zu untersuchen, unter welchen Bedingungen ein gegebener Ausdruck

$$\sum_{\alpha=1}^{n} f_\alpha(x_1, \dots x_n)\, dx_\alpha\,,$$

in welchem die Functionen $f_\alpha(x_1, \dots x_n)$ eindeutige Functionen der hier betrachteten Art sind, das Differential einer ebenfalls eindeutigen Function ist — eine Frage, welche sich mit Hülfe der Ergebnisse der vorhergehenden Untersuchungen ohne Schwierigkeit erledigen lässt, auf die ich aber hier, wo es sich hauptsächlich um eine Zusammenstellung solcher Sätze handelt, die in meiner Vorlesung über die Abel'schen Functionen als Hülfssätze gebraucht werden, nicht eingehe.

6.

Über n-fach periodische ganze Functionen von n Veränderlichen.

Eine ganze Function $f(u_1, \dots u_n)$ der n Veränderlichen $u_1, \dots u_n$ sei n-fach periodisch; d. h. es soll n Systeme von je n Constanten

$$\begin{matrix} 2\omega_{11}, & 2\omega_{12}, & \dots & 2\omega_{1n} \\ 2\omega_{21}, & 2\omega_{22}, & \dots & 2\omega_{2n} \\ \cdot & \cdot & \cdot & \cdot \\ 2\omega_{n1}, & 2\omega_{n2}, & \dots & 2\omega_{nn} \end{matrix}$$

geben, für welche bei beliebigen Werthen von $u_1, \dots u_n$ die n Gleichungen

$$f(u_1 + 2\omega_{1\beta}, \dots u_\alpha + 2\omega_{\alpha\beta}) = f(u_1, \dots u_n) \qquad (\beta = 1, 2, \dots n)$$

gelten, wobei vorausgesetzt werde, dass die Determinante

$$\begin{vmatrix} \omega_{11}, & \dots & \omega_{1n} \\ \cdot & \cdot & \cdot \\ \omega_{n1}, & \dots & \omega_{nn} \end{vmatrix}$$

nicht gleich Null sei.

Führt man statt $u_1, \dots u_n$ andere Veränderlichen $v_1, \dots v_n$ ein mittelst der Gleichungen

$$u_\alpha = \sum_{\beta=1}^{n} 2\omega_{\alpha\beta} v_\beta \qquad (\alpha = 1, \dots n)$$

und bezeichnet mit $\varphi(v_1, v_2, \dots v_n)$ die Function, in welche $f(u_1, \dots u_n)$ durch diese Substitution übergeht, so hat man

$$\begin{aligned}
\varphi(v_1+1,\, v_2, \dots v_n) &= \varphi(v_1,\, v_2, \dots v_n)\,,\\
\varphi(v_1,\, v_2+1, \dots v_n) &= \varphi(v_1,\, v_2, \dots v_n)\,,\\
&\dots\dots\dots\dots\dots\\
\varphi(v_1,\, v_2, \dots v_n+1) &= \varphi(v_1,\, v_2, \dots v_n)\,,
\end{aligned}$$

aus welchen Gleichungen sich die allgemeinere

$$\varphi(v_1+m_1,\, v_2+m_2, \dots v_n+m_n) = \varphi(v_1, v_2, \dots v_n)$$

ergiebt, wo $m_1, m_2, \dots m_n$ beliebige ganze Zahlen bedeuten.

Es soll nun bewiesen werden, dass sich $\varphi(v_1, v_2, \dots v_n)$ durch eine beständig convergirende Reihe von der Form

$$\sum C_{\nu_1, \nu_2, \dots \nu_n} e^{2(\nu_1 v_1 + \nu_2 v_2 + \cdots + \nu_n v_n)\pi i}$$
$$(\nu_1, \nu_2, \dots \nu_n = -\infty \cdots +\infty)$$

darstellen lässt, wo die $C_{\nu_1, \nu_2, \dots \nu_n}$ von $v_1, v_2, \dots v_n$ unabhängige Grössen sind.

Es ist leicht, diesen Satz aus dem auf Functionen mehrerer Veränderlichen ausgedehnten Fourier'schen Theoreme abzuleiten. Man setzt zu dem Ende, unter $s_1, \dots s_n, t_1, \dots t_n$ reelle Grössen verstehend,

$$v_\alpha = t_\alpha + s_\alpha i\,,$$

so lässt sich $\varphi(t_1+s_1 i, \dots t_n+s_n i)$, als Function von $t_1, \dots t_n$ betrachtet, in der Form

$$\sum C'_{\nu_1, \dots \nu_n} e^{2(\nu_1 t_1 + \cdots + \nu_n t_n)\pi i} \qquad (\nu_1, \dots \nu_n = -\infty \cdots +\infty)$$

ausdrücken, wenn man

$$C'_{\nu_1, \dots \nu_n} = \int_0^1 \cdots \int_0^1 \varphi(t_1+s_1 i, \dots t_n+s_n i)\, e^{-2(\nu_1 t_1 + \cdots + \nu_n t_n)\pi i}\, dt_1 \dots dt_n$$

nimmt. Man beweist dann leicht, dass die partiellen Ableitungen der als Function von $s_1, \ldots s_n$ betrachteten Grösse

$$C'_{\nu_1, \ldots \nu_n} e^{2(\nu_1 s_1 + \cdots + \nu_n s_n)\pi}$$

bei der vorausgesetzten Beschaffenheit der Function φ sämmtlich gleich Null sind, diese Grösse also einen von $s_1, \ldots s_n$ unabhängigen Werth hat, woraus sich der angegebene Ausdruck von $\varphi(v_1, \ldots v_n)$ und die Bestimmung von $C_{\nu_1, \ldots \nu_n}$, nämlich

$$C_{\nu_1, \ldots \nu_n} = \int_0^1 \ldots \int_0^1 \varphi(t_1, \ldots t_n) e^{-2(\nu_1 t_1 + \cdots + \nu_n t_n)\pi i} dt_1 \ldots dt_n$$

ergiebt.

Die Schwierigkeiten, mit denen eine strenge Begründung des Fourier-schen Theorems für beliebige Functionen reeller Veränderlichen verknüpft ist, fallen für die Function $\varphi(t_1 + s_1 i, \ldots t_n + s_n i)$ fort, indem deren Ableitungen stetige Functionen von $t_1, \ldots t_n$ sind.

Es lässt sich indess der in Rede stehende Ausdruck von $\varphi(v_1, \ldots v_n)$ auch aus den Fundamentalsätzen der Theorie der gewöhnlichen Potenzreihen ableiten. Dies soll hier ausgeführt werden.

Es sei

$$g(v, x_1, \ldots x_r)$$

eine ganze Function der $r+1$ von einander unabhängigen Veränderlichen $v, x_1, \ldots x_r$, welche in Beziehung auf die Veränderliche v die Periode 1 besitzt, so dass, wenn m eine beliebige ganze Zahl ist, die Gleichung

$$g(v+m, x_1, \ldots x_r) = g(v, x_1, \ldots x_r)$$

besteht. Setzt man dann

$$g_0(v, x_1, \ldots x_r) = \frac{1}{2} g(v, x_1, \ldots x_r) + \frac{1}{2} g(-v, x_1, \ldots x_r),$$

$$g_1(v, x_1, \ldots x_r) = \frac{\frac{1}{2} g(v, x_1, \ldots x_r) - \frac{1}{2} g(-v, x_1, \ldots x_r)}{\sin 2v\pi},$$

so ist nicht nur g_0, sondern auch g_1 eine ganze Function von $v, x_1, \ldots x_r$. Denn der Nenner von g_1 verschwindet nur, wenn $v = \frac{m}{2}$ und m eine ganze Zahl ist; setzt man aber $v = \frac{m}{2} + h$, so ist

$$\sin 2\left(\frac{m}{2} + h\right)\pi = \pm \sin 2h\pi$$

$$g\left(-\frac{m}{2}-h,\ x_1 \ldots x_r\right) = g\left(\frac{m}{2}-h,\ x_1, \ldots x_r\right), \text{ also}$$

$$g\left(\frac{m}{2}+h,\ x_1, \ldots x_r\right) - g\left(-\frac{m}{2}-h,\ x_1, \ldots x_r\right) = h\mathfrak{P}(h,\ x_1, \ldots x_r),$$

und es hat somit $g_1(v, x_1, \ldots x_\nu)$ auch für $v = \frac{m}{2}$ einen bestimmten endlichen Werth.

Jetzt sei s eine neue unbeschränkt veränderliche Grösse, und es werde eine Function $G_0(s, x_1, \ldots x_r)$ folgendermassen definirt: Jedem endlichen Werthe von s ordne man einen die Gleichung

$$s = \cos 2v\pi$$

befriedigenden Werth von v zu und nehme dann

$$G_0(s, x_1, \ldots x_r) = g_0(v, x_1, \ldots x_r),$$

so hat $G_0(s, x_1, \ldots x_r)$ für jedes System endlicher Werthe von $v, x_1, \ldots x_r$ einen bestimmten und ebenfalls endlichen Werth. Denn es sei v' irgend einer derjenigen Werthe von v, welche für einen gegebenen Werth s' von s der Gleichung $s' = \cos 2v\pi$ genügen, so werden alle übrigen durch die Formel

$$\pm v' + m$$

geliefert, wo m eine ganze Zahl bedeutet; für alle diese Werthe von v hat aber $g_0(v, x_1, \ldots x_r)$ denselben Werth. Nimmt man ferner s hinlänglich nahe bei s' an und setzt $h = 2\pi(v - v')$, so erhält man aus der Gleichung

$$s - s' = -\sin 2v'\pi \,.\left(h - \frac{h^3}{3!} + \cdots\right) - \cos 2v'\pi\left(\frac{h^2}{2!} - \frac{h^4}{4!} + \cdots\right),$$

falls $\sin 2v'\pi$ nicht gleich Null ist, einen dieselbe befriedigenden Werth von $v - v'$, und in dem Falle, wo $\sin 2v'\pi = 0$ ist, einen Werth von $(v - v')^2$ in der Form einer Potenzreihe von $s - s'$ ausgedrückt. Da nun im letzteren Falle $v' = \frac{m}{2}$ und daher

$$g_0(v, x_1, \ldots x_r) = \frac{1}{2} g\left(\frac{m}{2} + (v - v'),\ x_1, \ldots x_r\right) + \frac{1}{2} g\left(-\frac{m}{2} - (v - v'),\ x_1 \ldots x_r\right)$$

$$= \frac{1}{2} g\left(\frac{m}{2} + (v - v'),\ x_1, \ldots x_r\right) + \frac{1}{2} g\left(\ \frac{m}{2} - (v - v'),\ x_1, \ldots x_r\right)$$

ist, also in der Entwickelung von $g_0(v, x_1, \ldots x_r)$ nach Potenzen von $v - v'$ nur gerade Potenzen dieser Grösse vorkommen, so lässt sich in beiden

Fällen $G_0(s, x_1, \dots x_r)$ als Potenzreihe von $s-s', x_1, \dots x_r$ darstellen. Damit ist bewiesen, dass $G_0(s, x_1, \dots x_r)$ eine ganze Function von $s, x_1, \dots x_r$ ist, welche, wenn $s = \cos 2v\pi$ gesetzt wird, in $g_0(v, x_1, \dots x_r)$ übergeht.

Ebenso wird gezeigt, dass eine ganze Function $G_1(s, x_1, \dots x_r)$ existirt, welche, wenn $s = \cos 2v\pi$ gesetzt wird, in $g_1(v, x_1, \dots x_r)$ übergeht.

Hiernach hat man

$$g(v, x_1, \dots x_r) = G_0(\cos 2v\pi, x_1, \dots x_r) + G_1(\cos 2v\pi, x_1, \dots x_r) \sin 2v\pi .$$

Wendet man nun diesen Satz auf die Function $\varphi(v_1, v_2, \dots v_n)$ an, so kann man dieselbe zunächst auf die Form

$$G_0(\cos 2v_1\pi, v_2 \dots v_n) + G_1(\cos 2v_1\pi, v_2, \dots v_n) \sin 2v_1\pi$$

bringen. Die Functionen G_0, G_1 haben dann in Beziehung auf jedes Argument $v_2, \dots v_n$ die Periode 1, und man erhält also (für $\varepsilon = 0, 1$):

$$\begin{aligned} G_\varepsilon(\cos 2v_1\pi, v_2, \dots v_n) = {} & G_{\varepsilon,0}(\cos 2v_1\pi, \cos 2v_2\pi, v_3, \dots v_n) \\ & + G_{\varepsilon,1}(\cos 2v_1\pi, \cos 2v_2\pi, v_3, \dots v_n) \sin 2v_2\pi . \end{aligned}$$

Dann haben die Functionen $G_{\varepsilon,0}$, $G_{\varepsilon,1}$, in Beziehung auf jedes der Argumente $v_3, \dots v_n$ die Periode 1; man erhält also (für $\varepsilon = 0, 1$; $\varepsilon_1 = 0, 1$)

$$\begin{aligned} G_{\varepsilon,\varepsilon_1}(\cos 2v_1\pi, \cos 2v_2\pi, v_3, \dots v_n) = {} & G_{\varepsilon,\varepsilon_1,0}(\cos 2v_1\pi, \cos 2v_2\pi, \cos 2v_3\pi, v_4, \dots v_n) \\ & + G_{\varepsilon,\varepsilon_1,0}(\cos 2v_1\pi, \cos 2v_2\pi, \cos 2v_3\pi, v_4, \dots v_n) \sin 2v_3\pi . \end{aligned}$$

So fortfahrend kommt man zu dem Ergebniss, dass sich $\varphi(v_1, v_2, \dots v_n)$ in der Form

$$\sum_{\varepsilon=0}^{\varepsilon=1} \sum_{\varepsilon_1=0}^{\varepsilon_1=1} \cdots \sum_{\varepsilon_{n-1}=0}^{\varepsilon_{n-1}=1} G_{\varepsilon,\varepsilon_1,\dots\varepsilon_{n-1}}(\cos 2v_1\pi, \cos 2v_2\pi \dots \cos 2v_n\pi) \sin^{\varepsilon} 2v_1\pi . \sin^{\varepsilon_1} 2v_2\pi \dots \sin^{\varepsilon_{n-1}} 2v_n\pi$$

darstellen lässt, wo die Functionen $G_{\varepsilon,\varepsilon_1,\dots\varepsilon_{n-1}}$ sämmtlich ganze Functionen der Grössen $\cos 2v_1\pi$, $\cos 2v_2\pi$, ... $\cos 2v_n\pi$ sind.

Setzt man sodann

$$\cos 2v_\alpha\pi = \frac{1}{2} e^{2v_\alpha\pi i} + \frac{1}{2} e^{-2v_\alpha\pi i}, \quad \sin 2v_\alpha\pi = \frac{1}{2i} e^{2v_\alpha\pi i} - \frac{1}{2i} e^{-2v_\alpha\pi i},$$
$$(\alpha = 1, \dots n),$$

so kann der vorstehende Ausdruck in eine beständig convergirende Potenzreihe der $2n$ Grössen

$$e^{2v_1\pi i},\ e^{-2v_1\pi i},\ \ldots\ e^{2v_n\pi i},\ e^{-2v_n\pi i}$$

verwandelt werden, so dass man

$$\varphi(v_1, v_2, \ldots v_n) = \sum A_{\lambda_1, \mu_1, \ldots \lambda_n, \mu_n} e^{2((\lambda_1-\mu_1)v_1+(\lambda_2-\mu_2)v_2+\cdots+(\lambda_n-\mu_n)v_n)\pi i}$$
$$(\lambda_1, \mu_1, \ldots \lambda_n, \mu_n = 0, \ldots \infty)$$

erhält. Da diese Reihe gleichmässig convergirt, so kann man, wenn $\nu_1, \nu_2, \ldots \nu_n$ irgend n bestimmte ganze Zahlen sind, diejenigen Glieder der Reihe, in denen die Differenzen

$$\lambda_1 - \mu_1,\ \lambda_2 - \mu_2,\ \ldots\ \lambda_n - \mu_n$$

bezüglich die Werthe

$$\nu_1,\ \nu_2,\ \ldots\ \nu_n$$

haben, in ein Glied zusammenziehen, wodurch sich die oben angegebene, ebenfalls gleichmässig convergirende Reihe für $\varphi(v_1, v_2, \ldots v_n)$ ergiebt.

Drückt man sodann $v_1, v_2, \ldots v_n$ durch die ursprünglichen Veränderlichen $u_1, u_2, \ldots u_n$ aus, so gelangt man zu einer Entwickelung von $f(u_1, u_2, \ldots u_n)$, in welcher jedes einzelne Glied dieselbe Periodicität wie die Function $f(u_1, \ldots u_n)$ selbst besitzt.

Der gleichmässigen Convergenz der für $\varphi(v_1, v_2, \ldots v_n)$ gefundenen Reihe wegen ist, wenn $\mu_1, \ldots \mu_n$ beliebige ganze Zahlen sind,

$$\int_0^1 \cdots \int_0^1 \varphi(v_1, \ldots v_n) e^{-2(\mu_1 v_1 + \cdots + \mu_n v_n)\pi i} dv_1 \ldots dv_n$$
$$= \sum C_{\nu_1, \ldots \nu_n} \int_0^1 \cdots \int_0^1 e^{2((\nu_1-\mu_1)v_1+\cdots+(\nu_n-\mu_n)v_n)\pi i} dv_1 \ldots dv_n$$
$$(\nu_1, \ldots \nu_n = -\infty \cdots +\infty)$$

woraus in Übereinstimmung mit dem oben Angegebenen

$$C_{\mu_1, \ldots \mu_n} = \int_0^1 \cdots \int_0^1 \varphi(v_1, \ldots v_n)\, e^{-2(\mu_1 v_1 + \cdots + \mu_n v_n)\pi i} dv_1 \ldots dv_n$$

folgt.

Neuer Beweis eines Hauptsatzes der Theorie der periodischen Functionen von mehreren Veränderlichen.

Aus dem Monatsbericht der Königl. Akademie der Wissenschaften zu Berlin vom November 1876.

Neuer Beweis eines Hauptsatzes der Theorie der periodischen Functionen von mehreren Veränderlichen.*)

(Monatsberichte der Akademie der Wissenschaften zu Berlin a. d. J. 1876, S. 680—693.)

1.

Eine Function f von n Veränderlichen $(u_1, u_2, \ldots u_n)$ kann so beschaffen sein, dass für bestimmte Systeme constanter Grössen $(P_1, P_2, \ldots P_n)$ bei beliebigen Werthen von $u_1, u_2, \ldots u_n$ die Gleichung

$$f(u_1+P_1,\ u_2+P_2,\ \ldots\ u_n+P_n) = f(u_1, u_2, \ldots u_n)$$

besteht. Die Function heisst alsdann periodisch, und jedes einzelne Grössensystem $(P_1, P_2, \ldots P_n)$ ein Periodensystem derselben.**)

Aus dieser Definition ergeben sich die folgenden Sätze:

1) Ist

$$(P_1', P_2', \ldots P_n')$$

ein Periodensystem einer Function von n Veränderlichen, so ist auch

$$(-P_1', -P_2', \cdots -P_n')$$

ein solches.

---

*) Vgl. Hermite, Extrait de lettres à C. G. J. Jacobi (Crelle's Journal Bd. 40, S. 310); und
Riemann, Auszug aus einem Schreiben an Weierstrass, ebd. Bd. 71, S. 197.

**) Dies gilt, mag die Function f eine analytische Function sein oder nicht. Ist sie mehrdeutig, so besagt die aufgestellte Gleichung, dass die Gesammtheit der zu einem bestimmten Werthsystem $(u_1, u_2, \ldots u_n)$ gehörigen Werthe von f identisch ist mit der Gesammtheit der zu $(u_1+P_1, u_2+P_2, \ldots u_n+P_n)$ gehörigen.

2) Sind

$$(P_1', P_2', \dots P_n'),\ (P_1'', P_2'', \dots P_n'')$$

irgend zwei Periodensysteme der Function, so ist auch

$$(P_1'+P_1'', P_2'+P_2'', \dots P_n'+P_n'')$$

ein solches System.

3) Aus diesen beiden Sätzen folgt dann der allgemeinere:

Sind irgend r Periodensysteme

$$(P_1', P_2', \dots P_n'),\ (P_1'', P_2'', \dots P_n''),\ \dots\dots\ (P_1^{(r)}, P_2^{(r)}, \dots P_n^{(r)})$$

der Function gegeben, so kann man aus ihnen beliebig viele andere $(P_1, P_2, \dots P_n)$ ableiten, indem man r ganze Zahlen $(m_1, m_2, \dots m_r)$ willkürlich annimmt und (für $\alpha = 1, \dots n$)

$$P_\alpha = \sum_{\beta=1}^{r} m_\beta P_\alpha^{(\beta)}$$

setzt.

4) Werden aus der Gesammtheit der Periodensysteme der betrachteten Function irgend $(\rho+1)$ Systeme

$$(P_1', P_2', \dots P_n')\ \dots\dots\ (P_1^{(\rho+1)}, P_2^{(\rho+1)}, \dots P_n^{(\rho+1)})$$

willkürlich herausgehoben, und ist

$$P_\alpha^{(\beta)} = p_{\alpha\beta} + i p'_{\alpha\beta},$$

wo $p_{\alpha\beta}$ und $p'_{\alpha\beta}$ reelle Grössen bedeuten; so lassen sich im Falle, dass $\rho \gtreqless 2n$ ist, stets $(\rho+1)$ reelle Grössen $(\mu_1, \dots \mu_{\rho+1})$ bestimmen, welche die $2n$ Gleichungen

$$\sum_{\beta=1}^{\rho+1} \mu_\beta p_{\alpha\beta} = 0, \quad \sum_{\beta=1}^{\rho+1} \mu_\beta p'_{\alpha\beta} = 0 \qquad (\alpha = 1, \dots n)$$

befriedigen und nicht sämmtlich gleich Null sind. Möglicherweise ist dies auch noch der Fall für $\rho = 2n-1$, $\rho = 2n-2$ u. s. w., jedenfalls aber nicht für $\rho=0$. Es muss also einen kleinsten, zwischen 0 und $2n+1$ liegenden Werth von ρ geben, bei dem es noch möglich ist, die vorstehenden Gleichungen für beliebige $(\rho+1)$ Periodensysteme in der angegebenen Weise zu befriedigen. Dieser Werth von ρ werde fortan mit r bezeichnet. Dann existiren nothwendig Complexe von r Periodensystemen, für welche den in Rede stehenden Gleichungen, wenn man $\rho=r-1$ nimmt, nur dadurch, dass man jeder der Grössen $\mu_1, \ldots \mu_r$ den Werth Null giebt, genügt werden kann.

Angenommen nun, es seien

$$(P_1', P_2', \ldots P_n'),\ (P_1'', P_2'', \ldots P_n''),\ \ldots\ (P_1^{(r)}, P_2^{(r)}, \ldots P_n^{(r)})$$

irgend r Systeme, welche einen solchen Complex bilden, und $(P_1, P_2, \ldots P_n)$ ein beliebiges Periodensystem, so lassen sich $(r+1)$ reelle Grössen $\mu, \mu_1, \ldots \mu_r$, die nicht sämmtlich den Werth Null haben, so bestimmen, dass die Gleichungen

$$\mu P_\alpha + \sum_{\beta=1}^{r} \mu_\beta P_\alpha^{(\beta)} = 0 \qquad (\alpha = 1, \ldots n)$$

bestehen.

In diesen Gleichungen hat dann μ nothwendig einen von Null verschiedenen Werth; man erhält also, wenn man

$$m_\beta = -\frac{\mu_\beta}{\mu} \qquad (\beta = 1, \ldots r)$$

setzt,

$$\text{(A)}\quad \left\{ \begin{aligned} P_1 &= \sum_{\beta=1}^{r} m_\beta P_1^{(\beta)}, \\ P_2 &= \sum_{\beta=1}^{r} m_\beta P_2^{(\beta)}, \\ &\cdots\cdots\cdots\cdots \\ P_n &= \sum_{\beta=1}^{r} m_\beta P_n^{(\beta)}. \end{aligned} \right.$$

Zugleich folgt aus der angenommenen Beschaffenheit der Systeme $(P_1^{(\beta)}, P_2^{(\beta)}, \ldots P_n^{(\beta)})$, dass zu einem bestimmten Periodensysteme

$(P_1, P_2, \ldots P_n)$ nur ein System reeller Grössen $m_1, m_2, \ldots m_r$, für welches die vorstehenden Gleichungen gelten, gehört.

5) Obgleich die Function unendlich viele Periodensysteme besitzt, so kann sie doch so beschaffen sein, dass die Anzahl derjenigen Periodensysteme, in denen jede einzelne Periode ihrem absoluten Betrage nach eine willkürlich anzunehmende Grenze nicht überschreitet, endlich ist. In diesem Falle sind die in den vorstehenden Gleichungen (A) vorkommenden Grössen $m_1, m_2, \ldots m_r$ immer rationale Zahlen.

Es lassen sich aber alsdann die Periodensysteme

$$(P_1', P_2', \ldots P_n'),\ (P_1'', P_2'', \ldots P_n''),\ \ldots\ldots\ (P_1^{(r)}, P_2^{(r)}, \ldots P_n^{(r)})$$

stets auch so auswählen, dass die Grössen $m_1, m_2, \ldots m_r$ für jedes Periodensystem $(P_1, P_2, \ldots P_r)$ sämmtlich ganze Zahlen werden.

Der Beweis dieses fundamentalen Satzes kann folgendermassen geführt werden.

Es bedeute λ irgend eine der Zahlen $1, 2, \ldots r$, so fasse man, unter der Voraussetzung, dass die Periodensysteme

$$(P_1^{(\beta)}, P_2^{(\beta)}, \ldots P_n^{(\beta)}) \qquad (\beta = 1 \ldots r)$$

den unter (4) angegebenen Bedingungen gemäss angenommen seien, diejenigen Periodensysteme $(P_1, P_2, \ldots P_n)$ in's Auge, für welche die in den Gleichungen (A) vorkommenden Grössen $m_1, m_2, \ldots m_r$ folgenden Bedingungen genügen:

$$0 < m_\lambda \leq 1\,,$$
$$0 \leqq m_\beta \leqq 1\,,\quad \text{wenn } \beta < \lambda\,,$$
$$0 = m_\beta \qquad\,,\quad \text{wenn } \beta > \lambda\,.$$

Solche Systeme giebt es — namentlich ist $(P_1^{(\lambda)}, P_2^{(\lambda)}, \ldots P_n^{(\lambda)})$ eines von ihnen — sie sind aber, weil durch die angegebene Beschränkung der Grössen m_β für den absoluten Betrag jeder einzelnen Periode eine Grenze, die er nicht überschreiten kann, festgestellt wird, nur in endlicher Anzahl vorhanden, und es muss sich unter ihnen eines finden, für welches m_λ den kleinsten Werth hat. Die zu diesem System gehörigen Grössen $m_1, \ldots m_\lambda$ mögen mit $m_1^{(\lambda)}, \ldots m_\lambda^{(\lambda)}$ bezeichnet werden.

Nach diesen Festsetzungen ist, wenn $m_1', m_2', \ldots m_r'$ reelle Grössen sind, welche die Bedingungen

$$0 \leqq m_1' < m_1^{(1)},\quad 0 \leqq m_2' < m_2^{(2)} \quad \ldots\ldots \quad 0 \leqq m_r' < m_r^{(r)}$$

erfüllen, das System

$$\left(\sum_{\beta=1}^{r} m_\beta' P_1^{(\beta)},\ \sum_{\beta=1}^{r} m_\beta' P_2^{(\beta)}, \ldots\ldots \sum_{\beta=1}^{r} m_\beta' P_n^{(\beta)} \right)$$

ein Periodensystem nur in dem Falle, wo $m_1', m_2', \ldots m_r'$ sämmtlich gleich Null sind.

Nun werde gesetzt

$$\text{(B)} \qquad P_{\alpha\lambda} = \sum_{\beta=1}^{\lambda} m_\beta^{(\lambda)} P_\alpha^{(\beta)}, \qquad \begin{pmatrix} \alpha = 1, \ldots n \\ \lambda = 1, \ldots r \end{pmatrix}$$

so lässt sich, wenn $m_1, m_2, \ldots m_r$ beliebige reelle Grössen sind, der Ausdruck

$$\sum_{\beta=1}^{r} m_\beta P_\alpha^{(\beta)}$$

stets auf die Form

$$\sum_{\beta=1}^{r} \nu_\beta P_{\alpha\beta} + \sum_{\beta=1}^{r} m_\beta' P_\alpha^{(\beta)}$$

in der Art bringen, dass $m_1', m_2', \ldots m_r'$ die eben angegebenen Bedingungen erfüllen und zugleich $\nu_1, \nu_2, \ldots \nu_r$ ganze Zahlen werden; was aus den zu befriedigenden Gleichungen

$$\begin{aligned}
m_r \; &= \nu_r m_r^{(r)} + m_r', \\
m_{r-1} &= \nu_{r-1} m_{r-1}^{(r-1)} + \nu_r m_{r-1}^{(r)} + m_{r-1}', \\
&\text{u. s. w.} \\
m_1 \; &= \nu_1 m_1^{(1)} + \nu_2 m_1^{(2)} + \cdots + \nu_r m_1^{(r)} + m_1'
\end{aligned}$$

unmittelbar ersichtlich ist. Wenn aber

$$\left(\sum_{\beta=1}^{r} m_\beta P_1^{(\beta)},\ \sum_{\beta=1}^{r} m_\beta P_2^{(\beta)}, \ldots\ldots \sum_{\beta=1}^{r} m_\beta P_n^{(\beta)} \right)$$

ein Periodensystem ist, so ist auch

$$\left(\sum_{\beta=1}^{r} m'_\beta P_1^{(\beta)},\ \sum_{\beta=1}^{r} m'_\beta P_2^{(\beta)},\ \ldots\ldots \sum_{\beta=1}^{r} m'_\beta P_n^{(\beta)}\right)$$

ein solches, und es müssen daher $m'_1, m'_2, \ldots m'_r$ sämmtlich gleich Null sein. Man hat also

$$\sum_{\beta=1}^{r} m_\beta P_\alpha^{(\beta)} = \sum_{\beta=1}^{r} \nu_\beta P_{\alpha\beta},$$

und die Gleichungen (A) wandeln sich um in die folgenden:

$$\text{(C)}\quad \begin{cases} P_1 = \sum_{\beta=1}^{r} \nu_\beta P_{1\beta}, \\ P_2 = \sum_{\beta=1}^{r} \nu_\beta P_{2\beta}, \\ \cdots\cdots\cdots \\ P_n = \sum_{\beta=1}^{r} \nu_\beta P_{n\beta}. \end{cases}$$

Die durch die Gleichungen (B) definirten Periodensysteme

$$(P_{11}, P_{21}, \ldots P_{n1}),\ (P_{12}, P_{22}, \ldots P_{n2}),\ \ldots\ (P_{1r}, P_{2r}, \ldots P_{nr})$$

sind demnach so beschaffen, dass sich aus ihnen alle übrigen auf die oben — unter (3) — angegebene Weise ableiten lassen.

In den Gleichungen (C) nehme man nun, unter γ eine der Zahlen $1, 2, \ldots r$ verstehend,

$$P_1 = P_1^{(\gamma)},\ P_2 = P_2^{(\gamma)},\ \ldots\ P_n = P_n^{(\gamma)},$$

und bezeichne die Werthe, die dann $\nu_1, \nu_2, \ldots \nu_r$ haben, mit

$$\nu_{\gamma 1},\ \nu_{\gamma 2},\ \ldots\ \nu_{\gamma r},$$

so dass man

$$P_\alpha^{(\gamma)} = \sum_{\beta=1}^{r} \nu_{\gamma\beta} P_{\alpha\beta} \qquad \begin{pmatrix} \alpha = 1, \ldots n \\ \gamma = 1, \ldots r \end{pmatrix}$$

hat. Dann ist die Determinante

$$\begin{vmatrix} \nu_{11}, & \dots & \nu_{1r} \\ \dots & \dots & \dots \\ \nu_{r1}, & \dots & \nu_{rr} \end{vmatrix}$$

nothwendig von Null verschieden, weil sich sonst die $2n$ Gleichungen

$$\sum_{\beta=1}^{r} \mu_\beta p_{\alpha\beta} = 0, \quad \sum_{\beta=1}^{r} \mu_\beta p'_{\alpha\beta} = 0 \qquad (\alpha = 1, \dots n)$$

durch reelle Werthe der Grössen μ_β, ohne dass diese sämmtlich gleich Null zu sein brauchten, würden befriedigen lassen. Man kann daher, wenn $\nu_1, \nu_2, \dots \nu_r$ beliebige ganze Zahlen sind, r rationale Zahlen $m_1, \dots m_r$ so bestimmen, dass die r Gleichungen

$$\sum_{\gamma=1}^{r} m_\beta \nu_{\gamma\beta} = \nu_\beta \qquad (\beta = 1, \dots r)$$

bestehen. Dann ist gemäss den Gleichungen (C)

$$P_\alpha = \sum_{\beta=1}^{r} \nu_\beta P_{\alpha\beta} = \sum_{\gamma=1}^{r} m_\gamma P_\alpha^{(\gamma)} = \sum_{\beta=1}^{r} m_\beta P_\alpha^{(\beta)} \qquad (\alpha = 1, \dots n)$$

Da es nun, wie vorhin bemerkt worden, für jedes Periodensystem $(P_1, P_2, \dots P_n)$ nur ein System reeller Grössen $m_1, m_2, \dots m_r$ giebt, für das die Gleichungen (A) gelten, so ist bewiesen, dass diese Grössen, wie man auch die r Periodensysteme

$$(P_1^{(\beta)}, P_2^{(\beta)}, \dots P_n^{(\beta)}) \qquad (\beta = 1, \dots n)$$

den unter (4) angegebenen Bestimmungen entsprechend annehmen möge, stets rationale Zahlen sind.

6) Zu dem vorstehenden Satze ist noch Folgendes zu bemerken.

Angenommen, es seien für eine periodische Function von n Veränderlichen die Zahl r und die Grössen $P_\alpha^{(\beta)}$ so bestimmt, wie unter (4) angegeben wurde. Setzt man dann, unter $m_1, m_2, \ldots m_r$ reelle Grössen verstehend, wie oben

$$P_{\alpha\beta} = p_{\alpha\beta} + i p'_{\alpha\beta}, \qquad \binom{\alpha = 1, \ldots n}{\beta = 1, \ldots r}$$

$$P_\alpha = \sum_{\beta=1}^{r} m_\beta p_{\alpha\beta} + i \sum_{\beta=1}^{r} m_\beta p'_{\alpha\beta},$$

so hat der Ausdruck

$$P = \sum_{\alpha=1}^{n} \left\{ \left(\sum_{\beta=1}^{r} m_\beta p_{\alpha\beta} \right)^2 + \left(\sum_{\beta=1}^{r} m_\beta p'_{\alpha\beta} \right)^2 \right\} = \sum_{\alpha=1}^{n} \left| P_\alpha \right|^2$$

stets einen positiven Werth, wenn die Grössen m nicht sämmtlich gleich Null sind. Es ist deshalb, wenn g eine willkürlich angenommene positive Grösse bezeichnet, $P > g$, sobald der Werth von $\sum_{\beta=1}^{r} m_\beta^2$ eine bestimmte Grenze überschreitet, und es giebt daher unter denjenigen Werthsystemen $(m_1, m_2, \ldots m_r)$, in denen jede einzelne Grösse eine ganze Zahl ist, nur eine endliche Anzahl solcher, für welche die absoluten Beträge von $P_1, P_2, \ldots P_n$ sämmtlich kleiner als g sind. Daraus folgt, dass die Gleichungen (A), wenn in denselben den Grössen $m_1, m_2, \ldots m_n$ bloss ganzzahlige Werthe gegeben werden, sämmtliche Periodensysteme der Function nur in dem Falle liefern können, wo die oben (im Anfange dieser Nr.) in Betreff der Beschaffenheit der Function gemachten Voraussetzung zutrifft.

Diese Voraussetzung ist aber gleichbedeutend mit der Annahme, dass die Function kein System unendlich kleiner Perioden besitze.

Man setze

$$P_\alpha = p_\alpha + i p_{n+\alpha}, \qquad (\alpha = 1, \ldots n)$$

wo p_α und $p_{n+\alpha}$ reelle Grössen bedeuten, und nehme an, es lasse sich eine positive Grösse k so bestimmen, dass in jedem Periodensystem wenigstens eine der Grössen $p_1, p_2, \ldots p_{2n}$ dem absoluten Betrage nach grösser als k ist.

Wenn man dann $2n$ ganze Zahlen

$$\nu_1, \nu_2, \ldots \nu_{2n}$$

willkürlich annimmt, so kann es höchstens ein Periodensystem geben, in welchem die Grössen $p_1, p_2, \ldots p_{2n}$ den Bedingungen

$$\nu_\lambda k \leqq p_\lambda < \nu_\lambda k + k \qquad (\lambda + 1, \ldots 2n)$$

genügen. Denn angenommen, es sei

$$(p'_1 + ip'_{n+1}, p'_2 + ip'_{n+2}, \ldots p'_n + ip'_{2n})$$

ein solches, und $(q_1, q_2, \ldots q_{2n})$ ein beliebiges System von $2n$ Grössen, welche ebenfalls die Bedingungen

$$\nu_\lambda k \leqq q_\lambda < \nu_\lambda k + k \qquad (\lambda = 1, \ldots 2n)$$

erfüllen, so ist, wenn man

$$q_\lambda = p'_\lambda + k_\lambda,$$

setzt, k_λ dem absoluten Betrage nach kleiner als k, und deshalb

$$(k_1 + ik_{n+1}, k_2 + ik_{n+2}, \ldots k_n + ik_{2n})$$

kein Periodensystem, woraus folgt, dass auch

$$(q_1 + iq_{n+1}, q_2 + iq_{n+3}, \ldots q_n + iq_{n+1})$$

kein solches ist.

Nun sei g eine willkürlich angenommene positive Grösse, so giebt es nur eine endliche Anzahl solcher Zahlsysteme $(\nu_1, \nu_2, \ldots \nu_{2n})$, für welche

$$\nu_1 k, \ \nu_2 k, \ \ldots \ \nu_{2n} k$$

sämmtlich zwischen den Grenzen $g, -g$ liegen; es existirt also auch nur eine endliche Anzahl von Periodensystemen, für welche jede der Grössen p_λ ihrem absoluten Betrage nach kleiner als g ist.

2.

Ich will jetzt annehmen, die betrachtete periodische Function $f(u_1, u_2, \ldots u_n)$ sei eine eindeutige analytische Function, und zunächst nachweisen, dass dieselbe ein System unendlich kleiner Perioden nur in dem Falle besitzt, wo sie sich als Function von weniger als n Argumenten, die ganze lineare Functionen von $u_1, u_2, \dots u_n$ sind, darstellen lässt.

Es seien $v_1, v_2, \dots v_m$ ganze lineare Functionen von $u_1, u_2, \dots u_n$, und $m < n$, so können n Grössen $P_1, P_2, \dots P_n$ so bestimmt werden, dass $v_1, v_2, \dots v_m$ sich nicht ändern, wenn man $u_1+P_1, u_2+P_2, \dots u_n+P_n$ für $u_1, u_2, \dots u_n$ setzt. Im Falle, dass sich f als Function von $v_1, v_2, \dots v_m$ ausdrücken lässt, ist also

$$f(u_1+P_1, u_2+P_2, \dots u_n+P_n) = f(u_1, u_2, \dots u_n).$$

Man kann aber $(n-m)$ der Grössen P beliebig annehmen, und giebt man diesen unendlich kleine Werthe, so werden die übrigen ebenfalls unendlich klein. Es besitzt also $f(u_1, u_2, \dots u_n)$ Systeme unendlich kleiner Perioden.

Bezeichnet man f, als Function von $v_1, v_2, \dots v_m$ betrachtet, mit $\bar{f}$, so hat man

$$\frac{\partial f}{\partial u_\alpha} = \sum_{\beta=1}^{m} \frac{\partial \bar{f}}{\partial v_\beta} \frac{\partial v_\beta}{\partial u_\alpha}; \qquad (\alpha = 1 \dots n)$$

es bestehen also zwischen den partiellen Ableitungen von f, von denen jetzt die αte mit $f(u_1, u_2, \dots u_n)_\alpha$ bezeichnet werden möge, $(n-m)$ Gleichungen von der Form

$$\sum_{\alpha=1}^{n} c_\alpha f(u_1, \dots u_n)_\alpha = 0,$$

wo $c_1, c_2, \dots c_n$ Constanten bezeichnen, welche nicht sämmtlich gleich Null sind.

Dagegen findet bekanntlich, wenn die Function f nicht die besondere Eigenschaft besitzt, sich auf die angegebene Weise in eine Function von weniger als n Argumenten verwandeln zu lassen, unter ihren Ableitungen keine solche Relation statt, und es ist daher möglich, n nicht singuläre*) Werthsysteme der Grössen $u_1, u_2, \dots u_n$

$$(u_1', u_2', \dots u_n'), \; (u_1'', u_2'', \dots u_n''), \; \dots\dots \; (u_1^{(n)}, u_2^{(n)}, \dots u_n^{(n)})$$

*) Es ist $(u_1' u_2', \dots u_n')$ ein nicht singuläres Argumentensystem, wenn sich $f(u_1, u_2, \dots n_n)$ unter der Bedingung, dass die absoluten Beträge von $u_1 - u_1'$, $u_2 - u_2'$, $\dots u_n - u_n'$ gewisse Grenzen nicht übersteigen, nach ganzen positiven Potenzen dieser Differenzen in eine convergirende Reihe entwickeln lässt.

so anzunehmen, dass die Determinante

$$\begin{vmatrix} f(u_1', & u_2', & \dots u_n')_1, & \dots & f(u_1', & u_2', & \dots u_n')_n \\ f(u_1'', & u_2'', & \dots u_n'')_1, & \dots & f(u_1'', & u_2'', & \dots u_n'')_n \\ \dots & & & & & & \\ f(u_1^{(n)}, & u_2^{(n)}, & \dots u_n^{(n)})_1, & \dots & f(u_1^{(n)}, & u_2^{(n)}, & \dots u_n^{(n)})_n \end{vmatrix}$$

einen von Null verschiedenen Werth hat.

Man kann dann ferner, unter $h_1, h_2, \dots h_n$ veränderliche Grössen verstehend, deren absolute Beträge eine Grenze h nicht übersteigen sollen, die letztere so klein annehmen, dass (für $\alpha = 1, \dots n$)

$$f(u_1^{(\alpha)}+h_1,\ u_2^{(\alpha)}+h_2,\ \dots\ u_n^{(\alpha)}+h_n) - f(u_1, u_2, \dots u_n)$$
$$= \sum_{\beta=1}^{n} h_\beta \int_0^1 f(u_1^{(\alpha)}+th_1,\ u_2^{(\alpha)}+th_2,\ \dots\ u_n^{(\alpha)}+th_n)_\beta\, dt,$$

und zugleich die Determinante der als lineare Functionen von $h_1, h_2, \dots h_n$ betrachteten Ausdrücke auf der rechten Seite dieser n Gleichungen, welche für unendlich kleine Werthe von $h_1, h_2, \dots h_n$ unendlich wenig von der vorstehenden verschieden ist, ebenfalls nicht gleich Null ist. Dann sind die Differenzen auf der linken Seite der Gleichungen nur in dem Falle sämmtlich gleich Null, wenn sämmtliche Grössen $h_1, h_2, \dots h_n$ es sind. Hiernach ist es unmöglich, dass in einem Periodensystem der Function f jede einzelne Periode ihrem absoluten Betrage nach kleiner als h sei; mit anderen Worten, die Function besitzt kein System unendlich kleiner Perioden.

Es gilt also der Satz:

„Eine eindeutige analytische Function von n Veränderlichen sei periodisch, ohne als Function einer geringeren Anzahl von Argumenten, die ganze lineare Functionen der ursprünglichen sind, darstellbar zu sein, und r sei für sie die oben für eine beliebige periodische Function definirte Zahl, welche also einen der Werthe $1, 2, \dots 2n$ hat. Dann lassen sich stets r Periodensysteme der Function

$$(P_{11}, P_{21}, \dots P_{n1}),\ \dots\ (P_{1r}, P_{2r}, \dots P_{nr})$$

so auswählen, dass durch die Gleichungen

$$P_\alpha = \sum_{\beta=1}^{r} \nu_\beta P_{\alpha\beta}, \qquad (\alpha = 1, \ldots n)$$

in denen $\nu_1, \nu_1, \ldots \nu_n$ beliebig anzunehmende ganze Zahlen bezeichnen, sämmtliche Periodensysteme der Function geliefert werden."

Hierzu ist noch zu bemerken, dass es unmöglich ist, aus irgend welchen $(r-1)$ Periodensystemen alle übrigen abzuleiten; was aus der gegebenen Definition der Zahl r unmittelbar hervorgeht.

Dagegen lassen sich die r Systeme

$$(P_{1\beta}, P_{2\beta}, \ldots P_{n\beta})$$

durch unendlich viele Complexe von r anderen ersetzen.

Nimmt man nämlich an

$$\bar{P}_{\alpha\beta} = \sum_{\gamma=1}^{r+1} \nu_{\beta\gamma} P_{\alpha\gamma}, \qquad \binom{\alpha = 1, \ldots n}{\beta = 1, \ldots r}$$

wo die $\nu_{\beta\gamma}$ ganze Zahlen bezeichnen, und es sollen sich aus den r Periodensystemen

$$(\bar{P}_{1\beta}, \bar{P}_{2\beta}, \ldots \bar{P}_{n\beta}) \qquad (\beta = 1, \ldots r)$$

alle übrigen ableiten lassen, so muss man haben

$$P_{\alpha\gamma} = \sum_{\beta=1}^{r} \nu'_{\beta\gamma} \bar{P}_{\alpha\beta}, \qquad \binom{\alpha = 1, \ldots n}{\beta = 1, \ldots r}$$

wo die $\nu'_{\beta\gamma}$ ebenfalls ganze Zahlen bedeuten, und somit

$$P_{\alpha\gamma} = \sum_{\beta=1}^{r} \sum_{\delta=1}^{r} \nu'_{\beta\gamma} \nu_{\beta\delta} P_{\alpha\delta}.$$

Es sind aber die Grössen $P_{\alpha\gamma}$ wie aus der gegebenen Definition derselben hervorgeht, so beschaffen, dass es unmöglich ist, die n Gleichungen

$$\sum_{\gamma=1}^{r} \mu_\gamma P_{\alpha\gamma} = 0 \qquad (\alpha = 1, \ldots n)$$

durch reelle Werthe von $\mu_1, \mu_2, \ldots \mu_r$, wenn diese nicht sämmtlich gleich Null sind, zu befriedigen. Folglich muss

$$\sum_{\beta=1}^{r} \nu'_{\beta\gamma}\,\nu_{\beta\delta} = \begin{cases} 1, & \text{wenn } \gamma = \delta, \\ 0, & \text{wenn } \gamma \lessgtr \delta, \end{cases}$$

sein. Daraus ergiebt sich

$$\begin{vmatrix} \nu_{11}, & \ldots & \nu_{1r} \\ \cdot & \cdot\;\cdot\;\cdot & \cdot \\ \nu_{r1}, & \ldots & \nu_{rr} \end{vmatrix} \cdot \begin{vmatrix} \nu'_{11}, & \ldots & \nu'_{1r} \\ \cdot & \cdot\;\cdot\;\cdot & \cdot \\ \nu'_{r1}, & \ldots & \nu'_{rr} \end{vmatrix} = 1,$$

und es müssen daher die Zahlen $\nu_{\beta\gamma}$ so gewählt werden, dass die Determinante

$$\begin{vmatrix} \nu_{11}, & \ldots & \nu_{1r} \\ \cdot & \cdot\;\cdot\;\cdot & \cdot \\ \nu_{r1}, & \ldots & \nu_{rr} \end{vmatrix} = \pm 1$$

ist. Umgekehrt erhält man, wenn diese Bedingung erfüllt ist, die Grössen $P_{\alpha\gamma}$ durch die $\overline{P}_{\alpha\beta}$ so ausgedrückt, dass die $\nu'_{\beta\gamma}$ ganze Zahlen sind, und kann daher sämmtliche Periodensysteme $(P_1, P_2, \ldots P_n)$ auch aus den r Systemen

$$(\overline{P}_{11}, \overline{P}_{21}, \ldots \overline{P}_{n1}), \;\ldots\ldots\; (\overline{P}_{1r}, \overline{P}_{2r}, \ldots \overline{P}_{nr})$$

ableiten.

3.

Der im Vorstehenden bewiesene Satz gilt, wie ich jetzt zeigen will, auch in dem Falle, wo $f(u_1, u_2, \ldots u_n)$ eine m-**deutige** analytische Function ist.

Bezeichnet man die m Werthe der Function, welche zu demselben Werthsystem $(u_1, u_2, \ldots u_n)$ gehören, mit $f^{(1)}, f^{(2)}, \ldots\ldots f^{(m)}$, und versteht unter x eine unbestimmte Grösse, so ist das Product

$$(x - f^{(1)})(x - f^{(2)}) \;\ldots\ldots\; (x - f^{(m)})$$

eine eindeutige analytische Function von $u_1, u_2, \dots u_n$, und eine ganze rationale Function von x; es können also $f^{(1)}, f^{(2)}, \dots\dots f^{(m)}$ definirt werden als die Wurzeln einer Gleichung $m$ten Grades

$$x^m + f_1(u_1, u_2, \dots u_n)\, x^{m-1} + \dots\dots + f_m(u_1, u_2, \dots u_n) = 0\,,$$

deren Coëfficienten eindeutige Functionen von $u_1, u_2, \dots u_n$ sind.

Diese Functionen von n Veränderlichen können nun so beschaffen sein, dass sie sich alle als Functionen einer geringeren Anzahl von Argumenten $(v_1, v_2, \dots v_l)$, welche ganze lineare Functionen von $u_1, u_2, \dots u_n$ sind, darstellen lassen. In diesem Falle kann man n Constanten $c_1, c_2, \dots c_n$, die nicht sämmtlich gleich Null sind, so bestimmen, dass die Gleichungen

$$\sum_{\alpha=1}^{n} c_\alpha \frac{\partial v_\beta}{\partial u_\alpha} = 0 \qquad (\beta = 1, \dots l)$$

befriedigt werden, und daher $v_1, v_2, \dots v_l$ sich nicht ändern, wenn man, unter t eine unbestimmte Grösse verstehend,

$$u_1 + c_1 t,\ u_2 + c_2 t, \dots u_n + c_n t \ \text{ für } u_1, u_2, \dots u_n$$

setzt. Es bestehen also die m Gleichungen

$$\text{(A)} \qquad f_\mu(u_1 + c_1 t,\ u_2 + c_2 t, \dots u_n + c_n t) = f_\mu(u_1, u_2, \dots u_n), \qquad (\mu = 1, \dots m)$$

und es sind demzufolge die m Werthe von $f(u_1 + c_1 t,\ u_2 + c_2 t, \dots u_n + c_n t)$ identisch mit den m Werthen von $f(u_1, u_2, \dots u_n)$.

Die Function f besitzt also, wenn $f_1, \dots\dots f_m$ die angegebene Beschaffenheit haben, ein Periodensystem $(c_1 t, c_2 t, \dots\dots c_n t)$, in welchem, wenn man t unendlich klein annimmt, jede einzelne Periode einen unendlich kleinen Werth hat.

Aus den Gleichungen (A) ergeben sich die nachstehenden:

$$\text{(B)} \qquad \sum_{\alpha=1}^{n} c_\alpha \frac{\partial f_\mu(u_1, u_2, \dots u_n)}{\partial u_\alpha} = 0\,, \qquad (\mu = 1, \dots m)$$

welche also eine nothwendige Folge der in Betreff der Functionen $f_1, \ldots\ldots f_m$ gemachten Annahme sind.

Umgekehrt haben diese Functionen die in Rede stehende Beschaffenheit, wenn für irgend ein System constanter Grössen $c_1, c_2, \ldots c_n$, die nicht sämmtlich gleich Null sind, die Gleichungen (B) bestehen. Denn dann ist

$$\frac{\partial f_\mu(u_1+c_1t,\ u_2+c_2t,\ \ldots\ u_n+c_nt)}{\partial t} = 0\,,$$

also $f_\mu(u_1+c_1t,\ u_2+c_2t, \ldots u_n+c_nt)$ von t unabhängig, und es gelten somit die Gleichungen (A). Setzt man aber in den letzteren

$$t = -\frac{u_\lambda}{c_\lambda}\,,$$

wo λ so zu wählen ist, dass c_λ nicht den Werth Null hat, so ergiebt sich

$$f_\mu(u_1, u_2, \ldots u_n) = f_\mu(v_1, v_1, \ldots v_n)\,, \qquad (\mu=1,\ldots m)$$

wo

$$v_\alpha = u_\alpha - \frac{c_\alpha}{c_\lambda}\,u_\lambda\,,\quad v_\lambda = 0\,.$$

Nun ist aber, damit $f(u_1, u_2, \ldots u_n)$ als Function von $(n-1)$ linear durch $u_1, u_2, \ldots u_n$ ausdrückbaren Argumenten betrachtet werden könne, nothwendig und hinreichend, dass sich $f_1(u_1, u_2, \ldots u_n), \ldots\ldots f_m(u_1, u_2, \ldots u_n)$ sämmtlich als Functionen derselben $(n-1)$ Grössen darstellen lassen. Wenn also, wie in dem zu beweisenden Satze angenommen wird, $f(u_1, u_2, \ldots u_n)$ die angegebene besondere Beschaffenheit nicht besitzt, so ist es unmöglich, dass für irgend ein System constanter Grössen $(c_1, c_2, \ldots c_n)$ wofern nicht jede von ihnen den Werth Null hat, die m Functionen

$$\sum_{\alpha=1}^{n} c_\alpha f_\mu(u_1, u_2, \ldots u_n)_\alpha\,,$$

wo $f_\mu(u_1, \ldots u_n)_\alpha$ die erste Ableitung von $f_\mu(u_1, u_2, \ldots u_n)$ nach u_α bedeutet, alle identisch gleich Null sind. Daraus lässt sich folgern, dass man n

nicht singuläre Werthsysteme

$$(u_1', \dots u_n'),\ (u_1'', \dots u_n''),\ \dots\ (u_1^{(n)}, \dots u_n^{(n)}),$$

und n ganze Zahlen $\mu_1, \mu_2, \dots \mu_n$, von denen jede einen der Werthe $1, 2, \dots m$ hat, so auswählen kann, dass die Determinante

$$D = \begin{vmatrix} f_{\mu_1}(u_1', \dots u_n')_1, & \dots\dots & f_{\mu_1}(u_1', \dots u_n')_n \\ f_{\mu_2}(u_1'', \dots u_n'')_1, & \dots\dots & f_{\mu_2}(u_1'', \dots u_n'')_n \\ \dots & \dots & \dots \\ f_{\mu_n}(u_1^{(n)}, \dots u_n^{(n)})_1, & \dots\dots & f_{\mu_n}(u_n^{(n)}, \dots u_n^{(n)})_n \end{vmatrix}$$

einen von Null verschiedenen Werth erhält.

Man bezeichne, unter s eine der Zahlen $1, 2, \dots n$ verstehend, mit D_s die Determinante

$$\begin{vmatrix} f_{\mu_1}(u_1', \dots u_n')_1, & \dots\dots & f_{\mu_1}(u_1', \dots u_n')_s \\ \dots & \dots & \dots \\ f_{\mu_s}(u_1^{(s)}, \dots u_n^{(s)})_1, & \dots\dots & f_{\mu_s}(u_1^{(s)}, \dots u_n^{(s)})_s \end{vmatrix},$$

so dass

$$D_1 = f_{\mu_1}(u_1', \dots u_n')_1$$

und $D_n = D$ ist. Dann hat man, wenn $s > 1$,

$$D_s = D_{s-1} f_{\mu_s}(u_1^{(s)}, \dots u_n^{(s)})_1 + D_{s-1}' f_{\mu_s}(u_1^{(s)}, \dots u_n^{(s)})_2 + \cdots,$$

wo $D_{s-1}, D_{s-1}', \dots$ nur von den $(s-1)$ ersten Werthsystemen $(u_1^{(\alpha)}, \dots u_n^{(\alpha)})$ abhängen. Sind nun diese und die Zahlen $\mu_1, \dots \mu_{s-1}$ so gewählt, dass D_{s-1} nicht gleich Null ist, so ist

$$D_{s-1} f_\mu(u_1, \dots u_n)_1 + D_{s-1}' f_\mu(u_1, \dots u_n)_2 + \cdots$$

nicht für jeden Werth von μ identisch gleich Null; man kann also μ_s und

$$(u_1^{(s)}, \dots u_n^{(s)})$$

so annehmen, dass auch D_s nicht gleich Null ist. Da nun nicht alle Functionen

$$f_\mu(u_1, \dots u_n)_1$$

gleich Null sind, so kann man zunächst

$$\mu_1 \text{ und } u_1', u_2', \dots u_n',$$

sodann

$$\mu_2 \text{ und } u_1'', u_2'', \dots u_n'',$$

u. s. w. bis zuletzt

$$\mu_n \text{ und } u_1^{(n)}, u_2^{(n)}, \dots u_n^{(n)}$$

so wählen, dass $D_1, D_2, \dots D_n$ sämmtlich von Null verschiedene Werthe erhalten.

Man kann dann ferner eine Grenze h so fixiren, dass für alle Werthsysteme

$$(h_1, h_2, \dots h_n),$$

in denen jede einzelne Grösse dem absoluten Betrage nach kleiner als h ist,

$$f_{\mu_s}(u_1^{(s)}+h_1, \dots u_n^{(s)}+h_n) - f_{\mu_s}(u_1^{(s)}, \dots u_n^{(s)})$$

$$= \sum_{\beta=1}^{n} h_\beta \int_0^1 f_{\mu_s}(u_1^{(s)}+th_1, \dots u_n^{(s)}+th_n)_\beta \, dt, \qquad (s=1, \dots m)$$

und zugleich die Determinante der als lineare Functionen von $h_1, \dots h_n$ betrachteten Ausdrücke auf der rechten Seite dieser Gleichungen, welche bei einem unendlich kleinen Werthe von h sich unendlich wenig von D unterscheidet, ebenfalls nicht gleich Null ist. Dann sind die Differenzen auf der linken Seite der Gleichungen nur in dem Falle sämmtlich gleich Null, wenn sämmtliche Grössen $h_1, \dots h_n$ es sind. Es ist also unmöglich, dass in einem gemeinschaftlichen Periodensysteme der Functionen $f_1(u_1, u_2, \dots u_n), \dots\dots f_m(u_1, u_2, \dots u_n)$ jede einzelne Periode dem absoluten Betrage nach kleiner als h sei. Da nun die m Werthe von $f(u_1+h_1, u_2+h_2, \dots u_n+h_n)$ nur in dem Falle, wo $(h_1, h_2, \dots h_n)$ ein gemeinschaftliches Periodensystem der Functionen $f_1, \ldots . f_m$ ist, mit den m Werthen von $f(u_1, u_2, \ldots u_n)$ identisch sind, so folgt, dass die Function $f(u_1, \ldots u_n)$, wofern sie nicht die besprochene besondere Beschaffenheit hat, kein System unendlich kleiner Perioden besitzt, und demnach der in (2) für eine eindeutige Function aufgestellte Satz bestehen bleibt, wenn das Wort „eindeutig“ in „m-deutig“ umgeändert wird.

Anm. 1. Unter welchen Bedingungen der vorstehende Satz für eine analytische Function $f(u_1, u_2, \ldots u_n)$ auch in dem Falle gültig bleibe, wo sie so beschaffen ist, dass zu jedem Werthsysteme der Veränderlichen $u_1, u_2, \ldots u_n$ unendlich viele Werthe von $f(u_1, u_2, \ldots u_n)$ gehören, ist noch nicht ermittelt worden. Dass es aber Functionen dieser Art giebt, für welche der Satz nicht gilt, ist bekannt. Herr Casorati hat bereits vor Jahren gezeigt, wie sich analytische Functionen eines Arguments, deren Perioden sich nicht aus zwei derselben ableiten lassen, in sehr einfacher Weise definiren lassen. (Compt. rend. 21. dec. 1863 et 25. janv. 1864).

Anm. 2. Das in § 1 begründete Theorem gilt, wie schon oben bemerkt worden ist, für eine beliebige (analytische oder nicht analytische) Function $f(u_1, u_2, \ldots u_n)$. Es findet also auch Anwendung, wenn diese Function nur für reelle Werthe der Veränderlichen $u_1, u_2, \ldots u_n$ definirt ist und somit auch nur Systeme reeller Perioden in Betracht kommen, in welchem Falle dann die Zahl r der gegebenen Definition nach nicht grösser als n sein kann. Dagegen ist der Satz, dass eine Function von n Variabeln nur dann Systeme unendlich kleiner Perioden haben kann, wenn sie sich als Function von weniger als n Argumenten, die ganze lineare Functionen der ursprünglichen sind, darstellen lässt, von mir nur für ein- oder m-deutige analytische Functionen bewiesen worden. Auf eine nicht analytische eindeutige und stetige Function reeller Argumente findet jedoch der gegebene Beweis auch noch Anwendung, wenn die partiellen Ableitungen erster Ordnung der Function existiren und ebenfalls stetige Functionen sind. Dass der in Rede stehende Satz aber richtig ist und sich beweisen lässt, wenn für eine Function reeller Veränderlichen nur feststeht, dass sie eindeutig und stetig sei, hat neuerdings Herr Kronecker nachgewiesen. (Sitzungsberichte der Berliner Akademie, 20. November 1884.)

Über die Theorie der analytischen Facultäten.

(Aus Crelle's Journal für die reine und angewandte Mathematik, B. 51, S. 1—60.)

Über die Theorie der analytischen Facultäten.

(Aus Crelle's Journal für die reine und angewandte Mathematik, B. 51, S. 1—60).

Einleitung.

Bezeichnet man, unter u und x unbeschränkt veränderliche Grössen, unter y aber zunächst eine positive ganze Zahl verstehend, die durch das Product

$$\prod_{\nu=0}^{y-1}(u+\nu x)$$

dargestellte Function von u, x, y durch $f(u, x, y)$, so gelten die nachstehenden, zum Theil schon von Vandermonde*) und vollständig zuerst von Kramp**) aufgestellten Gleichungen, in denen y' auch eine positive ganze Zahl, k hingegen eine willkürlich anzunehmende Grösse bedeutet:

$$\begin{aligned}
&\text{(a)} && f(u, x, y+y') = f(u, x, y)\, f(u+yx, x, y'),\\
&\text{(b)} && f(u, x, 1) = u,\\
&\text{(c)} && f(ku, kx, y) = k^y f(u, x, y),\\
&\text{(d)} && f(u, x, y) = f(u+yx-x, -x, y),\\
&\text{(e)} && f(u, 0, y) = u^y.
\end{aligned}$$

Die in den drei ersten dieser Gleichungen ausgesprochenen Eigenschaften der betrachteten Function sind den durch die Gleichungen

$$\begin{aligned}
u^{y+y'} &= u^y u^{y'},\\
u^1 &= u\\
(ku)^y &= k^y u^y,
\end{aligned}$$

*) Siehe die Abhandlung: Mémoire sur les irrationelles des diff. ordres. (Mém. Par. 1772.) Vandermonde betrachtet nur die Function $f(u, -1, y)$ — von ihm durch $[u]^{y}$ bezeichnet — auf die er $f(u, x, y)$ reducirt; es finden sich daher bei ihm die Gleichungen (c), (d) nicht ausdrücklich angegeben.

**) In einem Abschnitt der Schrift: Analyse des refractions astronomiques et terrestres, 1798.

ausgedrückten Eigenschaften der Potenz u^y, in welche $f(u, x, y)$ für $x = 0$ übergeht, so analog, dass die genannten Mathematiker sich berechtigt hielten, die Existenz einer analytischen Function $f(u, x, y)$ anzunehmen, welche für jeden positiven ganzzahligen Werth von y durch das obige Product dargestellt werde, aber ebenso wie die Function u^y für beliebige Werthe von y eine Bedeutung habe und den Gleichungen (a) bis (e) genüge. Für diese hypothetische Function schlug Kramp die Benennung „Facultät" und die Bezeichnung

$$u^{y|x}$$

vor; u nannte er die Basis, x die Differenz und y den Exponenten der Facultät. Der von ihm unternommene Versuch jedoch, eine Theorie dieser Function aus den vorausgesetzten Eigenschaften derselben abzuleiten, ist längst als ein gänzlich verfehlter erkannt. Eine Function, wie sie sich Kramp unter $u^{y|x}$ vorstellte, giebt es gar nicht; denn die Gleichungen (a) bis (e) sind nicht mit einander vereinbar, wenn y keine ganze Zahl ist. Ausserdem hat Kramp bei seinen Deductionen den Fehler begangen, dass er aus der Gleichung (e) schloss, es sei

$$\operatorname*{Lim.}_{x=0} u^{y|x} = u^y,$$

in welcher Weise auch x sich der Grenze Null nähern möge — eine Annahme, die sich als unzulässig herausstellt, wie ich im Folgenden (§ 2) zeigen werde.

Ungeachtet der Unhaltbarkeit der Kramp'schen Facultäten-Theorie wurde indessen der Grundgedanke derselben, angemessen modificirt, von anderen Mathematikern als Ausgangspunkt für neue Untersuchungen aufgenommen.

Bessel*) suchte die Widersprüche, in welche Kramp sich verwickelt hatte, dadurch zu vermeiden, dass er zur Definition der Facultät $u^{y|x}$ von den obigen Gleichungen (a) bis (e) nur die erste, zweite und vierte benutzte:

$$\text{(f)} \quad \begin{cases} u^{y+y'|x} = u^{y|x}(u+yx)^{y'|x}, \\ u^{1|x} \quad\;\; = u, \end{cases}$$

$$\text{(g)} \quad u^{y|x} \quad = (u + yx - x)^{y|-x},$$

*) Königsberger Archiv für Naturwissenschaft und Mathematik, Jahrg. 1812, St. 3

ausserdem aber, seine Untersuchung auf reelle Werthe der Veränderlichen u, x, y beschränkend, festsetzte, es solle

$$\text{(h)} \qquad \operatorname*{Lim.}_{u=+\infty} \frac{u^{y|x}}{u^y} = 1$$

sein, mit der auch im Folgenden festzuhaltenden Bedingung, dass der Potenz u^y, wenn u positiv ist, ihr reeller Werth beigelegt werde.

Diesen Bestimmungen gemäss ergab sich ihm:

$$\text{(k)} \quad u^{y|x} = \operatorname*{Lim.}_{n=\infty} \left\{ (nx)^y \prod_{\nu=0}^{n-1} \left(\frac{u+\nu x}{u+yx+\nu x} \right) \right\}, \text{ wenn } x \text{ positiv,}$$

$$\text{(l)} \quad u^{y|x} = \operatorname*{Lim.}_{n=\infty} \left\{ (-nx)^y \prod_{\nu=1}^{n} \left(\frac{u+yx-\nu x}{u-\nu x} \right) \right\}, \text{ wenn } x \text{ negativ ist.}$$

Durch diese Formeln wird nun in der That für alle reellen Werthsysteme der Grössen u, x, y (mit Ausnahme derer, in welchen $x = 0$ ist) eine Function $u^{y|x}$ definirt, welche die in den Gleichungen (f), (g) ausgesprochenen Eigenschaften besitzt und zugleich, worauf Bessel Gewicht legte, stets einen reellen Werth hat.

Gegen diese Bessel'sche Definition der Facultät ist aber Folgendes einzuwenden. Die Ausdrücke auf der Rechten der Gleichungen (k), (l) sind beide — unter der Bedingung, dass vom Gebiete der Veränderlichen x der Werth $x = 0$ ausgeschlossen werde — analytische, für beliebige (complexe sowohl als reelle) Werthe der Veränderlichen u, x, y definirte Functionen. In der Bestimmung, dass $u^{y|x}$ für positive Werthe von x durch den ersten Ausdruck — zu welchem man mit Nothwendigkeit gelangt, wenn man von den Gleichungen (f), (h) ausgeht — für negative Werthe von x aber durch den zweiten Ausdruck, der eine ganz andere Function ist als jener, dargestellt werden solle, liegt also eine Willkürlichkeit, die ebenso wenig zu rechtfertigen ist, wie wenn man z. B. $\log x$ für positive Werthe von x auf die gewöhnliche Weise definiren, für negative aber $\log x = \log(-x)$ annehmen wollte.*) Auch wüsste ich nicht, nach welchem Princip man verfahren sollte, um die Bessel'sche Definition von $u^{y|x}$ auf complexe

*) Mit Anwendung der in der Abhandlung „Zur Functionenlehre" eingeführten Terminologie würde ich mich jetzt so ausdrücken: Die von Bessel definirte Facultät $u^{y|x}$ ist keine monogene Function ihrer Argumente; die beiden Ausdrücke, von denen der eine sie für positive, der andere für negative Werthe von x darstellen soll, sind Zweige zweier verschiedenen analytischen Functionen. (Spätere Anmerkung.)

Werthe von x auszudehnen. Ein Übelstand ist es ferner, dass die obige Gleichung (c) für Bessel's Facultät nur gilt, wenn k eine positive Grösse ist, während doch die Ausdrücke auf beiden Seiten der Gleichung auch für negative Werthe von k bestimmte Werthe haben.

Abweichend von Bessel hat Crelle*) von den obigen Gleichungen (a) bis (e) die drei ersten als die Grundgleichungen hingestellt, aus denen sich die ganze Theorie der analytischen Facultäten ableiten lasse. Dies ist aber keineswegs der Fall; denn die genannten Gleichungen sind zwar, wie im Folgenden (§ 1) nachgewiesen wird, mit einander vereinbar, reichen aber zur Bestimmung der Function $f(u, x, y)$ gar nicht aus.

Es sei nämlich $f_1(u, x, y)$ irgend eine bestimmte, den in Rede stehenden Gleichungen genügende Function, so werden die Gleichungen (a), (c) auch befriedigt, wenn man, unter $\varphi(u)$ eine willkürlich anzunehmende Function von u verstehend,

$$f(u, x, y) = \frac{\varphi\left(\frac{u}{x} + y\right)}{\varphi\left(\frac{u}{x}\right)} f_1(u, x, y)$$

setzt. Damit nun $f(u, x, y)$ auch der Gleichung (b) genüge, braucht die Function $\varphi(u)$ nur so angenommen werden, dass

$$\varphi\left(\frac{u}{x} + 1\right) = \varphi\left(\frac{u}{x}\right)$$

oder für jeden Werth von u

$$\varphi(u + 1) = \varphi(u)$$

ist; man kann also z. B. für $\varphi(u)$ eine willkürliche Function von $\cos(2u\pi)$ und $\sin(2u\pi)$ nehmen.

Es giebt hiernach unendlich viele Functionen $f(u, x, y)$, welche den Gleichungen (a), (b), (c) genügen.

Wenn also Crelle aus diesen Gleichungen allein völlig bestimmte Darstellungen einer denselben genügenden Function $f(u, x, y)$ abgeleitet hat, so sind dabei nothwendig Fehler von ihm begangen worden, die er nicht wahrgenommen hat. Die Quelle dieser Fehler findet sich in § 8 der Abhandlung angegeben.

*) Theorie der analytischen Facultäten, 1824.
Mémoire sur la théorie des puissances, des fonctions angulaires et des facultés analytiques, 1831. (Ursprünglich im 7. Bande des Crelle'schen Journals erschienen.)

Von den späteren Bearbeitungen der Facultätenlehre führe ich noch die von Ohm*) und Öttinger**) herrührenden an.

Ohm definirt die Facultät $u^{y|x}$, auf reelle Werthe der Grössen u, x, y sich beschränkend, zunächst für (positive und negative) ganzzahlige Werthe von y, und gelangt dann zu dem Ausdrucke

$$u^{y|x} = \text{Lim.} \left[(nx)^y \frac{u^{n|x}}{(u+yx)^{n|x}} \right] \text{ für } \begin{cases} n = +\infty, \text{ wenn } x \text{ positiv,} \\ n = -\infty, \text{ wenn } x \text{ negativ ist.} \end{cases}$$

Diese Definition von $u^{y|x}$ stimmt vollkommen mit der Bessel'schen überein, so dass etwas Weiteres darüber zu bemerken unnöthig ist.

Öttinger's Begründung der Facultäten-Theorie muss als eine ebenso verfehlte wie die Kramp'sche bezeichnet werden. Auch Öttinger hat es für überflüssig gehalten, genau zu definiren, was unter einer Facultät mit einem nicht ganzzahligen Exponenten zu verstehen sei, und kein Bedenken getragen, derselben alle diejenigen Eigenschaften beizulegen, die ihr zukommen, wenn der Exponent eine unbestimmte positive ganze Zahl ist. Das Auffallendste aber ist Folgendes. Es lässt sich eine Reihe von der Form

$$u^y\left(1 + (y)_1 \frac{x}{u} + (y)_2 \frac{x^2}{u^2} + (y)_3 \frac{x^3}{u^3} + \cdots\right),$$

wo $(y)_1, (y)_2, (y)_3, \ldots$ ganze rationale Functionen von y sein sollen, wie schon Kramp ausgeführt hat, so bestimmen, dass dieselbe für jeden positiven ganzzahligen Werth von y gleich

$$\prod_0^{y-1} (u + \nu x)$$

ist. Öttinger hat nun diese Reihe für beliebige Werthe von y als Ausdruck der Facultät $u^{y|x}$ betrachtet und häufig Anwendung davon gemacht, ohne zu ahnen, dass diese Reihe, wenn y keine positive ganze Zahl ist, niemals convergirt (§ 7 der Abhandlung), also jedes mit ihrer Hülfe erhaltene Ergebniss nothwendig, wenn nicht unrichtig, doch jedenfalls unsicher ist.

---

*) Crelle's Journal, B. 39.

**) Ebend. B. 33, 35, 38, 44.

Aus den vorstehenden Bemerkungen erhellt zur Genüge, dass die Theorie der analytischen Facultäten, so vielfach dieselbe auch schon behandelt worden ist, noch immer an wesentlichen Mängeln leidet. Diese darzulegen und zu beseitigen, ist der Zweck des vorliegenden Aufsatzes.*)

1.

Ich beginne mit der allgemeinsten Bestimmung derjenigen von drei Veränderlichen u, x, y abhängigen Function $f(u, x, y)$, welche den von Crelle aufgestellten Gleichungen

(1.) $$f(u, x, y+k) = f(u, x, y)\, f(u+yx, x, k)$$

(2.) $$f(ku, kx, y) = k^y f(u, x, y)$$

(3.) $$f(u, x, 1) = u$$

Genüge leistet.

Vertauscht man in der ersten Gleichung y und k mit einander, so erhält man

$$f(u, x, y+k) = f(u, x, k)\, f(u+kx, x, y),$$

und wenn man hierin $u-kx$ für u setzt,

$$f(u, x, y) = \frac{f(u-kx, x, y+k)}{f(u-kx, x, k)};$$

woraus ferner, indem man $u-kx = wx$, also $k = \frac{u}{x} - w$ setzt,

$$f(u, x, y) = \frac{f\left(wx, x, \frac{u}{x}+y-w\right)}{f\left(wx, x, \frac{u}{x}-w\right)},$$

*) Der Leser wolle bemerken, dass die vorliegende Abhandlung bereits im Jahre 1854, und zwar auf den ausdrücklichen Wunsch Crelle's, den ich meine Bedenken gegen seine Theorie der Facultäten mitgetheilt hatte, geschrieben ist, nachdem ich einen Theil ihres Inhalts schon im Jahre 1843 (als Beilage zum Jahresbericht des Progymnasiums zu Deutsch-Crone) veröffentlicht hatte. Obwohl die Theorie der analytischen Facultäten in meinen Augen durchaus nicht die Wichtigkeit hat, die ihr in früherer Zeit viele Mathematiker beimassen, so habe ich doch die Abhandlung jetzt wieder abdrucken lassen, weil sie manches enthält, das auch gegenwärtig noch, wie ich glaube, angehenden Mathematikern von Nutzen sein kann. Wesentliche Veränderungen habe ich nicht vorgenommen; nur die Einleitung ist neu bearbeitet worden, weil es mir zweckmässig erschien, auf den Inhalt der kritisirten, heutzutage nicht Jedermann mehr zugänglichen Schriften etwas ausführlicher als ich es früher für nöthig gehalten, einzugehen.

und sodann, mit Anwendung der zweiten Gleichung,

$$(4.)\qquad f(u,x,y) = x^y \frac{f\left(w,1,\frac{u}{x}+y-w\right)}{f\left(w,1,\frac{u}{x}-w\right)}$$

folgt.

Legt man jetzt der willkürlichen Grösse w irgend einen bestimmten Werth bei, und setzt

$$(5.)\qquad f(w,1,u-w) = F(u),$$

so erhält man:

$$(6.)\qquad f(u,x,y) = x^y . \frac{F\left(\frac{u}{x}+y\right)}{F\left(\frac{u}{x}\right)}.$$

Umgekehrt erhellet, dass jede Function $f(x,u,y)$, die, bei ganz willkürlicher Annahme von $F(u)$, durch diese Formel bestimmt wird, den beiden ersten der obigen Gleichungen Genüge thut. Denn es ergiebt sich aus (6):

$$f(u,x,y+k) = x^{y+k} . \frac{F\left(\frac{u}{x}+y+k\right)}{F\left(\frac{u}{x}\right)}$$

$$= x^y . \frac{F\left(\frac{u}{x}+y\right)}{F\left(\frac{u}{x}\right)} . x^k . \frac{F\left(\frac{u+yx}{x}+k\right)}{F\left(\frac{u+yx}{x}\right)}$$

$$= f(u,x,y)\, f(u+yx,x,k),$$

sowie ferner

$$f(ku,kx,y) = (kx)^y . \frac{F\left(\frac{u}{x}+y\right)}{F\left(\frac{u}{x}\right)} = k^y f(u,x,y).$$

Damit nun auch die dritte Gleichung befriedigt werde, ist nöthig, dass

$$f(u, x, 1) = x \cdot \frac{F\left(\frac{u}{x} + 1\right)}{F\left(\frac{u}{x}\right)} = u \quad \text{oder}$$

$$F\left(\frac{u}{x} + 1\right) = \frac{u}{x} \cdot F\left(\frac{u}{x}\right)$$

sei; woraus, wenn man ux statt u setzt, die Relation

$$(7.) \qquad F(u+1) = u\,F(u)$$

folgt. Man sieht sofort, dass eine Function, welche dieser Gleichung genügt, die Legendre'sche $\Gamma(u)$ ist*), und dass man, um den allgemeinsten Ausdruck von $F(u)$ zu haben,

$$F(u) = \varphi(u)\,\Gamma(u)$$

setzen muss; wo unter $\varphi(u)$ eine periodische Function zu verstehen ist, welche unverändert bleibt, wenn u in $u+1$ übergeht. Ohne aber hinsichtlich der Theorie der Γ-Function irgend etwas vorauszusetzen, kann man folgendermassen fortfahren.

Aus (7) folgt, wenn n eine ganze positive Zahl bedeutet:

$$F(u+n) = u(u+1)(u+2)\,.\,.\,.\,.\,.\,(u+n-1)\,F(u),$$

und hieraus, wenn $n-1$ statt n, und 1 statt u gesetzt wird:

$$F(n) = 1.2\,.\,.\,.\,.\,.\,(n-1)\,F(1), \text{ also}$$

$$\frac{F(1)}{F(u)} = u\left(1+\frac{1}{1}u\right)\left(1+\frac{1}{2}u\right)\,.\,.\,.\,.\,.\left(1+\frac{u}{n-1}\right)\cdot\frac{F(n)}{F(u+n)}\,.$$

Nun ergiebt sich aber aus den Sätzen über die Convergenz der unendlichen Producte, die ich im Folgenden zusammenstellen werde, dass sich eine Function $\psi(n)$ der positiven veränderlichen Zahl n, falls n ohne Ende wächst, einer bestimmten endlichen Grenze nähert, wenn der

*) $\Gamma(u)$ ist gleichbedeutend mit der Gauss'schen Function $\Pi(u-1)$.

Werth von $n^2\left(\frac{\psi(n)}{\psi(n-1)} - 1\right)$ für $n=\infty$ nicht unendlich gross wird. Setzt man nun

$$n(1+u)\left(1+\frac{u}{2}\right)\ldots\left(1+\frac{u}{n-1}\right)=\psi(n),$$

so ist

$$\frac{\psi(n)}{\psi(n-1)} = 1+\frac{u}{n-1},$$

und man sieht, dass zwar nicht $\psi(n)$, wohl aber $n^{-u}\psi(n)$ für $n=\infty$ einen bestimmten endlichen Werth annimmt, weil für hinlänglich grosse Werthe von n

$$\frac{n^{-u}\psi(n)}{(n-1)^{-u}\psi(n-1)} = \left(1+\frac{u}{n}\right)\left(1-\frac{1}{n}\right)^u = \left(1+\frac{u}{n}\right)\left(1-\frac{u}{n}+\frac{u(u-1)}{1.2.n^2}-\cdots\right)$$

$$=1-\frac{u(u+1)}{1.2.n^2}+\cdots\cdots$$

ist, für $n=\infty$ also

$$n^2\left(\frac{n^{-u}\psi(n)}{(n-1)^{-u}\psi(n-1)}-1\right)=-\frac{1}{2}u(u+1).$$

Da nun ferner

$$n^{-u}=\left(\frac{1}{2}\right)^u\left(\frac{2}{3}\right)^u\ldots\left(\frac{n-1}{n}\right)^u$$

ist, so hat man:

$$n^{-u}\psi(n)=u.\left(\frac{1}{2}\right)^u\left(1+\frac{u}{1}\right).\left(\frac{2}{3}\right)^u\left(1+\frac{u}{2}\right)\ldots\left(\frac{n-1}{n}\right)^u\left(1+\frac{u}{n-1}\right),$$

und es hat das unendliche Product

$$u.\prod_{\alpha=1}^{\alpha=+\infty}\left\{\left(\frac{\alpha}{\alpha+1}\right)^u\left(1+\frac{u}{\alpha}\right)\right\}$$

einen endlichen, bestimmten Werth, welchen (reellen oder imaginären) Werth auch u haben möge. Ich möchte für dasselbe die Benennung „Factorielle von u" und die Bezeichnung $Fc(u)$ vorschlagen, indem die Anwendung dieser Function in der Theorie der Facultäten dem Gebrauch der Γ-Function deshalb vorzuziehen sein dürfte, weil sie für keinen Werth von u eine Unterbrechung der Stetigkeit erleidet und überhaupt, gleich den einfachsten transcendenten Functionen e^u, $\sin u$, $\cos u$ u. s. w. im Wesentlichen den Charakter einer rationalen ganzen Function besitzt, so dass sie z. B. auch nach ganzen positiven Potenzen von u in eine beständig convergirende Reihe entwickelt werden kann.

Nun ist

$$\frac{n^{-(u+1)}(u+1)\left(1+\frac{u+1}{1}\right)\left(1+\frac{u+1}{2}\right)\cdots\left(1+\frac{u+1}{n-1}\right)}{n^{-u}u\left(1+\frac{u}{1}\right)\left(1+\frac{u}{2}\right)\cdots\left(1+\frac{u}{n-1}\right)}=\frac{1}{u}\cdot\frac{u+n}{n},$$

mithin, wenn man $n=+\infty$ setzt:

$$\frac{Fc\,(u+1)}{Fc\,(u)}=\frac{1}{u},$$

oder

$$Fc\,(u)=u\,.\,Fc\,(u+1)\,. \tag{8.}$$

Verbindet man diese Gleichung mit der obigen (7), so erhält man

$$Fc\,(u)\,.\,F(u)=Fc\,(u+1)\,.\,F(u+1);$$

d. h. es ist $Fc\,(u)\,.\,F(u)$ eine Function von u, die sich nicht ändert, wenn $u+1$ statt u gesetzt wird. Bezeichnet man daher eine solche Function durch $\varphi(u)$, so ergiebt sich

$$F(u)=\frac{\varphi(u)}{Fc\,(u)},$$

und es wird daher der allgemeinste Ausdruck einer Function $f(u,x,y)$, welche die Gleichungen (1), (2), (3) befriedigen soll, durch die Formel

$$f(u,x,y)=x^y\cdot\frac{Fc\left(\frac{u}{x}\right)}{Fc\left(\frac{u}{x}+y\right)}\cdot\frac{\varphi\left(\frac{u}{x}+y\right)}{\varphi\left(\frac{u}{x}\right)} \tag{9.}$$

gegeben, wo

$$(10.)\qquad Fc\,(u) = u \,.\prod_{\alpha=1}^{\alpha=+\infty} \left\{ \left(\frac{\alpha}{\alpha+1}\right)^{u} \left(1+\frac{u}{\alpha}\right) \right\}$$

ist, und $\varphi(u)$ eine beliebige Function von u bedeutet, für welche die Relation

$$(11.)\qquad \varphi(u+1) = \varphi(u)$$

gilt. Wenn y eine ganze Zahl ist, so fällt φ aus dem Ausdrucke von $f(u, x, y)$ weg.

2.

Nach dem Vorstehenden ist es zur vollständigen Definition von $f(u, x, y)$ nothwendig, den obigen drei Grundgleichungen noch eine neue Bedingung hinzuzufügen, durch welche die Function $\varphi(u)$ bestimmt wird. Ehe ich aber dieselbe aufsuche, muss ich auf eine, allen Functionen, welche den Gleichungen (1), (2), (3) genügen, gemeinsame Eigenthümlichkeit aufmerksam machen, aus deren Nichtbeachtung in mehreren der bisherigen Darstellungen der Facultätenlehre erhebliche Irrthümer hervorgegangen sind.

Man hat zur Bestimmung von $f(u, x, y)$ unter anderen folgenden Weg eingeschlagen. Es ist (gemäss (1), (2))

$$f(u, x, y+1) = f(u, x, y)\, f(u+yx, x, 1) = (u+yx)\,.\,f(u, x, y)$$
$$f(u, x, y+1) = f(u, x, 1)\, f(u+x, x, y) \quad = u\,.\,f(u+x, x, y)$$

und daher

$$(12.)\qquad f(u, x, y) = \frac{u}{u+yx}\cdot f(u+x, x, y);$$

woraus man, indem man $u+x$, $u+2x$, $u+3x$, u. s. w. statt u setzt, weiter

$$(13.)\; f(u,x,y) = \frac{u(u+x)(u+2x)\ldots(u+(n-1)x)}{(u+yx)(u+yx+x)\ldots(u+yx+(n-1)x)}\cdot f(u+nx, x, y)$$

folgert, wo n eine ganze positive Zahl bedeutet. Setzt man ferner in dieser Formel $u-nx$ statt u, so erhält man

$$(14.)\; f(u,x,y) = \frac{(u+yx-x)(u+yx-2x)\ldots(u+yx-nx)}{(u-x)(u-2x)\ldots(u-nx)}\cdot f(u-nx, x, y).$$

Nun ist aber

$$(15.)\quad Fc\,(u) = \underset{n=\infty}{\mathrm{Lim.}} \left\{ n^{-u} \cdot \frac{u(u+1)(u+2)\ldots(u+n-1)}{1.2\ldots(n-1)} \right\},$$

also, wenn unter w eine beliebig anzunehmende Grösse verstanden wird,

$$(16.)\quad \frac{Fc\left(\frac{u}{x}\right)}{Fc\left(\frac{w}{x}\right)} = \underset{n=\infty}{\mathrm{Lim.}} \left\{ n^{-\frac{u}{x}+\frac{w}{x}} \cdot \frac{u(u+x)(u+2x)\ldots(u+(n-1)x)}{w(w+x)(w+2x)\ldots(w+(n-1)x)} \right\},$$

woraus, wenn man $w-x$ statt u, $u-x$ statt w, $-x$ statt x setzt,

$$(17.)\quad \frac{Fc\left(1-\frac{w}{x}\right)}{Fc\left(1-\frac{u}{x}\right)} = \underset{n=\infty}{\mathrm{Lim.}} \left\{ n^{-\frac{w}{x}+\frac{u}{x}} \cdot \frac{(w-x)(w-2x)\ldots(w-nx)}{(u-x)(u-2x)\ldots(u-nx)} \right\}$$

folgt. Hiernach geben die Gleichungen (13), (14), (16), (17), wenn man $w = u + yx$ setzt,

$$(18.)\quad f(u,x,y) = \frac{Fc\left(\frac{u}{x}\right)}{Fc\left(\frac{u}{x}+y\right)} \cdot \underset{n=\infty}{\mathrm{Lim.}} \left\{ n^{-y} \cdot f(u+nx,x,y) \right\}$$

und

$$(19.)\quad f(u,x,y) = \frac{Fc\left(1-\frac{u}{x}-y\right)}{Fc\left(1-\frac{u}{x}\right)} \cdot \underset{n=\infty}{\mathrm{Lim.}} \left\{ n^{-y} \cdot f(u-nx,x,y) \right\}.$$

Bis hierher sind nur die Gleichungen (1), (3) angewandt. Mit Hülfe der zweiten ergiebt sich ferner, da

$$f(u+nx,x,y) = (u+nx)^y \cdot f\left(1, \frac{x}{u+nx}, y\right)$$

$$f(u-nx,x,y) = (u-nx)^y \cdot f\left(1, \frac{x}{u-nx}, y\right),$$

und

$$\underset{n=\infty}{\mathrm{Lim.}} \left\{ n^{-y}(u+nx)^y \right\} = x^y \cdot \underset{n=\infty}{\mathrm{Lim.}} \left(1+\frac{u}{nx}\right)^y = x^y,$$

$$\underset{n=\infty}{\mathrm{Lim.}} \left\{ n^{-y}(u-nx)^y \right\} = (-x)^y \cdot \underset{n=\infty}{\mathrm{Lim.}} \left(1-\frac{u}{nx}\right)^y = (-x)^y$$

ist:

$$(20.)\qquad f(u,x,y)=x^y\cdot\frac{Fc\left(\frac{u}{x}\right)}{Fc\left(\frac{u}{x}+y\right)}\cdot\operatorname*{Lim.}_{n=\infty}f\left(1,\frac{x}{u+nx},y\right),$$

und

$$(21.)\qquad f(u,x,y)=(-x)^y\,\frac{Fc\left(1-\frac{u}{x}-y\right)}{Fc\left(1-\frac{u}{x}\right)}\cdot\operatorname*{Lim.}_{n=\infty}f\left(1,\frac{x}{u-nx},y\right).$$

Setzt man $x=0$, so können die Gleichungen (1), (2), (3), die dann in

$$f(u,0,y+k)=f(u,0,y)f(u,0,k)$$
$$f(ku,0,y)=k^y.f(u,0,y)$$
$$f(u,0,1)=u$$

übergehen, nicht anders befriedigt werden, als wenn man

$$f(u,0,y)=u^y$$

annimmt. Könnte man hieraus folgern, dass $f(u,x,y)$, wenn x seinem numerischen Werthe nach beständig abnimmt, sich unbedingt der Grenze u^y nähern müsse, so würde die Gleichung (20)

$$(22.)\qquad f(u,x,y)=x^y\cdot\frac{Fc\left(\frac{u}{x}\right)}{Fc\left(\frac{u}{x}+y\right)}$$

geben; was mit dem vorhin Bewiesenen, dass $f(u,x,y)$ durch die Gleichungen (1), (2), (3) allein nicht bestimmt sei, im Widerspruch steht. Aber noch mehr. Die Gleichung (21) würde, unter derselben Voraussetzung,

$$(23.)\qquad f(u,x,y)=(-x)^y\cdot\frac{Fc\left(1-\frac{u}{x}-y\right)}{Fc\left(1-\frac{u}{x}\right)}$$

geben, und es müsste

$$(-x)^y\cdot\frac{Fc\left(1-\frac{u}{x}-y\right)}{Fc\left(1-\frac{u}{x}\right)}=x^y\cdot\frac{Fc\left(\frac{u}{x}\right)}{Fc\left(\frac{u}{x}+y\right)}$$

$$\frac{Fc\left(\frac{u}{x}+y\right).Fc\left(1-\frac{u}{x}-y\right)}{Fc\left(1-\frac{u}{x}\right).Fc\left(\frac{u}{x}\right)}=(-1)^{y},$$

sein; was ein offenbar falsches Resultat ist, wie schon daraus erhellt, dass für $u = x$ der Ausdruck links die Form $\frac{1}{0}$ annimmt, sobald y eine ganze Zahl ist.

Da die Gleichungen (20), (21) strenge Folgerungen aus den Gleichungen (1), (2), (3) sind, und dieselben wirklich befriedigt werden, wenn man für $f(u, x, y)$ irgend eine der durch die Formel (9) gegebenen Functionen annimmt: so kann der hervorgetretene Widerspruch nur in der Voraussetzung seinen Grund haben, dass sich $f(1, x, y)$, wenn der numerische Werth von x unendlich klein wird, unbedingt der Grenze 1 nähere. Diese Annahme ist also unstatthaft.

Dies lässt sich aber auch direct folgendermassen nachweisen.

Setzt man, unter w eine positive reelle Grösse verstehend, in der Formel (9) wx statt u, und wendet die Relation (2) an, so erhält man:

$$(24.)\qquad f\left(1,\frac{1}{w},y\right)=1^{y}.\frac{Fc\,(w)}{w^{y}.Fc\,(w+y)}.\frac{\varphi(w+y)}{\varphi(w)}.$$

Setzt man aber $-x$ statt x und darauf wx statt u, so ergiebt sich:

$$f\left(1,-\frac{1}{w},y\right)=(-1)^{y}.\frac{Fc\,(-w)}{w^{y}.Fc\,(-w+y)}.\frac{\varphi(-w+y)}{\varphi(-w)}.$$

In Folge der Formel (10) ist aber

$$Fc\,(u).Fc\,(-u)=-u.u\prod_{\alpha=1}^{\alpha=+\infty}\left(1-\frac{u^{2}}{\alpha^{2}}\right)=-u\frac{\sin(u\pi)}{\pi},$$

oder, weil $Fc\,(u) = u.Fc\,(u+1)$ ist:

$$(25.)\qquad Fc\,(-u)=-\frac{\sin(u\pi)}{\pi Fc\,(1+u)};$$

daher ist

$$(26.)\ f\left(1,-\frac{1}{w},y\right)=(-1)^{y}.\frac{Fc\,(1+w-y)}{w^{y}Fc\,(1+w)}.\frac{\sin(w\pi)}{\sin(w-y)\pi}.\frac{\varphi(-w+y)}{\varphi(-w)},$$

oder, wenn man

$$(-1)^u \frac{\sin(u\pi)}{\varphi(-u)} = \psi(u)$$

setzt, wo dann $\psi(u)$, eben wie $\varphi(u)$, die Eigenschaft hat, dass

$$\psi(u+1) = \psi(u)$$

ist:

$$(27.)\quad f\left(1, -\frac{1}{w}, y\right) = 1^y . \frac{Fc\,(1+w-y)}{w^y\, Fc\,(1+w)} . \frac{\psi(w)}{\psi(w-y)} .$$

Nun hat man ferner:

$$(28.)\qquad \begin{aligned} Fc\,(u) &= u(u+1)(u+2)\ldots(u+n-1) . Fc\,(u+n), \\ Fc\,(1) &= 1.2.3\ldots(n-1) . Fc\,(n), \end{aligned}$$

wenn n eine ganze positive Zahl bedeutet. Nach (10) ist $Fc\,(1) = 1$, also

$$\frac{Fc\,(n)}{n\,Fc\,(u+n)} \cdot Fc\,(u) = n^{-u} . \frac{u(u+1)\ldots(u+n-1)}{1.2\ldots(n-1)} ;$$

woraus, mit Berücksichtigung von (15)

$$(29.)\qquad \operatorname*{Lim.}_{n=\infty} \left\{ \frac{Fc\,(n)}{n^u\, Fc\,(n+u)} \right\} = 1$$

folgt.

Es sei nun n die grösste in w enthaltene ganze Zahl, und $w = n + w'$, so hat man:

$$\frac{Fc\,(w)}{w^u\, Fc\,(w+u)} = \left(\frac{Fc\,(n)}{n^{u+w'}\, Fc\,(n+w'+u)} : \frac{Fc\,(n)}{n^{w'}\, Fc\,(w'+n)} \right) \cdot \left(\frac{w'+n}{n} \right)^{-u},$$

mithin nach (29)

$$(30.)\qquad \operatorname*{Lim.}_{w=+\infty} \left\{ \frac{Fc\,(w)}{w^u\, Fc\,(w+u)} \right\} = 1 .$$

Eben so ist, weil

$$\frac{Fc\,(1+w-u)}{w^u\,Fc\,(1+w)} = \left(1 : \frac{Fc\,(1+w)}{(1+w)^{-u}\,.\,Fc\,(1+w-u)}\right)\cdot\left(\frac{1+w}{w}\right)^u \text{ ist,}$$

$$(31.)\qquad \lim_{w=+\infty}\left\{\frac{Fc\,(1+w-u)}{w^u\,Fc\,(1+w)}\right\} = 1\,,$$

folglich, gemäss (24), (30) und (27), (31):

$$(32.)\qquad \begin{cases} \lim\limits_{w=+\infty} f\left(1,\frac{1}{w},y\right) = 1^y \lim\limits_{w=+\infty}\left\{\frac{\varphi(w+y)}{\varphi(w)}\right\}, \\ \lim\limits_{w=+\infty} f\left(1,-\frac{1}{w},y\right) = 1^y \lim\limits_{w=+\infty}\left\{\frac{\psi(w)}{\psi(w-y)}\right\}, \end{cases}$$

Es sind aber $\frac{\varphi(w+y)}{\varphi(w)}$ und $\frac{\psi(w)}{\psi(w-y)}$ beides periodische Functionen von w, und können als solche, wenn w ohne Ende zunimmt, keiner bestimmten Grenze sich nähern, wenn sie sich nicht etwa auf Constanten reduciren. Soll dies für jeden Werth von y geschehen, so müssen $\varphi(u)$ und $\psi(u)$ selber von u unabhängig sein. Das ist aber, weil

$$\psi(u) = (-1)^u \frac{\sin(u\pi)}{\varphi(-u)}$$

ist, für beide gleichzeitig nicht möglich. Mithin können sich die Functionen

$$f(1,+x,y) \text{ und } f(1,-x,y),$$

wenn x unendlich klein wird, in keinem Falle beide einer bestimmten Grenze nähern.

3.

Aus dem Vorhergehenden ist zugleich zu ersehen, dass man eine Bestimmung der Function, wie sie zur vollständigen Definition von $f(u,x,y)$ noch nöthig ist, erhält, wenn man festsetzt, es solle sich $f(1,x,y)$, entweder für einen positiven, oder für einen negativen Werth von x, wenn derselbe ohne Ende abnimmt, der Grenze 1^y nähern. Eine dieser Annahmen ist nothwendig, wenn die Analogie der Facultäten mit den Potenzen so viel als möglich behauptet werden soll.

Bei der ersten Annahme muss sich $\varphi(u)$ auf eine Constante reduciren; und wenn man die Function, in welche alsdann $f(u, x, y)$ übergeht, mit Crelle durch $(u,+x)^y$ bezeichnet, so hat man:

$$(33.)\qquad (u,+x)^y = x^y \cdot \frac{Fc\left(\frac{u}{x}\right)}{Fc\left(\frac{u}{x}+y\right)}.$$

Hiernach bedeutet $(u,+x)^y$ eine Function von u, x, y, welche den Gleichungen

$$(34.)\qquad \begin{aligned} (u,+x)^{y+k} &= (u,+x)^y (u+yx,+x)^k \\ (ku,+kx)^y &= k^y (u,+x)^y \\ (u,+x)^1 &= u \end{aligned}$$

genügt, und zugleich die Eigenschaft hat, dass sich $(1,+x)^y$ der Grenze 1^y nähert, wenn x, stets positiv bleibend, ohne Ende abnimmt.

Bei der zweiten Annahme muss $\psi(u) = (-1)^n \frac{\sin(u\pi)}{\varphi(-u)}$ eine Constante sein. Dann hat man:

$$f(u,-x,y) = (-x)^y \cdot \frac{Fc\left(-\frac{u}{x}\right)}{Fc\left(-\frac{u}{x}+y\right)} \cdot \frac{\varphi\left(-\frac{u}{x}+y\right)}{\varphi\left(-\frac{u}{x}\right)} = x^y \cdot \frac{Fc\left(1+\frac{u}{x}-y\right)}{Fc\left(1+\frac{u}{x}\right)}.$$

Diesen besondern Ausdruck für $f(u,-x,y)$ will ich durch

$$(u,-x)^y$$

bezeichnen; wobei wohl zu beachten ist, dass man in den Ausdrücken $(u,+x)^y$, $(u,-x)^y$ die Zeichen $(+)$ und $(-)$ vor x nicht als zu x gehörige Vorzeichen betrachten darf, so dass also $(u,-x)^y$ keineswegs die Function bedeutet, in welche $(u,+x)^y$ übergeht, wenn x in $-x$ verwandelt wird, welche vielmehr durch

$$(u,+(-x))^y$$

zu bezeichnen wäre. Es soll vielmehr, ganz in dem Sinne des Urhebers dieser Bezeichnungsweise, durch das $(+)$ oder das $(-)$ vor dem x, nur angedeutet werden, dass x mit u in eine gewisse Verbindung trete, die in dem einfachsten Falle, wo y eine ganze positive Zahl und

$$(u,+x)^y = u(u+x)(u+2x)\dots(u+(y-1)x)$$

und

$$(u,-x)^y = u(u-x)(u-2x)\dots(u-(y-1)x)$$

ist, in der That bei dem ersten Ausdrucke durch Addition, so wie bei dem andern durch Subtraction vermittelt wird.

Es ist also

$$(35.)\qquad (u,-x)^y = x^y \cdot \frac{Fc\left(1+\frac{u}{x}-y\right)}{Fc\left(1+\frac{u}{x}\right)},$$

und es gelten für $(u,-x)^y$ die Grundgleichungen

$$(36.)\qquad \begin{aligned} (u,-x)^{y+k} &= (u,-x)^y (u-yx,-x)^k, \\ (ku,-kx)^y &= k^y (u,-x)^y, \\ (u,-x)^1 &= u, \end{aligned}$$

zu denen noch die Bestimmung tritt, dass sich $(1,-x)^y$ der Grenze 1^y nähert, wenn x, stets positiv bleibend, ohne Ende abnimmt.

Hierdurch sind nun zwei Arten von Facultäten auf völlig bestimmte Weise definirt, indem für beide analytische Ausdrücke gefunden sind, die für alle Werthe von u, x, y ihre Gültigkeit behalten. Es scheint zweckmässig, beide Formen

$$(u,+x)^y \text{ und } (u,-x)^y$$

beizubehalten, indem man, wenn die Differenz x positiv ist, vorzugsweise die erstere, im entgegengesetzten Falle aber lieber die andere anwendet. Sie hängen übrigens, wie aus (33), (35) ersichtlich, sehr einfach zusammen, indem

$$(37.)\qquad (u,-x)^y = \left(u-(y-1)x,+x\right)^y$$

und

$$(38.)\qquad (u,+x)^y = \left(u+(y-1)x,-x\right)^y$$

ist. Man hat ferner

$$\left(u,+(-x)\right)^{y}=(-x)^{y}\cdot\frac{Fc\left(-\frac{u}{x}\right)}{Fc\left(-\frac{u}{x}+y\right)}$$

$$=(-x)^{y}\cdot\frac{Fc\left(1+\frac{u}{x}-y\right)}{Fc\left(1+\frac{u}{x}\right)}\cdot\frac{\sin\left(\frac{u}{x}\right)\pi}{\sin\left(\frac{u}{x}-y\right)\pi},$$

also

$$(39.)\qquad \left(u,+(-x)\right)^{y}=(-1)^{y}\cdot\frac{\sin\left(\frac{u}{x}\right)\pi}{\sin\left(\frac{u}{x}-y\right)\pi}\cdot(u,-x)^{y};$$

woraus man sieht, dass $\left(u,+(-x)\right)^{y}$ nur dann mit $(u,-x)^{y}$ gleichbedeutend ist, wenn y eine ganze Zahl ist.

Anm. Wenn man die in der Einleitung angegebene, von Bessel und Ohm aufgestellte Formel für die von ihnen durch $u^{y|x}$ bezeichnete Function entwickelt, so erhält man

$$u^{y|x}=(u,+x)^{y},$$

$$u^{y|-x}=(u,-x)^{y},$$

wenn in beiden Fällen x positiv ist. Hiernach kann, wie schon bemerkt, $u^{y|x}$ nicht für alle Werthe von x durch einen einzigen analytischen Ausdruck dargestellt werden — abgesehen davon, dass die Definition von $u^{y|x}$ nur für reelle Werthe von x gegeben ist. Ferner ist es zwar dadurch, dass für positive und negative Werthe von x verschiedene Definitionen gegeben werden, erreicht, dass für positive Werthe von u allerdings die Gleichung

$$\lim_{x=0} n^{y|x}=n^{y}$$

besteht, sowohl wenn x positiv, als wenn x negativ ist; es gilt aber diese Gleichung nicht mehr für negative Werthe von u, also auch nicht allgemein.

4.

Die bisherigen Erörterungen haben nun zwar zu einer unzweideutigen Definition von

$$(u, + x)^y \text{ und } (u, - x)^y$$

geführt; es sind dazu aber vier Bestimmungen für jede dieser Functionen nöthig gewesen. Dies ist, wie schon aus den im Vorhergehenden ausgeführten Entwickelungen ohne Mühe nachgewiesen werden könnte, mehr, als nöthig.

Ich werde daher jetzt zeigen, wie man, ausgehend von einer ganz allgemeinen Definition von

$$(u, + x)^y \text{ und } (u, - x)^y$$

die für jede dieser Functionen nur zwei Bestimmungen giebt, auf völlig systematischem Wege zu den Darstellungen derselben durch die Formeln (33), (35) gelangt; wodurch zugleich die Grundgleichungen (34), (36) gegeben werden.

So wie sich aus dem Begriffe eines Products von gleichen Factoren der allgemeine Begriff der Potenz entwickelt hat, so bildet für die Facultätenlehre die Betrachtung eines Products äquidifferenter Factoren den Ausgangspunkt. Nachdem nun, wenn y eine ganze positive Zahl bedeutet, das Product

$$u(u + x)(u + 2x) \dots (u + (y - 1)x)$$

durch $(n, + x)^y$ bezeichnet worden ist, findet man, auch ohne dass die Eigenschaften eines solchen Products weiter untersucht werden, indem

$$(u + x, + x)^y = \frac{u + yx}{u} \cdot (u, + x)^y$$

ist, die Differenzen-Gleichung

$$(40.) \qquad \frac{\Delta (u, + x)^y}{(u, + x)^y} = \frac{y \Delta u}{u},$$

wenn sich das Zeichen Δ auf u bezieht, und $\Delta u = x$ angenommen wird.

Gleich wie nun die Betrachtung der Differential-Gleichung

$$\frac{df(u)}{f(u)} = \frac{y\,du}{u}$$

zu der Potenz u^y mit willkürlichem Exponenten führt, so kann man sich die Bestimmung einer Function von u zur Aufgabe stellen, welche der Differenzen-Gleichung

$$(41.)\qquad \frac{\Delta f(u)}{f(u)} = \frac{y\,\Delta u}{u}$$

bei einem beliebigen Werthe von y genügen soll.

Aus der vorstehenden Gleichung folgt, wenn $\Delta u = x$ gesetzt wird:

$$f(u+x) - f(u) = \frac{yx}{u} f(u),$$

$$f(u+x) = \frac{u+yx}{u} f(u),$$

$$f(u) = \frac{u}{u+yx} f(u+x);$$

woraus, wenn n eine ganze positive Zahl bedeutet, weiter

$$f(u) = \frac{u(u+x)(u+2x)\ldots\big(u+(n-1)x\big)}{(u+yx)(u+yx+x)\ldots\big(u+(y+n-1)x\big)}\cdot f(u+nx),$$

oder

$$(42.)\qquad f(u) = \frac{(u,+x)^n}{(u+yx,+x)^n}\cdot f(u+nx)$$

folgt. Wenn y eine ganze Zahl ist, so kann man, wie gezeigt, $f(u) = (u,+x)^y$ setzen. Dann hat man:

$$(u+nx,+x)^y = (u+nx)^y.\left(1+\frac{x}{u+nx}\right)\left(1+\frac{2x}{u+nx}\right)\ldots\left(1+\frac{(y-1)x}{u+nx}\right),$$

also

$$\lim_{n=\infty} \frac{(u+nx,+x)^y}{(u+nx)^y} = 1.$$

Dieser Umstand führt darauf, in der Gleichung (42) $n = \infty$ zu setzen und sie so zu schreiben:

$$(43.) \qquad f(u) = \lim_{n=\infty} \left\{ (u + nx)^y \cdot \frac{(u, + x)^n}{(u + yx, + x)^n} \right\} \cdot \lim_{n=\infty} \frac{f(u + nx)}{(u + nx)^y}.$$

Es ist daher vor allen Dingen nöthig, genauer zu untersuchen, was aus dem Ausdrucke

$$(u + nx)^y \cdot \frac{(u, + x)^n}{(u + yx, + x)^n}$$

wird, wenn die positive ganze Zahl n ohne Ende wächst.

Zu dem Ende schalte ich hier zunächst einige allgemeine Sätze über die Convergenz der unendlichen Producte ein. Dieselben sind zwar, so wie die damit verbundenen Sätze über die Convergenz einer bestimmten Gattung von unendlichen Reihen, zum grossen Theile bekannt. Ich glaube aber, wenn ich gleichwohl ausführlicher darauf eingehe, nicht nur wegen der ganz elementaren Herleitung derselben, die einiges Eigenthümliche haben dürfte, sondern vorzüglich deswegen auf Entschuldigung rechnen zu dürfen, weil ich überall bei den vorkommenden Grössen die Untersuchung nicht auf reelle Werthe derselben einschränken, sondern auch auf complexe (imaginäre) Werthe ausdehnen werde.

5.

Einige Sätze über die Convergenz und Divergenz unendlicher Producte.

(I.) Wenn die Glieder einer unendlichen Reihe

$$u_0, u_1, u_2, \ldots \infty$$

sämmtlich reell, positiv und kleiner als Eins sind, und zugleich diese Reihe eine endliche Summe hat, so convergiren die Producte

$$P_n = (1 - u_0)(1 - u_1)(1 - u_2) \ldots (1 - u_n)$$

$$Q_n = (1 + u_0)(1 + u_1)(1 + u_2) \ldots (1 + u_n),$$

wenn n ohne Ende wächst, beide gegen eine bestimmte, positive Grenze; und zwar das erste beständig abnehmend, das andere beständig zunehmend.

Es ist klar, dass P_n, Q_n beständig positiv sind, und dass die erste Grösse beständig abnimmt, die andere aber zunimmt, wenn n beständig wächst. Es ist daher zum Beweise des aufgestellten Satzes nur nöthig, zu zeigen, dass P_n stets grösser, und Q_n stets kleiner bleibt, als eine gewisse positive Grösse.

Es ist, wenn $a, b, c, d \dots$ reelle und positive Grössen sind,

$$(1+a)(1+b) = 1+a+b+ab > 1+a+b$$

$$(1+a)(1+b)(1+c) > (1+a+b)(1+c) > 1+a+b+c$$

$$(1+a)(1+b)(1+c)(1+d) > (1+a+b+c)(1+d) > 1+a+b+c+d$$

u. s. w. Dieselben Ungleichheiten bestehen auch, wenn $a, b, c, d \dots$ sämmtlich negative Grössen, ihrem absoluten Betrage nach aber kleiner als 1 sind.

Ferner kann man, wenn E irgend einen echten positiven Bruch bedeutet, m so gross annehmen, dass die Summe

$$u_{m+1} + u_{m+2} + \dots + u_{m+r}$$

für jeden Werth von r kleiner als E ist. Dies vorausgesetzt, werde $n = m + r$ gesetzt, wo auch m, r ganze positive Zahlen bedeuten sollen; so ist

$$\frac{P_{m+r}}{P_m} = (1-u_{m+1})(1-u_{m+2}) \dots (1-u_{m+r})$$
$$> 1 - u_{m+1} - u_{m+2} - \dots - u_{m+r} > 1 - E,$$

also

$$P_n > P_m(1-E), \text{ wenn } n > m;$$

was gezeigt werden sollte.

Ferner ist

$$\frac{1}{Q_n} = \left(1 - \frac{u_0}{1+u_0}\right)\left(1 - \frac{u_1}{1+u_1}\right) \dots \left(1 - \frac{u_n}{1+u_n}\right),$$

und da nun, wenn $n > m$, E auch grösser als

$$\frac{u_{m+1}}{1+u_{m+1}} + \dots + \frac{u_n}{1+u_n}$$

ist, so hat man:

$$\frac{1}{Q_n} > \left(1 - \frac{u_0}{1+u_0}\right) \cdots \left(1 - \frac{u_m}{1+u_m}\right)(1-E)$$

$$\frac{1}{Q_n} > \frac{1}{Q_m}(1-E),$$

$$Q_n < \frac{Q_m}{1-E}, \text{ wenn } n > m.$$

(II.) Wenn dagegen die Reihe

$$u_0, u_1, u_2, \ldots$$

keine endliche Summe hat, so wird, wenn n ohne Ende zunimmt, indem P_n, beständig positiv bleibend und abnehmend, sich der Grenze Null nähert, während Q_n über jede Grenze hinaus wächst.

Es ist nämlich

$$Q_n > 1 + u_0 + u_1 + \cdots + u_n,$$

und die Summe $u_0 + u_1 + \cdots + u_n$ wächst mit n über jede Grenze hinaus. Ferner ist

$$\frac{1}{P_n} = \left(1 + \frac{u_0}{1-u_0}\right)\left(1 + \frac{u_1}{1-u_1}\right) \cdots \left(1 + \frac{u_n}{1-u_n}\right),$$

und die Reihe $\frac{u_0}{1-u_0}$, $\frac{u_1}{1-u_1}$, u. s. w. hat ebenfalls keine endliche Summe. Es nimmt mithin $\frac{1}{P_n}$, gleichzeitig mit n, ohne Ende zu; und zwar über jede Grenze hinaus; woraus folgt, dass P_n, beständig abnehmend, sich der Grenze Null nähern muss.

Zusatz. Setzt man

$$P_n = \left(1 - \frac{1}{2}\right)\left(1 - \frac{1}{3}\right) \cdots \left(1 - \frac{1}{n}\right),$$

so ist

$$P_n = \frac{1.2 \ldots (n-1)}{2.3 \ldots n} = \frac{1}{n},$$

also $P_n = 0$, für $n = \infty$. Daraus geht hervor, dass die unendliche Reihe

$$\frac{1}{2}, \frac{1}{3}, \frac{1}{4}, \ldots \frac{1}{n}, \ldots$$

keine endliche Summe haben kann. Wird dagegen

$$P_n = \left(1 - \frac{1}{2^2}\right)\left(1 - \frac{1}{3^2}\right) \ldots \left(1 - \frac{1}{n^2}\right)$$

gesetzt, so ist

$$P_n = \frac{1.3}{2.2} \cdot \frac{2.4}{3.3} \ldots \frac{(n-1)(n+1)}{n.n}$$

$$= \frac{1.2 \ldots (n-1)}{2.3 \ldots n} \cdot \frac{3.4 \ldots (n+1)}{2.3 \ldots n} = \frac{n+1}{2n},$$

also $P_n = \frac{1}{2}$ für $n = \infty$. Mithin wird die unendliche Reihe

$$\frac{1}{4}, \frac{1}{9}, \ldots \frac{1}{n^2}, \ldots$$

eine endliche Summe haben.

(III.) Wenn die Glieder der Reihe

$$u_0, u_1, u_2, \ldots$$

sämmtlich reell sind, und von einem bestimmten Gliede an beständig dasselbe Zeichen behalten und kleiner als Eins bleiben, so wird das Product

$$P_n = (1 + u_0)(1 + u_1) \ldots (1 + u_n),$$

wenn n ohne Ende wächst, gegen eine bestimmte endliche Grenze (die, sobald keine der Grössen $u_0, u_1, \ldots = -1$ ist, nicht Null ist) convergiren, wofern die Reihe $u_0, u_1, \ldots$ eine endliche Summe hat.

Wenn aber das Letztere nicht der Fall ist, so wird

$$P_n = \infty \text{ oder } P_n = 0 \text{ für } n = \infty$$

sein, je nachdem die Grössen $u_0, u_1, \ldots$ von einer bestimmten Grösse an, stets positiv oder stets negativ sind.

Alles dies folgt unmittelbar aus den beiden vorhergehenden Sätzen.

(IV.) Auch wenn die Glieder der unendlichen Reihe

$$u_0, u_1, u_2, \ldots \infty$$

complexe (imaginäre) Werthe haben und die Reihe unabhängig von der Anordnung ihrer Glieder eine endliche Summe hat, nähert sich das Product

$$P_n = (1+u_0)(1+u_1)\ldots(1+u_n),$$

wenn n ohne Ende wächst, einer bestimmten Grenze, die von Null verschieden ist, wofern nicht eine der Grössen $u_0, u_1, \ldots = -1$ ist.

Es werde $u_n = v_n + iw_n$ und

$$(1+u_0)(1+u_1)\ldots(1+u_n) = p_n + iq_n,$$

$$\sqrt{p_n^2 + q_n^2} = s_n,$$

gesetzt, wo die Quadratwurzel positiv zu nehmen ist. Dann hat man:

$$s_n = \sqrt{(1+v_0)^2 + w_0^2}\cdot\sqrt{(1+v_1)^2+w_1^2}\ldots\ldots\sqrt{(1+v_n)^2+w_n^2}.$$

Nimmt man nun m so gross an, dass für jeden Werth von n, welcher $\geqq m$ ist, die Summe der absoluten Beträge von v_n und w_n kleiner als 1 ist, so kann man

$$\sqrt{(1+v_n)^2+w_n^2} = 1 + v_n + \varepsilon_n w_n$$

setzen, wo ε_n dasselbe Zeichen wie w_n hat, dem absoluten Betrage nach aber kleiner als Eins ist. Bezeichnet man darauf den absoluten Betrag von v_n durch v'_n, so liegt $\frac{s_n}{s_m}$, wenn $n > m$ ist, zwischen den Grenzen

$$(1 - v_{m+1} - \varepsilon_{m+1} w_{m+1})(1 - v'_{m+2} - \varepsilon_{m+2} w_{m+2})\ldots\ldots(1 - v'_n - \varepsilon_n w_n) \text{ und}$$
$$(1 + v_{m+1} + \varepsilon_{m+1} w_{m+1})(1 + v'_{m+2} + \varepsilon_{m+2} w_{m+2})\ldots\ldots(1 + v'_n + \varepsilon_n w_n)$$

Beide Producte nähern sich aber, wenn n ohne Ende wächst, zufolge des Satzes (I.), bestimmten positiven Grenzen; also bleibt der Werth von

$\frac{s_n}{s_m}$, und daher auch der Werth von s_n oder $\sqrt{p_n^2 + q_n^2}$ stets zwischen zwei endlichen Grenzen, wie gross auch n werden mag. Mithin muss es auch für jede der Grössen p_n, q_n eine Grenze geben, welche den absoluten Betrag der Grösse nicht übersteigen kann.

Nun ist aber

$$p_{n+1} + iq_{n+1} = (1 + v_{n+1} + iw_{n+1})\,(p_n + iq_n) \text{ und}$$

$$p_{n+1} - p_n = v_{n+1}\,p_n - w_{n+1}\,q_n,$$

$$q_{n+1} - q_n = v_{n+1}\,q_n + w_{n+1}\,p_n;$$

woraus, wenn man statt n der Reihe nach m, $m+1$, ... $m+r$ setzt,

$$\begin{aligned} p_{m+r} - p_m = &+ v_{m+1}\,p_m + v_{m+2}\,p_{m+1} + \cdots + v_{m+r}\,p_{m+r-1} \\ &- w_{m+1}\,q_m - w_{m+2}\,q_{m+1} - \cdots - w_{m+r}\,q_{m+r-1} \\ q_{m+r} - q_m = &+ v_{m+1}\,q_m + v_{m+2}\,q_{m+1} + \cdots + v_{m+r}\,q_{m+r} \\ &+ w_{m+1}\,p_m + w_{m+2}\,p_{m+1} + \cdots + w_{m+r}\,p_{m+r} \end{aligned}$$

folgt. Es hat aber jede der Reihen

$$v_0,\; v_1,\; v_2,\; \ldots$$

$$w_0,\; w_1,\; w_2,\; \ldots$$

unabhängig von der Anordnung ihrer Glieder eine endliche Summe; und da die resp. absoluten Beträge von p_n, q_n, wie gross auch n werden mag, gewisse Grenzen nicht übersteigen, so müssen auch die Reihen

$$p_0 v_0,\; p_1 v_1, \ldots \;;\; p_0 w_0,\; p_1 w_1, \ldots$$

$$q_0 v_0,\; q_1 v_1, \ldots \;;\; q_0 w_0,\; q_1 w_1, \ldots$$

endliche Summen haben. Folglich kann man m so gross werden lassen, dass für jeden Werth von r die Ausdrücke auf der Rechten der vorstehenden Gleichungen, also auch $p_{m+r} - p_m$ und $q_{m+r} - q_m$, dem absoluten Betrage nach, kleiner als jede gegebene Grösse sind. Damit aber ist bewiesen, dass p_n, q_n nicht blos endlich bleiben, wenn n ohne Ende wächst, sondern auch dass jede gegen eine bestimmte Grenze convergirt. Ferner ist klar, dass diese Grenzen nicht beide gleich Null sein können, weil sonst $s_n = \sqrt{p_n^2 + q_n^2}$

für $n=\infty$ ebenfalls $=0$ sein würde; was, wie vorhin gezeigt, nicht der Fall ist, wofern nicht eine der Grössen $u_0, u_1, \ldots = -1$ ist. Dieser Fall aber kann ganz ausgeschlossen bleiben, weil dann P_n, für jeden Werth von n, von einem bestimmten Werthe an, gleich Null sein würde.

(V.) Nicht selten trifft man eine unendliche Reihe an, deren Glieder

$$u_0, u_1, u_2, \ldots u_n, \ldots$$

ein solches Gesetz befolgen, dass sich der Quotient $\dfrac{u_n}{u_{n-1}}$ in eine (endliche oder unendliche) Reihe von der Form

$$1+\frac{a_1}{n}+\frac{a_2}{n^2}+\frac{a_3}{n^3}+\cdots$$

entwickeln lässt, wo $a_1, a_2, a_3, \ldots$ von n unabhängig sind, übrigens aber beliebige complexe Werthe haben können, auf die Weise, dass

$$\left.\begin{aligned}
&\text{Lim.}\, n\left(\frac{u_n}{u_{n-1}}-1\right)=a_1\\
&\text{Lim.}\, n^2\left(\frac{u_n}{u_{n-1}}-1-\frac{a_1}{n}\right)=a_2\\
&\text{Lim.}\, n^3\left(\frac{u_n}{u_{n-1}}-1-\frac{a_1}{n}-\frac{a_2}{n^2}\right)=a_3
\end{aligned}\right\}\ \text{für } n=\infty$$

u. s. w. ist.

Wenn in diesem Falle a_μ die erste der Grössen $a_1, a_2, \ldots$ ist, welche nicht verschwindet, so dass

$$\operatorname*{Lim.}_{n=\infty} n^\mu\left(\frac{u_n}{u_{n-1}}-1\right)=a_\mu$$

ist, und es ist erstens $\mu>1$, so wird u_n, wenn n ohne Ende zunimmt, gegen eine bestimmte, endliche und von Null verschiedene Grenze convergiren. Wird dieselbe durch u bezeichnet, so kann man ferner

$$u_n=u+\frac{v_n}{n^{\mu-1}}$$

setzen, wo v_n eine Grösse ist, die endlich bleibt, wie gross auch n werden mag.

Setzt man

$$\frac{u_n}{u_{n-1}} = 1 + \frac{k_n}{n^\mu},$$

so erhält man

$$u_n = u_0\left(1 + \frac{k_1}{1^\mu}\right)\left(1 + \frac{k_2}{2^\mu}\right) \ldots \left(1 + \frac{k_n}{n^\mu}\right).$$

Nun ist aber $\lim\limits_{n=\infty} k_n = a_\mu$; es bleibt mithin k_n endlich, wie gross auch n werden mag. Daraus folgt, dass die Reihe

$$\frac{k_1}{1^\mu}, \frac{k_2}{2^\mu}, \ldots, \frac{k_n}{n^\mu}, \ldots \infty,$$

unabhängig von der Anordnung ihrer Glieder, eine endliche Summe hat, weil dies für die Reihe

$$1, \frac{1}{2^\mu}, \frac{1}{3^\mu}, \ldots, \frac{1}{n^\mu}, \ldots$$

gilt, was bereits für $\mu = 2$ im Zusatze zu (No. II.) gezeigt wurde, und daher auch feststeht, wenn $\mu > 2$ ist. Damit ist aber nach (No. III.) erwiesen, dass u_n für $n = \infty$ einen bestimmten endlichen, von Null verschiedenen Werth annimmt.

Bei diesem Beweise ist allerdings vorausgesetzt worden, dass keine der Grössen $u_0, u_1, \ldots$ gleich Null sei; der Satz bleibt aber gültig, wenn diese Bedingung für alle Grössen der Reihe, von einer bestimmten u_m an, erfüllt ist. Setzt man nämlich $n = m + r$, so ist

$$\frac{u_{m+r}}{u_{m+r-1}} = 1 + \frac{a_\mu}{(r+m)^\mu} + \frac{a_{\mu+1}}{(r+m)^{\mu+1}} + \cdots$$

woraus, sobald $r > m$ ist,

$$\frac{u_{m+r}}{u_{m+r-1}} = 1 + \frac{a_\mu}{r^\mu} + \frac{a'_{\mu+1}}{r^{\mu+1}} + \cdots$$

folgt, wo $a_\mu, a'_{\mu+1}, \ldots$ von r unabhängig sind. Mithin bekommt u_{m+r} für $r = \infty$ einen endlichen, von Null verschiedenen Werth.

Ist nun

$$\operatorname*{Lim.}_{n=\infty} u_n = u,$$

so setze man $u_n = v_n + i w_n$, $k_n = g_n + i h_n$; alsdann hat man:

$$u_n - u_{n-1} = \frac{g_n + i h_n}{n^{\mu}} (v_{n-1} + i w_{n-1}),$$

und daher, wenn man $g_n v_{n-1} - h_n w_{n-1} = p_n$, $g_n w_{n-1} + h_n v_{n-1} = q_n$ setzt,

$$u_n - u_{n+1} = -\frac{p_{n+1} + i q_{n+1}}{(n+1)^{\mu}}.$$

Setzt man nun der Reihe nach $n+1, n+2, \ldots n+r-1$ statt n, wo r irgend eine positive ganze Zahl bedeutet, und addirt die so entstehenden Gleichungen zu der vorstehenden, so ergiebt sich:

$$u_n - u_{n+r} = -\frac{p_{n+1} + i q_{n+1}}{(n+1)^{\mu}} \cdots\cdots - \frac{p_{n+r} + i q_{n+r}}{(n+r)^{\mu}},$$

oder auch, wenn

$$\sigma_{n,r} = \frac{1}{(n+1)^{\mu}} + \cdots + \frac{1}{(n+r)^{\mu}}$$

ist, und $P_{n,r}$ einen Mittelwerth zwischen der grössten und der kleinsten der Grössen $p_{n+1}, \ldots p_{n+r}$, und ebenso $Q_{n,r}$ einen Mittelwerth zwischen der grössten und kleinsten der Grössen $q_{n+1}, \ldots q_{n+r}$ bezeichnet:

$$u_n - u_{n+r} = -(P_{n,r} + i Q_{n,r}) \cdot \sigma_{n,r}.$$

Lässt man nun r ohne Ende wachsen, während n constant bleibt, so nähert sich u_{n+r} der Grenze u; ebenso nähert sich $\sigma_{n,r}$ einer Grenze, die durch σ_n bezeichnet werden möge, und deshalb müssen auch $P_{n,r}$, $Q_{n,r}$ gegen bestimmte Grenzen convergiren, welche P_n, Q_n sein mögen. Man erhält daher

$$u_n = u - \sigma_n (P_n + i Q_n),$$

und es ist klar, dass P_n, Q_n endlich bleiben, wie gross auch n werden mag, da dies für g_n, h_n, v_n, w_n, also auch für p_n, q_n, der Fall ist, und daher Grenzen existiren müssen, die $P_{n,r}$ und $Q_{n,r}$ und mithin auch P_n, Q_n, dem absoluten Betrage nach, nicht übersteigen können. Ferner ist

$$\sigma_n = \frac{1}{(n+1)^\mu} + \frac{1}{(n+2)^\mu} + \frac{1}{(n+3)^\mu} + \dots\dots \infty$$

$$= \frac{1}{(n+1)^2}\cdot\frac{1}{(n+1)^{\mu-2}} + \frac{1}{(n+2)^2(n+2)^{\mu-2}} + \dots\dots \infty,$$

$$\leqq \left(\frac{1}{(n+1)^2} + \frac{1}{(n+2)^2} + \dots\dots\right)\cdot\frac{1}{(n+1)^{\mu-2}}$$

$$< \left(\frac{1}{n(n+1)} + \frac{1}{(n+1)(n+2)} + \dots\dots\right)\cdot\frac{1}{n^{\mu-2}},$$

also $$\sigma_n < \left(\frac{1}{n} - \frac{1}{n+1} + \frac{1}{n+1} - \frac{1}{n+2} + \dots\dots\right)\cdot\frac{1}{n^{\mu-2}},$$

d. h. $$\sigma_n < \frac{1}{n^{\mu-1}}.$$

Man kann also $\sigma_n = \frac{\varepsilon_n}{n^{\mu-1}}$ setzen, wo ε_n ein echter Bruch ist, und wenn man $\varepsilon_n(P_n + iQ_n)$ durch $-v_n$ bezeichnet, so hat man:

$$u_n = u + \frac{v_n}{n^{\mu-1}},$$

und es bleibt v_n endlich, wie gross auch n werden mag.

(VI.) Wenn aber zweitens a_1 nicht Null ist, so sind drei Fälle zu unterscheiden.

(A.) Ist der reelle Theil von a_1 positiv, so wird u_n unendlich gross für $n = \infty$;

(B.) Ist der reelle Theil von a_1 Null, so bleibt zwar u_n endlich, wie gross auch n werden mag, nähert sich aber, wenn n beständig zunimmt, keiner bestimmten Grenze.

(C.) Ist der reelle Theil von a_1 negativ, so wird $u_n = 0$ für $n = \infty$.

Es sei $a_1 = g + hi$ und es werde

$$p_n = \left(1 + \frac{g}{m}\right)\left(1 + \frac{g}{m+1}\right)\dots\dots\left(1 + \frac{g}{m+n}\right),$$

$$q_n = \left(1 + \frac{hi}{m}\right)\left(1 + \frac{hi}{m+1}\right)\dots\dots\left(1 + \frac{hi}{m+n}\right)$$

gesetzt, wo m eine ganze positive Zahl bedeuten soll, die grösser ist als der absolute Betrag sowohl von g als auch von h. Dann hat man:

$$\frac{u_n}{p_n q_n} : \frac{u_{n-1}}{p_{n-1} q_{n-1}} = \frac{u_n}{u_{n-1}} \cdot \frac{p_{n-1} q_{n-1}}{p_n q_n}$$

$$= \left(1 + \frac{a_1}{n} + \frac{a_2}{n^2} + \ldots\right)\left(1 + \frac{g}{n+m}\right)^{-1}\left(1 + \frac{hi}{n+m}\right)^{-1}$$

$$= \left(1 + \frac{a_1}{n} + \cdots\right)\left(1 - \frac{g}{n} + \cdots\right)\left(1 - \frac{hi}{n} + \cdots\right)$$

$$= 1 + \frac{a_2'}{n^2} + \cdots,$$

wo a_2' u. s. w. von n unabhängig ist. Mithin convergirt, nach dem vorhergehenden Satze, $\frac{u_n}{p_n q_n}$, wenn n beständig zunimmt, gegen eine bestimmte endliche und von Null verschiedene Grenze, und man kann

$$\frac{u_n}{p_n q_n} = v + \frac{v_n}{n}, \text{ also}$$

$$u_n = p_n q_n \cdot \left(v + \frac{v_n}{n}\right)$$

setzen, wo v von n unabhängig ist, v_n aber stets endlich bleibt.

Setzt man $q = q_n' + i q_n''$, so hat man:

$$q_n' q_n' + q_n'' q_n'' = \left(1 + \frac{h^2}{m^2}\right)\left(1 + \frac{h^2}{(m+1)^2}\right) \cdots\cdots \left(1 + \frac{h^2}{(m+n)^2}\right),$$

und es nähert sich diese Grösse, nach (No. I.), wenn n ohne Ende wächst, einer bestimmten, von Null verschiedenen Grenze, weil die Reihe

$$\frac{h^2}{m^2}, \quad \frac{h^2}{(m+1)^2}, \ldots$$

eine endliche Summe hat. Mithin bleiben auch q_n' und q_n'' stets endlich.

Bezeichnet man $\frac{h}{m+n}$ durch t_n, so hat man:

$$q_n' + i q_n'' = (1 + i t_n)\ (q_{n-1}' + i q_{n-1}''),$$

also

$$q'_n - q'_{n-1} = -t_n q''_{n-1},$$
$$q''_n - q''_{n-1} = t_n q'_{n-1}.$$

Setzt man in diesen Gleichungen statt n der Reihe nach $n, n+1, \ldots, n+r$ und addirt die so sich ergebenden Gleichungen, so erhält man:

$$q'_{n+r} - q'_{n-1} = -(t_n + t_{n+1} + \cdots + t_{n+r-1})\, q''_{n,r}$$
$$q''_{n+r} - q''_{n-1} = (t_n + t_{n+1} + \cdots + t_{n+r-1})\, q'_{n,r};$$

wo $q'_{n,r}$ einen Mittelwerth der Grössen $q'_{n-1}, q'_n, \ldots q'_{n+r-1}$, und

$q''_{n,r}$ einen Mittelwerth der Grössen $q''_{n-1}, q''_n, \ldots q''_{n+r-1}$

bedeutet. Nun bleiben aber die Werthe der Grössen auf der Linken dieser Gleichungen stets endlich, während die Summe

$$t_n + t_{n+1} + \cdots + t_{n+r-1} = \frac{h}{m+n} + \frac{h}{m+n+1} + \cdots + \frac{h}{m+n+r+1},$$

wenn r wächst und n constant bleibt, über jede Grenze hinaus zunimmt. Daher müssen $q'_{n,r}, q''_{n,r}$ beide sich der Null nähern, wenn r ohne Ende zunimmt, n aber unverändert bleibt.

Es werde nun n so gross angenommen, dass die Differenz zwischen je zwei aufeinander folgenden Gliedern der Reihe $q'_{n-1}, q'_n, q'_{n+1}, \ldots$ dem absoluten Betrage nach kleiner sei als eine beliebig angenommene, noch so kleine Zahl E; was möglich ist, weil

$$q'_{n+r} - q'_{n+r-1} = -t_{n+r} q''_{n+r-1},$$

und t_{n+r} beliebig klein werden kann, wenn nur n gross genug angenommen wird, während q''_{n+r-1} stets endlich bleibt. Ferner sei r so gross, dass auch der absolute Betrag von $q'_{n,r}$ kleiner als E ist. Haben dann in der Reihe $q'_{n-1}, q'_n, \ldots q'_{n+r-1}$ sämmtliche Glieder dasselbe Zeichen, so ist $q'_{n,r}$ dem absoluten Betrage nach grösser als das kleinste derselben; dieses muss daher von Null weniger verschieden sein als E. Im entgegengesetzten Fall aber muss es zwei unmittelbar auf einander folgende Glieder von verschiedenen Zeichen geben, und da die Differenz derselben kleiner als E ist, so folgt, dass jedes von ihnen kleiner als E ist. Man sieht also, dass man, wenn man in der Reihe $q'_0, q'_1, \ldots$ von irgend einem Gliede aus weiter geht, stets auf eines kommen muss, dass dem absoluten Betrage nach noch kleiner als jede gegebene Grösse ist. Dasselbe gilt für die Reihe $q_0'', q_1'', \ldots$

Nun nähert sich aber der Werth von $q_n' q_n' + q_n'' q_n''$, wenn n beständig zunimmt, einer bestimmten Grenze G, und wenn daher wieder E eine beliebige kleine Grösse ist, so muss man, ausgehend von einem beliebigen Gliede der Reihe $q_0, q_1, \ldots$ unter den folgenden stets auf eines kommen, für welches die Bedingungen

$$G - E < q_n' q_n' + q_n'' q_n'' < G + E,$$
$$q_n'' q_n'' < E$$

erfüllt werden. Dann hat man

$$G - 2\,E < q_n' q_n' < G + E;$$

d. h. es muss auf jedes Glied der Reihe $q_0', q_1', \ldots.$ wie weit vom Anfange entfernt es auch sei, stets wieder ein solches Glied folgen, welches seinem absoluten Betrage nach der Grenze $\sqrt{G}$ beliebig nahe kommt. Dasselbe gilt von den Gliedern der Reihe $q_0'', q_1'', \ldots$; und somit ist erwiesen, dass sich q_n, wenn n beständig wächst, keiner bestimmten Grenze nähert, sondern sowohl der reelle, als auch der imaginäre Theil dieser Grösse zwischen zwei verschiedenen endlichen Grenzen s c h w a n k t.

Für das Product p_n folgt unmittelbar aus (Nr. I.), in Verbindung mit dem Umstande, dass die Reihe

$$\frac{g}{m}, \frac{g}{m+1}, \ldots \frac{g}{m+n}, \ldots$$

keine endliche Summe hat:

$$\lim_{n=\infty} p_n = \infty, \text{ wenn } g \text{ positiv ist und}$$
$$\lim_{n=\infty} p_n = 0 \quad, \text{ wenn } g \text{ negativ ist.}$$

Aus der Formel

$$u_n = \left(v + \frac{v_n}{n}\right) p_n\, q_n$$

ergiebt sich jetzt ohne Weiteres Folgendes:

1. Wenn g positiv ist, so wird der absolute Betrag von u_n unendlich gross für $n=\infty$;
2. Wenn g negativ ist, so wird derselbe unendlich klein für $n=\infty$;
3. Wenn $g=$ Null ist, so nähert sich derselbe, wenn n beständig zunimmt, zwar einer bestimmten Grenze, aber da dann

$$u_n = vq_n + \frac{v_n q_n}{n} \text{ und } \operatorname*{Lim.}_{n=\infty} \frac{vq_n}{n} = 0$$

ist, so convergirt u_n selbst, gegen keinen bestimmten Werth, sondern schwankt.

Anmerkung. Setzt man, was hier absichtlich vermieden ist, die Theorie der Potenzen mit beliebigen Exponenten voraus, so lässt sich der vorstehende Satz viel kürzer begründen. Denn es ist

$$\frac{u_n}{n^{g+hi}} : \frac{u_{n-1}}{(n-1)^{g+hi}} = \frac{u_n}{u_{n-1}} \cdot \left(1-\frac{1}{n}\right)^{g+hi} = \left(1+\frac{g+hi}{n}+\cdots\right)\left(1-\frac{g+hi}{n}+\cdots\right)$$
$$= \left(1+\frac{a_2'}{n^2}+\cdots\right),$$

folglich nähert sich, wenn n ohne Ende zunimmt, $\frac{u_n}{n^{g+hi}}$ nach (Nr. 5) einer bestimmten, von Null verschiedenen Grenze; und wenn man dieselbe durch v bezeichnet, so kann man

$$\frac{u_n}{n^{g+hi}} = v + \frac{v_n}{n},$$

oder

$$u_n = n^g \cdot \left(v+\frac{v_n}{n}\right)[\cos(h\log n) + i\sin(h\log n)]$$

setzen, wo v_n stets endlich bleibt. Aus dieser Formel folgt der zu beweisende Satz unmittelbar.

(VII.) Wenn wieder

$$\frac{u_n}{u_{n-1}} = 1 + \frac{g+hi}{n} + \frac{a_2}{n^2} + \cdots$$

ist, so weiss man, dass die Summe

$$\text{(A.)} \qquad u_0 + u_1 x + u_2 x^2 + \cdots + u_n x^n,$$

wenn n ohne Ende zunimmt, gegen eine bestimmte endliche Grenze convergirt, sobald der absolute Betrag von x kleiner als 1 ist; so wie auch, dass sie divergirt, wenn der genannte Betrag grösser als 1 ist. Beides gilt auch, wenn t_n den absoluten Betrag von u_n, ξ den von x bedeutet, für die Summe

$$\text{(B.)} \qquad t_0 + t_1 \xi + t_2 \xi^2 + \cdots + t_n \xi^n.$$

Ist aber der absolute Betrag von x gleich 1, so gelten folgende Sätze.

1) Die Summe (A) convergirt, wofern nicht $x = 1$ ist, sobald g negativ, die Summe (B) aber nur, wenn $g < -1$ ist.

2) Wenn aber $x = 1$ ist, so convergirt die Reihe (A) — und dann gleichzeitig auch (B) — nur in dem Falle, wo $g < -1$ ist; sie bleibt zwar endlich, wie gross auch n werden mag, nähert sich aber keiner bestimmten Grenze, wenn $g = -1$ und $h \lesseqgtr 0$ ist; und divergirt in jedem anderen Falle.

3) Beide Reihen divergiren, wenn $g \geqq 0$ ist, indem dann weder $u_n x^n$, noch $t_n \xi^n$, für $n = \infty$ unendlich klein werden.

Da der absolute Betrag von x der Einheit gleich sein soll, so ist die Summe (B) gleich

$$t_0 + t_1 + \cdots + t_n.$$

Ferner, wenn

$$\frac{u_n}{u_{n-1}} = 1 + \frac{g + hi}{n} + \frac{g' + h'i}{n^2} + \cdots$$

ist, so hat man

$$\frac{t_n}{t_{n-1}} = \sqrt{\left(1 + \frac{g}{n} + \frac{g'}{n^2} + \cdots\right)^2 + \left(\frac{h}{n} + \frac{h'}{n^2} + \cdots\right)^2}$$

$$= 1 + \frac{g}{n} + \cdots$$

Setzt man nun, wenn m eine ganze positive Zahl bedeutet, die grösser ist als der absolute Betrag von g, wieder

$$p_n = \left(1+\frac{g}{m}\right)\left(1+\frac{g}{m+1}\right) \cdots \left(1+\frac{g}{m+n}\right),$$

so kann man (nach Nr. VI), wenn man t_n an die Stelle der dort mit u_n bezeichneten Grösse treten lässt, wo dann $q_n = 1$ wird,

$$t_n = \left(t + \frac{t'_n}{n}\right) p_n$$

setzen, wo t von n unabhängig ist, t'_n aber stets endlich bleibt.

Nun ist

$$p_n - p_{n-1} = \frac{g}{m+n} \cdot p_{n-1},$$

$$(m+n) \cdot p_n - (m+n-1) \cdot p_{n-1} = (g+1) \cdot p_{n-1};$$

setzt man also in dieser Gleichung statt n der Reihe nach $1, 2, \ldots n$, so erhält man durch Zusammenziehung der so entstehenden Gleichungen:

$$(m+n)p_n - mp_0 = (g+1)(p_0 + p_1 + \cdots + p_{n-1}).$$

Aus dieser Gleichung aber ist zu ersehen, dass es, wofern nicht $g+1=0$ ist, zur Convergenz der Summe

$$p_0 + p_1 + \cdots + p_{n-1}$$

hinreichend und nothwendig ist, dass $(m+n)p_n$ einer bestimmten Grenze sich nähere, wenn n beständig zunimmt. Dies kann aber, da

$$\frac{(m+n)p_n}{(m+n-1)p_{n-1}} = \left(1+\frac{g}{n+m}\right)\left(1-\frac{1}{m+n}\right)^{-1}$$

$$= \left(1+\frac{g}{n}+\cdots\right)\left(1+\frac{1}{n}+\cdots\right) = 1 + \frac{g+1}{n} + \cdots$$

ist, nur dann geschehen, wenn $g+1$ negativ ist, (indem der Fall $g+1=0$ ausgeschlossen ist), wo dann $(m+n)p_n$ für $n=\infty$ (gemäss Art. VI) unendlich klein wird.

Ist $g+1=0$, so hat man

$$p_n=\left(1-\frac{1}{m}\right)\left(1-\frac{1}{m+1}\right)\cdots\cdots\left(1-\frac{1}{m+n}\right)=\frac{m+1}{m+n}$$

und

$$p_0+p_1+\cdots+p_n=(m-1)\left(\frac{1}{m}+\frac{1}{m+1}+\cdots+\frac{1}{m+n}\right).$$

Diese Summe ist aber (Art. II Zus.) divergent. Mithin ist es zur Convergenz der Summe

$$p_0+p_1+\cdots+p_n$$

nothwendig und hinreichend, dass $g<-1$ sei.

Nun ist aber

$$t_0+t_1+\cdots+t_n=t_0+t(p_1+\cdots+p_n)+(t_1'p_1)+\frac{1}{2}(t_2'p_2)+\cdots+\frac{1}{n}(t_n'p_n).$$

Wenn daher $g<-1$ ist, so wird auch $t_0+t_1+\cdots+t_n$ convergiren, indem $(t_1'p_1)+\frac{1}{2}(t_2'p_2)+\cdots+\frac{1}{n}(t_n'p_n)$ gleichzeitig mit $p_1+p_2+\cdots+p_n$ convergirt.

Ist $g \gtreqless -1$, aber <0, so divergirt von diesen beiden letzten Summen die zweite, während die erste, da

$$\frac{p_n}{n}:\frac{p_{n-1}}{n-1}=\frac{p_n}{p_{n-1}}\cdot\frac{n-1}{n}=\left(1+\frac{g}{n}+\cdots\right)\left(1+\frac{1}{n}\right)=1+\frac{g+1}{n}+\cdots$$

ist, noch convergirt; folglich divergirt auch $t_0+t_1+\cdots+t_n$. Dasselbe findet statt, wenn $g \gtreqless 0$ ist, weil dann t_n für $n=\infty$ nicht unendlich klein wird. Man sieht also, dass die Reihe (B) convergirt oder divergirt, je nachdem $g<-1$ ist oder nicht.

Im Convergenz der Summe (A) ist zunächst erforderlich, dass $\operatorname{Lim.}_{n=\infty} t_n=0$ sei, weshalb $g<0$ sein muss. Dies vorausgesetzt, werde

$$\left(1+\frac{g+hi}{m}\right)\left(1+\frac{g+hi}{m+1}\right)\cdots\cdots\left(1+\frac{g+hi}{m+n}\right)=P_n$$

gesetzt, so hat man:

$$\frac{u_n}{P_n} : \frac{u_{n-1}}{P_{n-1}} = \frac{u_n}{u_{n-1}} \cdot \frac{P_{n-1}}{P_n} = \left(1 + \frac{g+hi}{n} + \frac{a_2}{n^2} + \cdots\right)\left(1 + \frac{g+hi}{n+m}\right)^{-1}$$
$$= 1 + \frac{a_2'}{n^2} + \cdots$$

Mithin kann man (nach Nr. V)

$$u_n = P_n\left(v + \frac{w_n}{n}\right),$$

setzen, wo wieder v von n unabhängig ist, w_n aber stets endlich bleibt. Ferner sei

$$s_n = u_1 x + u_2 x^2 + \cdots + u_n x^n$$
$$S_n = P_1 x + P_2 x^2 + \cdots + P_n x^n$$
$$S_n' = w_1 P_1 x + \frac{1}{2} w_2 P_2 x^2 + \cdots + \frac{1}{n} w_n P_n x^n;$$

dann hat man

$$s_n = v S_n + S_n'.$$

Nun ist

$$\frac{P_n}{n} : \frac{P_{n-1}}{n-1} = \left(1 - \frac{1}{n}\right)\left(1 + \frac{g+hi}{n}\right) = 1 + \frac{g-1+hi}{n} + \cdots,$$

und da $g - 1 < -1$ ist, so convergirt, wenn man durch Q_n den absoluten Betrag von P_n bezeichnet, nach dem vorher Bewiesenen die Summe

$$\frac{1}{1} Q_1 + \frac{1}{2} Q_2 + \cdots + \frac{1}{n} Q_n,$$

und daher auch, indem $x^n w_n$ stets endlich bleibt, S_n''. Daraus folgt, dass s_n gleichzeitig mit S_n convergirt, schwankt oder divergirt.

Es ist aber

$$(1-x) S_n = P_1 x + (P_2 - P_1) x^2 + (P_3 - P_2) x^3 + \cdots + (P_n - P_{n-1}) x^n - P_n x^{n+1}$$
$$= P_1 x + (g+hi) \cdot \left\{\frac{P_1}{m+2} x + \frac{P_2}{m+3} x^2 + \cdots + \frac{P_{n-1}}{m+n} x^{n-1}\right\} x - P_n x^{n+1}.$$

Die eingeklammerte Summe convergirt, was gerade so gezeigt wird, wie für S'_n, und $\lim\limits_{n=\infty} P_n = 0$, weil g negativ angenommen worden; folglich wird auch $(1-x)S_n$, und, wenn nicht $1-x=0$, auch S_n convergiren.

Die Summe (A) convergirt also stets, wenn $g=0$, und nicht $x=1$ ist.

Wenn aber $x=1$, so hat man

$$S_n + P_0 = P_0 + P_1 + \cdots + P_n = \frac{(m+n+1)P_{n-1} - m \, . \, P_0}{g+hi+1};$$

wie sich unmittelbar aus der im Vorhergehenden gefundenen Formel für die Summe $p_0 + p_1 + \cdots + p_{n-1}$ ergiebt, wenn man in derselben $g+hi$ für g und $n+1$ statt n setzt. Es wird daher, wofern nicht etwa $g=-1$ und zugleich $h=0$ ist, S_n convergiren, wenn sich $(m+n+1)P_{n+1}$ bei beständig zunehmendem Werthe von n einer bestimmten Grenze nähert. Dies kann, da

$$\begin{aligned}\frac{(m+n+1)P_{n+1}}{(m+n)P_n} &= \left(1+\frac{g+hi}{n+1}+\cdots\right)\left(1+\frac{m+1}{n}\right)\left(1+\frac{m}{n}\right)^{-1}\\ &= 1+\frac{g+1+hi}{n}+\cdots,\end{aligned}$$

ist, nur geschehen, wenn $g+1<0$ ist, indem der Fall $g+1=0, h=0$ ausgeschlossen ist.

Ist $g+1=0$ und $h=0$, so ist die Divergenz der Summe $P_0 + P_1 + \cdots + P_n$ bereits im Vorhergehenden bewiesen.

Folglich convergirt, wofern $x=1$ ist, die Summe (A) nur, gleichzeitig mit der Summe (B), wenn $g<-1$ ist.

Wenn $g=-1$ und $h \gtrless 0$, so bleibt der Werth von $(m+n+1)P_{n+1}$ nach (Art. VI.) zwar stets endlich, nähert sich aber keiner bestimmten Grenze. Dasselbe gilt also auch von S_n und von der Summe (A).

Wenn endlich $g>-1$, also $g+1>0$ ist, so wird der Werth von $(m+n+1)P_{n+1}$ unendlich gross für $n=\infty$. Mithin divergirt in diesem Falle S_n, und auch die Summe (A).

Damit ist der aufgestellte Satz in allen seinen Theilen erwiesen.

Anmerkung 1. Setzt man statt u_n den in der Anm. zu (Art. VI) gegebenen Ausdruck $u_n = \frac{u}{n^{g+hi}} + \frac{v_n}{n^{g+1+hi}}$, so ist leicht zu sehen, dass die

Summe (A) gleichzeitig mit der folgenden:

$$1+x+\frac{x^2}{2^{g+hi}}+\frac{x^3}{3^{g+hi}}+\cdots+\frac{x^n}{n^{g+hi}}$$

convergirt, schwankt, oder divergirt.

Anm. 2. Die Sätze V bis VII stimmen, wenn man den in ihnen vorkommenden Grössen nur reelle Werthe beilegt, im Wesentlichen mit denen überein, welche Gauss in der Abhandlung „Disquisitiones generales circa seriem infinitam"

$$1+\frac{\alpha\beta}{\gamma}x+\frac{\alpha(\alpha+1)\beta(\beta+1)}{2.\gamma(\gamma+1)}x^2+\cdots$$

begründet hat. Mit der hier gegebenen Erweiterung dienen sie für eine grosse Menge von unendlichen Reihen, die in der Analysis vorkommen, zur Entscheidung über die Convergenz oder Divergenz derselben. Aus diesem Grunde habe ich sie ausführlicher entwickelt, als gerade für den nächsten Zweck nöthig gewesen wäre. Übrigens würden sie sich ohne Mühe noch bedeutend verallgemeinern lassen.

6.

Jetzt zurückkehrend zu der Gleichung (43) des § 4, gebe ich, da

$$\operatorname*{Lim.}_{n=\infty}\left\{\frac{(u+nx)^y}{(nx)^y}\right\}=1^y$$

und

$$\frac{(u,+x)^n}{(u+yx,+x)^n}=\frac{u(u+x)(u+2x)\ldots\ldots(u+(n-1)x)}{(u+yx)(u+yx+x)\ldots\ldots(u+(y+n-1)x)}$$

$$=\frac{\frac{u}{x}\left(1+\frac{u}{x}\right)\left(1+\frac{u}{2x}\right)\ldots\ldots\left(1+\frac{u}{(n-1)x}\right)}{\left(\frac{u+yx}{x}\right)\left(1+\frac{u+yx}{x}\right)\left(1+\frac{u+yx}{2x}\right)\ldots\ldots\left(1+\frac{u+yx}{(n-1)x}\right)}$$

ist, indem ich

$$n^{-u}u(1+u)\left(1+\frac{u}{2}\right)\ldots\ldots\left(1+\frac{u}{n-1}\right)=F(u,n) \tag{44.}$$

setze, derselben die Form:

$$(45.)\qquad f(u) = x^y \operatorname*{Lim.}_{n=\infty}\left\{\frac{F\left(\frac{u}{x}, n\right)}{F\left(\frac{u}{x}+y, n\right)}\right\} \operatorname*{Lim.}_{n=\infty}\left\{\frac{f(u+nx)}{(u+nx)^y}\right\}.$$

Nun ist

$$\frac{F(u,n)}{F(u,n-1)} = \left(\frac{n}{n-1}\right)^{-u}\left(1+\frac{u}{n-1}\right)$$

$$= \left(1-\frac{1}{n}\right)^u\left(1+\frac{u}{n-1}\right)$$

$$= \left(1-\frac{u}{n}+\frac{u(u-1)}{2n^2}-\cdots\cdots\right)\left(1+\frac{u}{n}+\frac{u}{n^2}+\cdots\right)$$

$$= 1-\frac{u(u-1)}{2n^2}+\cdots\cdots,$$

also convergirt $F(u,n)$, wenn n ohne Ende zunimmt, gemäss Art. V des § 5, gegen eine bestimmte endliche Grenze, welchen Werth auch u haben mag. Bezeichnet man diese Grenze, die eine Function von u ist, durch $Fc(u)$, so hat man:

$$(46.)\qquad Fc(u) = \operatorname*{Lim.}_{n=\infty}\left\{n^{-u}u(1+u)\left(1+\frac{u}{2}\right)\cdots\cdots\left(1+\frac{u}{n-1}\right)\right\},$$

oder

$$(47.)\qquad Fc(u) = u\prod_{\alpha=1}^{\alpha=+\infty}\left\{\left(\frac{\alpha}{\alpha+1}\right)^u\left(1+\frac{u}{\alpha}\right)\right\}.$$

Es erhellt aus diesen Formeln zugleich, dass $Fc(u)$ nur verschwindet, wenn u der Null oder einer negativen ganzen Zahl gleich ist.

Hiernach ist

$$\operatorname*{Lim.}_{n=\infty}\frac{F\left(\frac{u}{x}, n\right)}{F\left(\frac{u}{x}+y, n\right)} = \frac{Fc\left(\frac{u}{x}\right)}{Fc\left(\frac{u}{x}+y\right)},$$

und es muss daher, der Gleichung (45) gemäss, wenn es wirklich eine Function $f(u)$ giebt, die der Gleichung (41) genügt, $\dfrac{f(u+nx)}{(u+nx)^y}$ einer bestimmten endlichen Grenze sich nähern, wenn n beständig zunimmt — wenigstens wofern nicht $Fc\left(\frac{u}{x}\right) = 0$ ist.

Bezeichnet man diese Grenze, als Function von u betrachtet, durch $\psi(u)$, so muss

$$\psi(u+x) = \psi(u) \tag{48.}$$

sein, da

$$\operatorname*{Lim.}_{n=\infty} \frac{f(u+nx)}{(u+nx)^y} = \operatorname*{Lim.}_{n=\infty} \frac{f(u+x+nx)}{(u+x+nx)^y}$$

ist, und es ergiebt sich

$$f(u) = x^y \frac{Fc\left(\frac{u}{x}\right)}{Fc\left(\frac{u}{x}+y\right)} \psi(u). \tag{49.}$$

Umgekehrt lässt sich nun erweisen, dass jede Function von u, welche durch diese Formel dargestellt wird, wenn nur $\psi(u)$ die in der Gleichung (48) ausgesprochene Eigenschaft hat, der Gleichung (41) genügt.*) Denn es ist

$$u\,F(u+1, n) = n^{-u-1} \frac{(u+1)(u+2)\ldots\ldots(u+n)}{1.2\ldots\ldots(n-1)} = \frac{u+n}{n} F(u, n),$$

woraus für $n = \infty$,

$$Fc(u) = u\,Fc(u+1) \tag{50.}$$

folgt. Mithin ist

$$f(u+x) = x^y \frac{Fc\left(\frac{u}{x}+1\right)}{Fc\left(\frac{u}{x}+y+1\right)} \psi(u+x) = \frac{u+yx}{u} f(u),$$

oder

$$\frac{f(u+x)-f(u)}{f(u)} = \frac{yx}{u},$$

welches die Gleichung (41) ist.

*) Es ist zu bemerken, dass bei der Herleitung der Formel (49) die Grössen x, y als Constanten betrachtet worden sind und deshalb $\psi(u)$ anzusehen ist als eine von u und von x, y abhängende Grösse, die, als Function von u betrachtet, der Gleichung (48) genügt.

Um nun die Function $\psi(u)$ zweckmässig zu bestimmen, kann man die Forderung stellen, es solle, sowie für die Function $(u, +x)^y$, falls y eine ganze Zahl ist, die Gleichung

$$\operatorname*{Lim.}_{n=\infty} \frac{(u+nx, +x)^y}{(u+nx)^y} = 1^y$$

gilt, der Function $f(u)$ für jeden Werth von y die durch die Gleichung

$$\frac{f(u+nx)}{(u+nx)^y} = 1^y$$

ausgesprochene Eigenschaft zukommen.

Dann muss nach dem Vorhergehenden $\psi(u) = 1^y$ sein und somit $f(u)$ durch die Formel

$$(51.) \qquad f(u) = x^y \frac{Fc\left(\frac{u}{x}\right)}{Fc\left(\frac{u}{x}+y\right)}$$

definirt werden.

Nun ist (in § 2) mittels der beiden, aus (50) und (46) folgenden Gleichungen

$$(52.) \qquad Fc\,(u) = u(u+1)\,.\,.\,.\,.\,.\,(u+n-1)\,Fc\,(u+n)$$

$$(53.) \qquad Fc\,(1) = 1$$

gezeigt worden, dass

$$(54.) \qquad \operatorname*{Lim.}_{n=\infty} \left\{ \frac{n^{-u}\,Fc\,(n)}{Fc\,(u+n)} \right\} = 1$$

ist; wobei zu bemerken, dass hier, wie auch in (46)

$$n^{-u} = e^{-u\log n} = 1 - u\log n + \frac{u^2\log^2 n}{1.2} - \,.\,.\,.\,.\,.$$

zu setzen ist, unter der Bedingung, dass von den verschiedenen Werthen von $\log n$ der reelle genommen werde, so dass also $Fc\,(u)$ eine eindeutige Function von u ist.

Hiernach ist, wenn man jetzt für die durch die Gleichung (51) definirte Function $f(u)$ die Bezeichnung $(u,+x)^y$ einführt,

$$(u+nx,+x)^y = x^y \frac{Fc\left(\frac{u}{x}+n\right)}{Fc\left(\frac{u}{x}+y+n\right)},$$

$$\frac{(u+nx,+x)^y}{(u+nx)^y} = \frac{(nx)^y}{(u+nx)^y}\left\{\frac{n^{-\frac{u}{x}-y}Fc(n)}{Fc\left(\frac{u}{x}+y+n\right)} : \frac{n^{-\frac{u}{x}}Fc(n)}{Fc\left(\frac{u}{x}+n\right)}\right\};$$

mithin ist für jeden Werth von y in der That:

$$\text{(55.)} \qquad \operatorname*{Lim.}_{n=\infty}\left\{\frac{(u+nx,+x)^y}{(u+nx)^y}\right\} = 1^y.$$

Hinsichtlich der Function $Fc(u)$ ist noch zu bemerken, dass sie durch die Gleichungen (50), (53), (54) vollständig bestimmt wird. Denn aus (50) und (53) folgt

$$Fc(u) = \frac{u(u+1)\ldots\ldots(u+n-1)}{1.2\ldots\ldots(n-1)} \frac{Fc(n)}{Fc(n+u)};$$

woraus sich mittels (54) die Formel (46) ergiebt.

Durch das Vorstehende sind also jetzt folgende Resultate erlangt.

I. Es giebt eine, und zwar nur eine, für alle Werthe der unbeschränkt veränderlichen Grösse u definirte, eindeutige und für keinen endlichen Werth von u unendlich gross werdende Function $Fc(u)$, welche die in den Gleichungen

$$\text{(56.)} \qquad \left\{\begin{aligned} &Fc(u) = u\,Fc(u+1), \\ &Fc(1) = 1, \\ &\operatorname*{Lim.}_{n=\infty}\left\{\frac{n^{-u}Fc(n)}{Fc(n+u)}\right\} = 1 \end{aligned}\right.$$

ausgesprochenen Eigenschaften hat und durch die Formel

$$Fc(u) = u\prod_{\alpha=1}^{\alpha=+\infty}\left\{\left(\frac{\alpha}{\alpha+1}\right)^u\left(1+\frac{u}{\alpha}\right)\right\}$$

dargestellt wird.

II. Es giebt eine, und zwar nur eine, von drei unbeschränkt veränderlichen Argumenten, der Basis u, der Differenz x und dem Exponenten y, abhängige und durch $(u,+x)^y$ bezeichnete Function, welche der Gleichung

$$\frac{\Delta(u,+x)^y}{(u,+x)^y} = \frac{yx}{u}, \tag{57.}$$

in der sich das Zeichen Δ auf u bezieht und $\Delta u = x$ zu nehmen ist, genügt, und zugleich die in der Formel

$$\operatorname*{Lim.}_{n=\infty} \left\{ \frac{(u+nx,+x)^y}{(u+nx)^y} \right\} = 1^y, \tag{58.}$$

wo n eine positive ganze Zahl bedeutet, ausgesprochene Eigenschaft besitzt. Ihr allgemeiner Ausdruck ist

$$(u,+x)^y = x^y \frac{Fc\left(\frac{u}{x}\right)}{Fc\left(\frac{u}{x}+y\right)}, \tag{59.}$$

oder

$$(u,+x)^y = x^y \frac{u}{u+yx} \prod_{\alpha=1}^{\alpha=+\infty} \left\{ \left(\frac{\alpha+1}{\alpha}\right)^y \frac{u+\alpha x}{u+(y+\alpha)x} \right\} \tag{60.}$$

Aus der Formel (59) ergeben sich dann, wie in § 1 gezeigt worden, für $(u,+x)^y$ die Grundgleichungen

$$(u,+x)^{y+k} = (u,+x)^y (u+yx,+x)^k, \tag{61.}$$

$$(u,+x)^{y-k} = \frac{(u,+x)^y}{(u+(y-k)x,+x)^k}, \tag{62.}$$

$$(ku,+kx)^y = k^y (u,+x)^y, \tag{63.}$$

$$(u,+x)^1 = u, \tag{64.}$$

aus welchen sich nun eine Reihe anderer herleiten lässt, z. B.

$$(u,+x)^0 = 1, \tag{65.}$$

$$(u,+x)^{-y} = \frac{1}{(u-yx,+x)^y}, \tag{66.}$$

und insbesondere, wenn y eine positive ganze Zahl ist,

$$(67.)\qquad (u,+x)^y = u(u+x)(u+2x)\,\ldots\ldots\,(u+(y-1)x)$$

$$(68.)\qquad (u,+x)^{-y} = \frac{1}{(u-x)(u-2x)\,\ldots\ldots\,(u-yx)}.$$

Ferner, wenn y, v, w beliebige Grössen bedeuten,

$$(69.)\qquad (u,+x)^y = \left(\frac{x}{w}\right)^y \frac{(v,+w)^{\frac{u}{x}-\frac{v}{w}+y}}{(v,+w)^{\frac{u}{x}-\frac{v}{w}}}$$

u. s. w. (Vgl. Crelle's „Mémoire sur la théorie des puissances, des fonctions angulaires et des facultés analytiques").

Ich bemerke noch, dass die Formel (43), welche aus der Bestimmungsgleichung (57) folgt, mittels der anderen (58) unmittelbar zu dem Ausdrucke von $(u,+x)^y$ in der Form des unendlichen Products (67) führt, dessen Convergenz nach dem Satze (Art. V. § 5) feststeht, sobald nicht $\frac{u}{x}+y$ Null oder eine **negative ganze** Zahl ist. Ist aber $\frac{u}{x}+y=-m$, (unter m eine ganze positive Zahl, Null eingeschlossen, verstanden), so folgt aus (69), wenn man $v=1$, $w=1$ setzt:

$$(u,+x)^y = \frac{x^y(1,+1)^{-m-1}}{(1,+1)^{-y-m-1}};$$

da nun, nach (66), $(1,+1)^{-m-1}=\infty$ ist, so sieht man, dass die Form $\frac{1}{0}$, welche in diesem Falle das Product (60) annimmt, durch die Natur der Function $(u,+x)^y$ gefordert wird.

Nachdem auf die angegebene Weise eine Definition der Facultät $(u,+x)^y$ gefunden ist, die **nicht mehr Bestimmungen enthält, als nöthig sind**, und die alsbald zu einem allgemeinen Ausdrucke, sowie zu den wichtigsten Eigenschaften der Function führt, gelangt man auf einem ganz ähnlichen Wege zu der anderen Facultäten-Form $(u,-x)^y$; worunter, um wiederholt daran zu erinnern, **nicht** $(u,+(-x))^y$ verstanden werden soll.

Sie wird nämlich durch die beiden Gleichungen

$$(70.)\quad \begin{cases} \dfrac{\Delta(u,-x)^y}{(u,-x)^y} = -\dfrac{yx}{u}, \\[2ex] \operatorname*{Lim.}_{n=\infty}\left\{\dfrac{(u+nx,-x)^y}{(u+nx)^y}\right\} = 1^y \end{cases}$$

definirt, wo aber jetzt $\Delta u = -x$ zu setzen ist.

Dann folgt aus der ersten dieser Gleichungen

$$\frac{(u-x,-x)^y - (u,-x)^y}{(u,-x)^y} = -\frac{yx}{u},$$

$$(u-x,-x)^y = \frac{u-yx}{u}(u,-x)^y,$$

und hieraus, wenn man $u+x$ statt u setzt:

$$(u,-x)^y = \frac{u+(1-y)x}{u}(u+x,-x)^y,$$

welche Gleichung zu der folgenden:

$$(u,-x)^y$$

$$= \frac{u+(1-y)x}{u+x}\,\frac{u+(2-y)x}{u+2x}\cdots\cdots\frac{u+(n-y)x}{u+nx}(u+nx,-x)^y$$

$$= \frac{\left(\frac{u}{x}+1-y\right)\left(1+\frac{\frac{u}{x}+1-y}{1}\right)\left(1+\frac{\frac{u}{x}+1-y}{2}\right)\cdots\cdots\left(1+\frac{\frac{u}{x}+1-y}{u-1}\right)}{\left(\frac{u}{x}+1\right)\left(1+\frac{\frac{u}{x}+1}{1}\right)\left(1+\frac{\frac{u}{x}+1}{2}\right)\cdots\cdots\left(1+\frac{\frac{u}{x}+1}{n-1}\right)}(u+nx,-x)^y$$

führt. Setzt man statt $(u+nx,-x)^y$

$$x^y\,\frac{(u+nx,-x)^y}{(u+nx)^y}\,\frac{n^{-\frac{u}{x}+y-1}}{n^{-\frac{u}{x}-1}}\left(\frac{nx}{u+nx}\right)^{-y},$$

und dann $n=\infty$, so erhält man, gemäss (70) und (46):

$$(71.)\qquad (u,-x)^{y}=x^{y}\,\frac{Fc\left(\frac{u}{x}+1-y\right)}{Fc\left(\frac{u}{x}+1\right)},$$

oder auch

$$(72.)\qquad (u,-x)^{y}=x^{y}\,\frac{u+x-yx}{u+x}\prod_{\alpha=1}^{\alpha=+\infty}\left\{\left(\frac{\alpha+1}{\alpha}\right)^{y}\frac{u+(\alpha+1-y)x}{u+(\alpha+1)x}\right\}.$$

Zugleich lässt sich aus der Formel (71) mittels der Eigenschaften der Function $Fc(u)$ ohne Weiteres beweisen, dass die durch dieselbe ausgedrückte Function $(u,-x)^{y}$ wirklich die in den Gleichungen (70) ausgesprochenen Eigenschaften hat.

Es ergeben sich dann aus (71) für $(u,-x)^{y}$ die Grundgleichungen:

$$(73.)\qquad (u,-x)^{y+k}=(u,-x)^{y}(u-yx,-x)^{k},$$

$$(74.)\qquad (u,-x)^{y-k}=\frac{(u,-x)^{y}}{(u-(y-k)x,-x)^{y}},$$

$$(75.)\qquad (ku,-kx)^{y}=k^{y}(u,-x)^{y},$$

$$(76.)\qquad (u,-x)^{1}=u;$$

aus denen wieder die folgenden:

$$(77.)\qquad (u,-y)^{0}=1,$$

$$(78.)\qquad (u,-x)^{-y}=\frac{1}{(u+yx,-x)^{y}},$$

und insbesondere, wenn y eine positive ganze Zahl ist,

$$(79.)\qquad (u,-x)^{y}=u(u-x)(u-2x)\ldots\ldots(n-(y-1)x),$$

$$(80.)\qquad (u,-x)^{-y}=\frac{1}{(u+x)(u+2x)\ldots\ldots(u+yx)},$$

sowie, wenn y, v, w beliebige Grössen bedeuten,

(81.) $$(u, -x)^y = \left(\frac{x}{w}\right)^y \frac{(v, -w)^{\frac{v}{w}-\frac{u}{x}+y}}{(v, -w)^{\frac{v}{w}-\frac{u}{x}}}$$

u. s. w. hergeleitet werden*). Ferner hat man:

(82.) $$\begin{cases} (u, -x)^y = (u+x-yx, +x)^y = \dfrac{1}{(u+x, +x)^{-y}} \\ (u, +x)^y = (u-x+yx, +x)^y = \dfrac{1}{(u-x, -x)^{+y}}. \end{cases}$$

Setzt man endlich in (59) $u=x=1$, und $u-1$ für y, so findet sich

(83.) $$Fc(u) = \frac{1}{(1, +1)^{u-1}},$$

und wenn man in (71) $u=0$, $x=1$ und $-u+1$ statt y setzt:

(84.) $$Fc(u) = (0, -1)^{1-u},$$

so dass also die Factorielle $Fc(u)$ selbst eine Facultät ist.

7.

Es ist oben angegeben worden, dass sich die Function $Fc(u)$ nach ganzen positiven Potenzen von u in eine beständig, d. h. für alle reellen und imaginären Werthe von u convergirende Reihe entwickeln lasse; sowie, dass die Reihe, in welche man die Facultät $(u, +x)^y$ nach steigenden Potenzen der Differenz x entwickeln kann, niemals convergirt, wenn y keine ganze Zahl ist. Es erscheint mir nicht unangemessen, auf die Rechtfertigung beider Behauptungen näher einzugehen.

*) Es ist hierbei zu bemerken, dass, obwohl $(u, -x)^y$ nicht gleich $(u, +(-x))^y$ ist, gleichwohl alle Gleichungen, die ohne Zuziehung der zweiten Gleichung (70) aus den Gleichungen (73—76) folgen, aus den entsprechenden für $(u, +x)^y$ durch Verwandlung von x in $(-x)$ sich ergeben.

Zu dem Ende stelle ich noch einige Sätze über die Convergenz der unendlichen Reihen zusammen, welche hier, sowie auch im Folgenden, zur Anwendung kommen.

1) Hat man eine unenliche Reihe von der Form

$$\sum a_{\alpha,\beta,\ldots}\, x^{\alpha} y^{\beta} \ldots,$$

hat, wo $x, y, \ldots$ veränderliche Grössen sind und $\alpha, \beta, \ldots$ ganze Zahlen, von denen jede, unabhängig von den andern, alle Werthe von 0 bis $+\infty$ durchläuft, und es bleiben die absoluten Beträge der Glieder der Reihe, wie gross auch $\alpha, \beta, \ldots$ werden mögen, sämmtlich kleiner als eine angebbare Grösse, wenn für $x, y, \ldots$ bestimmte Werthe $x_0, y_0, \ldots$ gesetzt werden; so convergirt die Reihe für alle Werthe von $x, y, \ldots$, die ihrem absoluten Betrage nach beziehlich kleiner als $x_0, y_0, \ldots$ sind, und zwar unbedingt.*)

Bezeichnet man nämlich die absoluten Beträge von

$$a_{\alpha,\beta,\ldots}, \quad x, y, \ldots, \quad x_0, y_0, \ldots,$$

durch

$$A_{\alpha,\beta,\ldots}, \quad \xi, \eta, \ldots, \quad \xi_0, \eta_0, \ldots,$$

so lässt sich, der Voraussetzung nach, eine (positive) Grösse G angeben, die grösser ist als

$$A_{\alpha,\beta,\ldots}\, \xi_0^{\alpha} \eta_0^{\beta} \ldots,$$

welche Werthe auch $\alpha, \beta, \ldots$ haben mögen. Alsdann ist der absolute Betrag von $a_{\alpha,\beta,\ldots}$ kleiner als $G\xi_0^{-\alpha}\eta_0^{-\beta}\ldots$, also der absolute Betrag von $a_{\alpha,\beta,\ldots}x^{\alpha}y^{\beta}\ldots$ kleiner als $G\xi_0^{-\alpha}\eta_0^{-\beta}\ldots\xi^{\alpha}\eta^{\beta}\ldots$, und daher die Summe von beliebig vielen Gliedern der betrachteten Reihe dem absoluten Betrage nach kleiner als

$$\sum G\xi_0^{-\alpha}\eta_0^{-\beta}\ldots\xi^{\alpha}\eta^{\beta}\ldots = \frac{G}{\left(1-\frac{\xi}{\xi_0}\right)\left(1-\frac{\eta}{\eta_0}\right)\ldots},$$

wofern $\xi < \xi_0$, $\eta < \eta_0$, ..., wodurch der aufgestellte Satz erwiesen ist.

---

*) Eine Reihe soll unbedingt convergent genannt werden, wenn sie bei jeder beliebigen Anordnung ihrer Glieder convergirt. Dazu ist erforderlich und hinreichend, dass die Reihe der absoluten Beträge ihrer Glieder eine endliche Summe habe.

2) Es seien die Glieder einer unendlichen Reihe

$$\varphi, \varphi', \varphi'' \ldots\ldots$$

Functionen beliebig vieler Veränderlichen $x, y, \ldots$, die sich nach ganzen positiven Potenzen von $x, y, \ldots$ in Reihen entwickeln lassen. Ferner sollen $\psi, \psi', \psi'', \ldots\ldots$ diejenigen Reihen bezeichnen, in welche die Reihen-Ausdrücke von $\varphi, \varphi', \varphi'', \ldots\ldots$ dadurch übergehen, dass jeder Coëfficient derselben durch seinen absoluten Betrag ersetzt wird.

Wenn nun für bestimmte positive Werthe $\xi_0, \eta_0, \ldots$ von $x, y, \ldots$ jede einzelne der Reihen $\psi, \psi', \psi'', \ldots$ und ebenso ihre Summe

$$\psi + \psi' + \psi'' + \ldots\ldots$$

convergirt, so convergirt auch die Summe

$$\varphi + \varphi' + \varphi'' + \ldots\ldots,$$

für alle Werthe von $x, y, \ldots$, die ihrem absoluten Betrage nach nicht grösser als beziehlich $\xi_0, \eta_0, \ldots$ sind. Bezeichnet man in den Reihen-Ausdrücken von $\varphi, \varphi', \varphi'', \ldots\ldots$ die Coëfficienten von $x^\alpha y^\beta \ldots$ beziehlich durch $a_{\alpha,\beta,\ldots}, a'_{\alpha,\beta,\ldots}, a''_{\alpha,\beta,\ldots}, \ldots\ldots$ und setzt

$$a_{\alpha,\beta,\ldots} + a'_{\alpha,\beta,\ldots} + a''_{\alpha,\beta,\ldots} + \ldots = A_{\alpha,\beta,\ldots},$$

so hat jede der Grössen $A_{\alpha,\beta,\ldots}$ einen endlichen Werth, und es ist für die genannten Werthe von $x, y, \ldots$ die Reihe

$$\sum A_{\alpha,\beta,\ldots} x^\alpha y^\beta \ldots$$

nicht nur convergent, sondern auch gleich der Summe

$$\varphi + \varphi' + \varphi'' + \ldots\ldots$$

Dieser Satz ergiebt sich unmittelbar aus dem vorhergehenden und aus dem Begriffe einer unbedingt convergenten Reihe.

3) Wenn von den beiden Reihen

$$\varphi = \sum a_{\alpha.\beta,\ldots} x^{\alpha} y^{\beta} \ldots$$
$$\varphi_1 = \sum b_{\alpha.\beta,\ldots} x^{\alpha} y^{\beta} \ldots$$

jede für alle Werthe von $x, y, \ldots$, die dem absoluten Betrage nach kleiner als beziehlich $\xi_0, \eta_0, \ldots$ sind, convergirt, so ergiebt sich aus dem vorhergehenden Satze, dass auch die Reihen

$$\sum (a_{\alpha,\beta,\ldots} \pm b_{\alpha,\beta,\ldots}) x^{\alpha} y^{\beta} \ldots$$
$$\sum (a_{\alpha',\beta',\ldots} b_{\alpha'',\beta'',\ldots} x^{\alpha} y^{\beta} \ldots), \qquad (\alpha'+\alpha''=\alpha,\ \beta'+\beta''=\beta, \ldots)$$

für dieselben Werthe von $x, y, \ldots$ convergent sind, und beziehlich die Summe, die Differenz und das Product von φ und φ_1 darstellen.

Daraus ergiebt sich, als weitere Folgerung:

4) Wenn $\varphi, \varphi_1, \varphi_2, \ldots\ldots$ beliebig viele Functionen von $x, y, \ldots$ sind, die sich nach ganzen positiven Potenzen dieser Grössen in Reihen entwickeln lassen, und F ist eine ganze rationale Function von $\varphi, \varphi_1, \varphi_2, \ldots\ldots$, so ist die Reihe, welche aus F durch Substitution jener Reihen für $\varphi, \varphi_1, \varphi_2, \ldots\ldots$ und durch formelle Entwickelung nach Potenzen von $x, y, \ldots$ hervorgeht, stets unbedingt convergent und ihre Summe gleich F für alle diejenigen Werthe von $x, y, \ldots.$ für welche die Entwickelungen von $\varphi, \varphi_1, \varphi_2, \ldots\ldots$ sämmtlich unbedingt convergiren.

5) Ist aber F eine Function von $\varphi, \varphi_1, \varphi_2, \ldots\ldots$, die sich in eine unendliche Reihe

$$\sum C_{\alpha,\beta,\gamma,\ldots\ldots} \varphi^{\alpha} \varphi_1^{\beta} \varphi_2^{\gamma} \ldots\ldots$$

entwickeln lässt, und man setzt statt $\varphi, \varphi_1, \varphi_2, \ldots\ldots$ ihre Reihen-Ausdrücke, so gelten hinsichtlich der Convergenz der Reihe, die man aus der vorstehenden durch Entwickelung derselben nach Potenzen von $x, y, \ldots$ erhält, folgende Bestimmungen.

A) Es convergire die ursprüngliche Reihe für F, sobald $\varphi, \varphi_1, \varphi_2, \ldots\ldots$ ihrem absoluten Betrage nach kleiner sind als beziehlich $\rho, \rho_1, \rho_2, \ldots\ldots$, und es seien $\psi, \psi_1, \psi_2, \ldots\ldots$ die Reihen, in welche $\varphi, \varphi_1, \varphi_2, \ldots\ldots$ übergehen, wenn man jeden Coëfficienten der letzteren durch seinen absoluten Betrag ersetzt; ferner sei $f(x, y, \ldots)$ die Reihe, in welche F durch die angegebene Substitution übergeht, und $\xi, \eta, \ldots$ seien wieder die absoluten Beträge von $x, y, \ldots$; alsdann convergirt $f(x, y, \ldots)$ und es besteht die Gleichung

$$F(\varphi, \varphi_1, \varphi_2, \ldots\ldots) = f(x, y, \ldots)$$

jedenfalls für alle Werthe von $x, y, \ldots$, die den Bedingungen

$$\psi(\xi, \eta, \ldots) < \rho, \quad \psi_1(\xi, \eta, \ldots) < \rho_1, \quad \psi_2(\xi, \eta, \ldots) < \rho_2, \quad \ldots\ldots$$

Genüge leisten. Wenn daher $\varphi(0,0,\ldots)$, $\varphi_1(0,0,\ldots)$, $\varphi_2(0,0,\ldots)$, ... ihrem absoluten Betrage nach kleiner als beziehlich $\rho, \rho_1, \rho_2, \ldots\ldots$ sind, so wird die Reihe $f(x, y, \ldots)$ wenigstens für ale Werthe von $x, y, \ldots$, deren absolute Beträge gewisse Grenzen nicht überschreiten, convergiren.

B) Convergirt die Reihe, in welche F nach Potenzen von $\varphi, \varphi_1, \varphi_2, \ldots\ldots$ entwickelt werden kann, für alle Werthe dieser Grössen, so convergirt die Reihe $f(x, y, \ldots)$ und es besteht die Gleichung

$$f(x, y, \ldots) = F(\varphi, \varphi_1, \varphi_2, \ldots\ldots)$$

für alle diejenigen Werthe von $x, y, \ldots$, für welche die Reihen-Entwickelungen von $\varphi, \varphi_1, \varphi_2, \ldots\ldots$ sämmtlich unbedingt convergiren.

Anm. Es ist wohl zu bemerken, dass die vorstehenden Sätze (2—5) nicht unbedingt umgekehrt werden dürfen; man darf also z. B. nicht behaupten, in dem zuletzt betrachteten Falle convergire $f(x, y, \ldots)$ nur für solche Werthe von $x, y, \ldots$, für welche die Entwickelungen von $\varphi, \varphi_1, \varphi_2, \ldots\ldots$ sämmtlich convergiren. Die Sätze geben daher, obgleich sie sich bei vielen Untersuchungen nützlich erweisen, keineswegs die wahren Kriterien, nach welchen über die Convergenz von Reihen, die nach ganzen positiven Potenzen einer oder mehrerer Veränderlichen fortschreiten, entschieden werden kann. Diese Kriterien müssen vielmehr aus einer andern Quelle abgeleitet werden; wie ich dies bei einer andern Gelegenheit zu zeigen gedenke.

Ich betrachte jetzt, um den ersten der oben angegebenen Sätze zu beweisen, die Function $Fc\,(u)$, und beschränke die Veränderlichkeit von u zunächst auf solche Werthe, deren absoluter Betrag kleiner als eine beliebig angenommene ganze positive Zahl m ist.

Man hat

$$Fc(u) = u\prod_{\alpha=1}^{\alpha=m-1}\left\{\left(\frac{\alpha}{\alpha+1}\right)^u\left(1+\frac{u}{\alpha}\right)\right\}\prod_{\alpha=m}^{\alpha=+\infty}\left\{\left(\frac{\alpha}{\alpha+1}\right)^u\left(1+\frac{u}{\alpha}\right)\right\}$$

Setzt man nun

$$\prod_{\alpha=m}^{\alpha=+\infty}\left\{\left(\frac{\alpha}{\alpha+1}\right)^u\left(1+\frac{u}{\alpha}\right)\right\} = \prod_{\alpha=0}^{\alpha=+\infty}\left\{\left(\frac{\alpha+m}{\alpha+m+1}\right)^u\left(1+\frac{u}{\alpha+m}\right)\right\} = \varphi(u, m);$$

so ist

$$\log\varphi(u, m) = \sum_{\alpha=0}^{\alpha=+\infty}\left\{-u\log\left(1+\frac{1}{\alpha+m}\right)+\log\left(1+\frac{u}{\alpha+m}\right)\right\}$$

$$= \sum_{\alpha=0}^{\alpha=+\infty}\left\{\sum_{\mathfrak{a}=2}^{\mathfrak{a}=+\infty}\frac{(-1)^{\mathfrak{a}}(u^{\mathfrak{a}}-u)}{\mathfrak{a}(\alpha+m)^{\mathfrak{a}}}\right\}$$

Es sei ferner

$$\sum_{\mathfrak{a}=2}^{\mathfrak{a}=+\infty}\frac{(-1)^{\mathfrak{a}}(u^{\mathfrak{a}}-u)}{\mathfrak{a}(m+\alpha)^{\mathfrak{a}}} = \varphi_\alpha(u)$$

und

$$\sum_{\mathfrak{a}=2}^{\mathfrak{a}=+\infty}\frac{(u^{\mathfrak{a}}+u)}{\mathfrak{a}(m+\alpha)^{\mathfrak{a}}} = \psi_\alpha(u),$$

so dass $\psi_\alpha(u)$ aus der Reihe $\varphi_\alpha(u)$ dadurch hervorgeht, dass man in dieser jeden Coëfficienten durch seinen absoluten Betrag ersetzt. Dann wird sich nach dem zweiten der vorstehenden Sätze

$$\log\varphi(u, m) = \varphi_1(u) + \varphi_2(u) + \cdots + \varphi_n(u) + \cdots$$

nach Potenzen von u in eine convergirende Reihe entwickeln lassen, wenn die Summe

$$\sum_{\alpha=0}^{\alpha=+\infty}\psi_\alpha(u) = \sum_{\alpha=0}^{\alpha=+\infty}\sum_{\mathfrak{a}=2}^{\mathfrak{a}=+\infty}\frac{u^{\mathfrak{a}}+u}{\mathfrak{a}(m+\alpha)^{\mathfrak{a}}}$$

für jeden positiven Werth von u, der kleiner als m ist, einen endlichen Werth hat. Dies ist in der That der Fall.

Es ist nämlich

$$\sum_{\alpha=0}^{\alpha=+\infty} \frac{1}{(m+\alpha)^{\mathfrak{a}}} = \frac{1}{m^{\mathfrak{a}}} \sum_{\alpha=0}^{\alpha=+\infty} \frac{1}{\left(1+\frac{\alpha}{m}\right)^{\mathfrak{a}}},$$

und wenn man in der letzteren Summe das $(n+1)$te Glied durch t_n bezeichnet:

$$\frac{t_n}{t_{n-1}} = \frac{\left(1+\frac{n-1}{m}\right)^{\mathfrak{a}}}{\left(1+\frac{n}{m}\right)^{\mathfrak{a}}} = \frac{\left(1+\frac{m-1}{n}\right)^{\mathfrak{a}}}{\left(1+\frac{m}{n}\right)^{\mathfrak{a}}} = 1 - \frac{\mathfrak{a}}{n} + \cdots,$$

also wenn

$$\sum_{\alpha=0}^{\alpha=+\infty} \frac{1}{\left(1+\frac{\alpha}{m}\right)^{\mathfrak{a}}} = s_{\mathfrak{a}}$$

gesetzt wird, für $\mathfrak{a} > 1$ nach (§ 5, VII, 2) $s_{\mathfrak{a}}$ eine endliche Grösse, die abnimmt, wenn $\mathfrak{a}$ wächst; woraus, da

$$\sum_{\alpha=0}^{\alpha=+\infty} \psi_\alpha(u) = \sum_{\mathfrak{a}=2}^{\mathfrak{a}=+\infty} \frac{(u^{\mathfrak{a}}+u)\, s_{\mathfrak{a}}}{\mathfrak{a}\, m^{\mathfrak{a}}}$$

ist, das Behauptete unmittelbar folgt.

Nach dem fünften der obigen Sätze (Art. B.) lässt sich nun von den beiden Factoren, in die $Fc(u)$ zerlegt ist, der zweite, welcher gleich

$$e^{\log \varphi(u, m)}$$

ist, nach ganzen positiven Potenzen von u in eine Reihe entwickeln, die sicher für jeden der betrachteten Werthe von u convergirt; der erste Factor aber ist durch eine beständig convergirende Reihe von derselben Form darstellbar. Es ergiebt sich also, nach dem dritten der angeführten Sätze, für $Fc(u)$ eine nach ganzen positiven Potenzen von u fortschreitende Reihe, welche jedenfalls convergirt, wenn der absolute Betrag von u kleiner als m ist. Die Coëfficienten dieser Reihe sind aber von m unabhängig; da man nun diese Zahl beliebig gross annehmen kann, so muss die in Rede stehende Reihe für jeden endlichen Werth von u convergiren; w. z. b. w.

Was den zweiten der obigen Sätze angeht, so bemerke ich zunächst Folgendes.

Wenn y eine positive ganze Zahl ist, so kann die Facultät $(u, +x)^y$ in eine endliche Reihe von der Form

$$u^y \left\{ 1 + (y)_1 \frac{x}{u} + (y)_2 \frac{x^2}{u^2} + \cdots \right\}$$

entwickelt werden, wo sich die Coëfficienten $(y)_1$, $(y)_2$, ... als ganze Functionen von y darstellen lassen. Nimmt man für y eine beliebige Grösse an, so verwandelt sich die vorstehende Formel in eine unendliche Reihe. Ist y eine negative ganze Zahl, so lässt sich leicht zeigen, dass diese Reihe für alle Werthe von u, x, bei denen der absolute Betrag von $\frac{x}{u}$ unter einer bestimmten, von y abhängigen Grenze liegt, convergirt und ebenfalls gleich $(u, +x)^y$ ist. Man hat nun angenommen, dies müsse auch für nicht ganzzahlige Werthe von y der Fall sein, und es hat namentlich Öttinger in der oben (S. 189) angeführten Abhandlung bei seinen Deductionen die in Rede stehende Reihe vielfach benutzt. Aus den nachstehenden Betrachtungen erhellt indessen, dass die Reihe, wofern y keine ganze Zahl ist, niemals convergirt, welche Werthe man auch den Grössen u, x, beilegen möge.

Wenn eine Reihe von der Form

$$\sum_{\alpha=-\infty}^{\alpha=+\infty} a_\alpha x^\alpha,$$

wo α eine veränderliche ganze Zahl bedeutet, für jeden Werth von x, dessen absoluter Betrag zwischen zwei Grenzen a und b liegt, convergirt, so giebt es, wofern man x auf irgend einen, ganz innerhalb des Convergenzgebietes der Reihe liegenden Bereich beschränkt, in demselben stets nur eine endliche Anzahl von Werthen, für welche die Reihe den Werth Null annimmt. Der strenge Beweis dieses Satzes, von dem man bei manchen Untersuchungen Gebrauch machen kann, lässt sich aus den oben aufgestellten Convergenz-Sätzen ableiten; was ich jedoch hier der Kürze wegen übergehe.

Dies vorausgesetzt, werde in der obigen Reihe (was unbeschadet der Allgemeinheit geschehen kann) $x = 1$ gesetzt, für y irgend ein bestimmter Werth angenommen, und unter u zunächst eine positive reelle Grösse verstanden. Angenommen nun, die Reihe convergire für irgend einen bestimmten Werth u_0 von u, so wird dies auch für jeden grösseren Werth der Fall sein und es ist unter der Bedingung, dass u zwischen den Grenzen u_0 und $+\infty$ angenommen und bei der Bestimmung der Potenz u^y dem Logarithmus von u sein reeller Werth beigelegt werde,

$$\varphi(u) = u^y\left\{1+(y)_1 u^{-1}+(y)_2 u^{-2}+\cdots\right\}$$

eine eindeutige und continuirliche Function der Grösse u.

Wenn y eine ganze positive Zahl ist, so hat man

$$\varphi(u+1) = \frac{u+y}{u}\,\varphi(u),$$

also

$$(u+y)\left\{u^y+(y)_1 u^{y-1}+(y)_2 u^{y-2}+\cdots\right\} = u\left\{(u+1)^y+(y)_1(u+1)^{y-1}+\cdots\right\}.$$

Entwickelt man, y als eine unbestimmte Grösse betrachtend, beide Seiten dieser Gleichung in Reihen, die nach fallenden Potenzen von u fortschreiten, so müssen die Coëfficienten der einen Reihe den gleichstelligen der anderen Reihe für alle positiven ganzzahligen Werthe von y gleich sein; woraus folgt, dass sie identisch einander gleich sein werden, weil sie nämlich sämmtlich ganze rationale Functionen von y sind. (In der That gelangt man, wenn man die angedeutete Rechnung ausführt, zu den bekannten Ausdrücken von $(y)_1, (y)_2, \ldots$). Mithin muss die in der vorstehenden Gleichung ausgesprochene Relation

$$\varphi(u+1) = \frac{u+y}{u}\,\varphi(u)$$

gelten, sobald nur die genannten Reihen beide convergiren; was bei den obigen Annahmen sicher der Fall ist, wenn u nicht nur $> u_0$, sondern auch > 1 ist.

Aus dieser Relation ergiebt sich, wenn n eine beliebige positive ganze Zahl bezeichnet,

$$\varphi(u) = \frac{u(u+1)\ldots(u+n-1)}{(u+y)(u+y+1)\ldots(u+y+n-1)}\,\varphi(u+n)$$

oder, wenn $F(u, n)$ dieselbe Bedeutung hat wie im Anfange des § 6,

$$\varphi(u) = \frac{F(u, n)}{F(u+y, n)} \frac{\varphi(u+n)}{(u+n)^y}.$$

Es ist aber

$$\lim_{n=\infty} \frac{\varphi(u+n)}{(u+n)^y} = 1,$$

und daher (§ 6, Gleichung 46)

$$\varphi(u) = \frac{Fc\,(u)}{Fc\,(u+y)},$$

wenigstens für jeden Werth von u, der $> u_0$ und zugleich > 1 ist.

Aus dieser Gleichung folgt, wenn man

$$\varphi_1(u) = 1 + (y)_1 u^{-1} + (y)_2 u^{-2} + \cdots$$

setzt,

$$\frac{1}{Fc\,(u)} \frac{dFc\,(u)}{du} - \frac{1}{Fc\,(u+y)} \frac{dFc\,(u+y)}{du} = \frac{y}{u} + \frac{1}{\varphi_1(u)} \frac{d\varphi_1(u)}{du},$$

$$\varphi_1(u)\left(Fc\,(u+y) \frac{dFc\,(u)}{du} - Fc\,(u) \frac{dFc\,(u+y)}{du}\right) - Fc\,(u)\,Fc\,(u+y)\left(\frac{y}{u}\varphi_1(u) + \frac{d\varphi_1(u)}{du}\right) = 0.$$

Der Ausdruck auf der linken Seite der letzten Gleichung lässt sich nun in eine nach ganzen (positiven und negativen) Potenzen von u fortschreitende Reihe entwickeln, welche jedenfalls convergirt, wenn der absolute Betrag von u grösser als u_0 ist; die Coëfficienten dieser Reihe müssen aber, da die Gleichung für jeden zwischen bestimmten Grenzen liegenden reellen Werth von u gilt, nach dem oben angeführten Hülfssatze sämmtlich gleich Null sein.

Daraus folgt, dass die vorstehende Gleichung für jeden (reellen oder complexen) Werth von u, dessen absoluter Betrag grösser als u_0 ist, besteht. Dies ist aber nur möglich, wenn y eine ganze Zahl ist. Nimmt man nämlich eine ganze positive Zahl n, die $> u_0$ ist, so an, dass $\varphi_1(-n)$ einen von Null verschiedenen Werth erhält, und setzt $u = -n$, so reducirt sich die linke Seite der Gleichung auf

$$\varphi_1(-n)\,Fc\,(-n+y)\left(\frac{dFc\,(u)}{du}\right)_{u=-n},$$

und dies Product hat stets einen von Null verschiedenen Werth, wenn y keine ganze Zahl ist.

Hiernach ist die Annahme, dass die Reihe

$$u^y\{1+(y)_1u^{-1}+(y)_2u^{-2}+\cdots\},$$

wenn der Grösse y ein nicht ganzzahliger Werth beigelegt wird, für irgend einen endlichen Werth von u convergire, unstatthaft.

Damit soll jedoch keineswegs behauptet werden, dass die Differenz zwischen $(u, +1)^y$ und der Summe mehrerer der ersten Glieder der vorstehenden Reihe, wenn u ohne Ende wächst, nicht kleiner werden könne, als jede gegebene Grösse. Indessen leuchtet ein, dass sich aus der in Rede stehenden Reihe hinsichtlich der Facultät $(u, +x)^y$, namentlich was das Verhalten derselben betrifft, wenn der Quotient $\frac{x}{u}$ unendlich klein wird, ohne Betrachtung des Ergänzungsgliedes, welches der Reihe hinzuzufügen ist, sobald man sie mit irgend einem Gliede abbricht, durchaus keine sicheren Schlüsse ziehen lassen. Ein brauchbarer Ausdruck für dieses Ergänzungsglied dürfte sich aber nur mit Schwierigkeit ermitteln lassen.

8.

Ich gehe jetzt zu den Entwickelungen von

$$(u+k, +x)^y \text{ und } (u+k, -x)^y,$$

sowie von

$$\log(u, +x)^y \text{ und } \log(u, -x)^y$$

über, welche in dem erwähnten Crelle'schen „Mémoire" aus der daselbst als allgemeine Taylor'sche Reihe aufgestellten Entwickelungsformel hergeleitet worden sind. In der Gestalt, wie diese Entwickelungen dort gegeben sind, ist ihre Richtigkeit ausser Frage, indem sie identische Umgestaltungen der darzustellenden Functionen sind, und dem allgemeinen $n$ten Gliede jedesmal der ergänzende Rest beigefügt ist. Anwendbar sind sie jedoch nur, insofern sich dieses Ergänzungsglied der Grenze Null nähert, wenn n ohne Ende zunimmt. Ob dies der Fall sei, lässt sich in den meisten Fällen aus der Betrachtung des Ergänzungsgliedes selbst nur schwer erkennen, (es dürfte vielleicht möglich sein, den in Rede stehenden Rest durch ein bestimmtes Integral auszudrücken, welches eine leichtere Beurtheilung seines Betrages zuliesse), indem der am angeführten Orte zu diesem Zwecke aufgestellte Satz, wie es von dem Verfasser selbst in einer späteren Abhandlung über denselben Gegenstand bemerkt worden ist, nur dann gilt, wenn die Reihe mit irgend einem Gliede abbricht. Aus dem blossen Umstande aber, dass die Summe der n ersten Glieder, wenn n ohne Ende wächst, sich einer bestimmten endlichen Grenze nähert, lässt sich bei einer Reihe von dieser Form nicht schliessen, dass sie der zu entwickelnden Grösse gleich sei. Denn gesetzt, es bestehe für eine bestimmte Function $F(x)$ und für alle einem gewissen continuirlichen Bereiche angehörigen Werthe von x und $x+k$ wirklich die Gleichung

$$F(x+k) = F(x) + \sum_{\nu=1}^{\nu=+\infty} \left\{ \frac{(k,-\alpha)^{\nu}}{(1,+1)^{\nu}} \frac{\Delta^{\nu} F(x)}{\alpha^{\nu}} \right\},$$

wo α eine Constante bedeutet und $\Delta x = \alpha$ zu nehmen ist; so sei $\psi(x)$ eine der Bedingung

$$\psi(x+\alpha) = \psi(x)$$

genügende Function und

$$F_1(x) = \psi(x)\, F(x).$$

Dann convergirt, indem

$$\Delta^{\nu} F_1(x) = \psi(x)\, \Delta^{\nu} F(x)$$

ist, für die genannten Werthe von x und $x+k$ auch die Reihe

$$F_1(x) + \sum_{\nu=1}^{\nu=+\infty} \left\{ \frac{(k,-\alpha)^{\nu}}{(1,+1)^{\nu}} \frac{\Delta^{\nu} F_1(x)}{\alpha^{\nu}} \right\};$$

dieselbe ist aber gleich $\psi(x)\, F(x+k)$, also nur dann gleich $F_1(x+k)$, wenn

$$\psi(x+k) = \psi(x)$$

ist, was bei einem bestimmten Werthe von x nicht für alle einem continuirlichen Bereiche angehörigen Werthe von k stattfinden kann.

Wenngleich hiernach die Benutzung der in Rede stehenden Entwickelungsformel in den meisten Fällen nicht ohne Schwierigkeit ist, so bleibt sie doch jedenfalls ein treffliches Mittel, um für manche Functionen auf einem natürlichen und directen Wege Reihen-Ausdrücke zu erlangen, von denen man, nachdem sie gefunden worden sind, in vielen Fällen ohne Schwierigkeit nachweisen kann, dass sie die zu entwickelnden Grössen wirklich darstellen.

Für die Function $(u, +x)^y$ hat man, wenn man das Zeichen Δ auf u bezieht und $\Delta u = x$ setzt:

$$\Delta(u,+x)^y = yx \frac{(u,+x)^y}{u}.$$

Aber es ist

$$(u+x, +x)^{y-1} = (u+x, +x)^{-1}(u, +x)^y = \frac{(u, +x)^y}{u},$$

also

(85.) $$\Delta(u, +x)^y = yx(u+x, +x)^{y-1}.$$

Durch mehrmalige Wiederholung derselben Operation folgt hieraus:

(86.) $$\Delta^n(u, +x)^y = x^n(y, -1)^n(u+nx, +x)^{y-n}.$$

Aber es ist

$$(u+nx, +x)^{y-n} = (u+nx, +x)^{-n}(u, +x)^y = \frac{(u, +x)^y}{(u, +x)^n},$$

also

(87.) $$\Delta^n(u, +x)^y = x^n(y, -1)^n \frac{(u, +x)^y}{(u, +x)^n}.$$

Für die Function $(u, -x)^y$ erhält man, wenn man in der ersten Formel (70)

$$\frac{(u-x, -x)^y - (u, -x)^y}{(u, -x)^y} = -\frac{yx}{u}$$

$u+x$ statt u setzt und $\Delta u = x$ nimmt,

$$\Delta(u, -x)^y = \frac{yx}{u+x}(u+x, -x)^y = yx(u, -x)^{y-1},$$

woraus weiter

$$(88.)\qquad \Delta^n (u,-x)^y = x^n (y,-1)^n (u,-x)^{y-n}$$

$$= x^n (y,-1)^n \frac{(u,-x)^y}{(u-yx+x,+x)^n}$$

folgt.

Die angeführte Entwickelungsformel giebt nun

$$(89.)\qquad (u+k,+x)^y$$

$$= (u,+x)^y \left\{ 1 + \frac{yk}{u} + \frac{y(y-1)}{1.2} \frac{k(k-x)}{u(u+x)} + \cdots + \frac{(y,-1)^n}{(1,+1)^n} \frac{(k,-x)^n}{(u,+x)^n} \right\} + R_n,$$

wo R_n das Ergänzungsglied bezeichnet, auf dessen Ausdruck es hier nicht weiter ankommt. Wenn y eine positive ganze Zahl ist, so bricht die Reihe mit dem $(y+1)$ten Gliede ab und giebt den vollständigen Ausdruck für $(u+k,+x)^y$. In jedem andern Falle aber ist die Zahl ihrer Glieder unendlich, und es ist zu untersuchen:

erstens, unter welchen Bedingungen die Reihe dann eine endliche Summe habe; und

zweitens, ob diese Summe wirklich gleich $(u+k,+x)^y$ sei.

Es werde (für $n=0,1,\ldots+\infty$)

$$\frac{(y,-1)^n}{(1,+1)^n} \frac{(k,-x)^n}{(u,+x)^n} = t_n$$

gesetzt; dann ist

$$\frac{t_n}{t_{n-1}} = \frac{y-n+1}{n} \frac{k-nx+x}{u+nx-x} = \left(1-\frac{y-1}{n}\right)\left(1-\frac{k+x}{nx}\right)\left(1+\frac{u+x}{nx}\right)^{-1}$$

$$= 1 - \frac{y + \frac{u+k}{x} - 1}{n} + \cdots$$

Die Reihe $\sum\limits_{\nu=0}^{\nu=+\infty} t_\nu$ hat daher nach dem Satze (§ 5, VII, 1) eine endliche Summe, sobald der reelle Theil von

$$\frac{u+k}{x} + y$$

positiv ist.

Nun ist, wenn $x = 1$ gesetzt wird,

$$\frac{(u+k,+1)^{y}}{(u,+1)^{y}} = \frac{(u,+1)^{y+k}}{(u,+1)^{y}(u,+1)^{k}}.$$

Bezeichnet man diesen Ausdruck durch $\varphi(u)$, so ergiebt sich (nach Gleichung 57)

$$\varphi(u+1) = \frac{(u+y+k)u}{(u+y)(u+k)}\varphi(u)$$

und (nach Gleichung 58)

$$\lim_{n=+\infty} \varphi(u+n) = 1$$

Setzt man daher

$$\sum_{\nu=0}^{\nu=+\infty} \left\{ \frac{(y,-1)^{\nu}(k,-1)^{\nu}}{(1,+1)^{\nu}(u,+1)^{\nu}} \right\} = \varphi_1(u).$$

so ist zu untersuchen, ob bei bestimmten Werthen von y, k für alle diejenigen Werthe von u, für welche die Reihe convergirt, ebenfalls die Relation

$$\varphi_1(u+1) = \frac{(u+y+k)u}{(u+y)(u+k)}\varphi_1(u)$$

sich ergebe. Ist dies der Fall, so hat man

$$\frac{\varphi_1(u+1)}{\varphi(u+1)} = \frac{\varphi_1(u)}{\varphi(u)};$$

woraus weiter, für jeden ganzzahligen Werth von n,

$$\frac{\varphi_1(u+n)}{\varphi(u+n)} = \frac{\varphi_1(u)}{\varphi(u)}$$

folgt. Daraus folgt, da auch $\lim\limits_{n=+\infty} \varphi_1(u+n) = 1$ ist,

$$\varphi_1(u) = \varphi(u),$$

d. h. es besteht die Gleichung

$$(90.)\quad \frac{(u,+1)^{y+k}}{(u,+1)^{y}(u,+1)^{k}}$$

$$= 1 + \frac{yk}{u} + \frac{y(y-1)k(k-1)}{1.2.u(u+1)} + \frac{y(y-1)(y-2)k(k-1)(k-2)}{1.2.3.u(u+1)(u+1)} + \cdots\cdots$$

für alle diejenigen Werthe von u, y, k, bei denen $u+y+k$ eine postive, oder auch eine complexe Grösse mit positivem reellen Theile ist. Wird dann $\frac{u}{x}$ statt u und $\frac{k}{x}$ statt k gesetzt, so ergiebt sich die Richtigkeit der Gleichung

$$(91.)\quad (u+k, +x)^{y}$$

$$= (u,+x)^{y}\left\{1 + \frac{yk}{u} + \frac{y(y-1)k(k-x)}{1.2.u(u+x)} + \frac{y(y-1)(y-2)k(k-x)(k-2x)}{1.2.3.u(u+x)(u+2x)} + \cdots\right\}$$

für die angegebenen Werthe von u, x, y, k, bei denen die Reihe convergirt.

Die fragliche Relation für $\varphi_1(u)$ lässt sich aber folgendermassen erweisen.

Es ist, wenn man in dem obigen Ausdrucke t_ν der Grösse x den Werth 1 beilegt,

$$\varphi_1(u) = \sum_{\nu=0}^{\nu=+\infty} t_\nu,$$

und aus dieser Gleichung ergiebt sich

$$\varphi_1(u+1) = u\sum_{\nu=0}^{\nu=+\infty} \frac{t_\nu}{u+\nu},$$

indem sich t_ν in $\frac{u}{u+\nu}t_\nu$ verwandelt, wenn $u+1$ statt u gesetzt wird. Nun ist aber

$$t_{\nu+1} = \frac{(y-\nu)(k-\nu)}{(\nu+1)(u+\nu)}t_\nu,$$

$$\frac{t_\nu}{u+\nu} = \frac{\nu+1}{(y-\nu)(k-\nu)}t_{\nu+1},$$

also

$$\varphi_1(u+1) = \sum_{\nu=0}^{\nu=+\infty} \frac{(\nu+1)u t_{\nu+1}}{(y-\nu)(k-\nu)} = \sum_{\nu=1}^{\nu=+\infty} \frac{\nu u t_\nu}{(y-\nu+1)(k-\nu+1)} = \sum_{\nu=0}^{\nu=+\infty} \frac{\nu u t_\nu}{(y-\nu+1)(k-\nu+1)},$$

indem in der letzten Reihe das Glied, in welchem $\nu = 0$ ist, sich auf Null reducirt. Es ist aber

$$\frac{\nu u}{(y-\nu+1)(k-\nu+1)} = \frac{u(y+1)}{(k-y)(y-\nu+1)} + \frac{u(k+1)}{(y-k)(k-\nu+1)},$$

und daher

$$\varphi_1(u+1) = \sum_{\nu=0}^{\nu=+\infty} \frac{u(y+1)t_\nu}{(k-y)(y-\nu+1)} + \sum_{\nu=0}^{\nu=+\infty} \frac{u(k+1)t_\nu}{(y-k)(k-\nu+1)},$$

Ferner ist

$$(y-\nu)t_\nu = \frac{(\nu+1)(u+\nu)}{k-\nu}\, t_{\nu+1},$$

also

$$\sum_{\nu=0}^{\nu=+\infty} (y-\nu)t_\nu = \sum_{\nu=0}^{\nu=+\infty} \frac{(\nu+1)(u+\nu)t_{\nu+1}}{k-\nu} = \sum_{\nu=0}^{\nu=+\infty} \frac{\nu(u+\nu-1)t_\nu}{k-\nu+1},$$

mithin

$$\sum_{\nu=0}^{\nu=+\infty} \left(y-\nu-\frac{\nu(u+\nu-1)}{k-\nu+1}\right) t_\nu = 0.$$

Aber es ist

$$y-\nu-\frac{\nu(u+\nu-1)}{k-\nu+1} = (u+y+k) - \frac{(k+1)(u+k)}{k-\nu+1};$$

mithin

$$\sum_{\nu=0}^{\nu=+\infty} (u+y+k)t_\nu - \sum_{\nu=0}^{\nu=+\infty} \frac{(k+1)(u+k)}{k-\nu+1}\, t_\nu = 0,$$

oder

$$\sum_{\nu=0}^{\nu=+\infty} \frac{(k+1)t_\nu}{k-\nu+1} = \frac{u+y+k}{u+k}\, \varphi_1(u).$$

Vertauscht man in dieser Gleichung k und y mit einander, so erhält man weiter:

$$\sum_{\nu=0}^{\nu=+\infty} \frac{(y+1)t_\nu}{y-\nu+1} = \frac{u+y+k}{u+y}\, \varphi_1(u),$$

und durch Verbindung beider Gleichungen, indem

$$\sum_{\nu=0}^{\nu=+\infty}\frac{(k+1)t_\nu}{k-\nu+1}-\sum_{\nu=0}^{\nu=+\infty}\frac{(y+1)t_\nu}{y-\nu+1}=\frac{y-k}{u}\,\varphi_1(u+1)$$

ist, die zu beweisende Relation

$$\varphi_1(u+1)=\frac{u(u+y+k)}{(u+y)(u+k)}\,\varphi_1(u).$$

Die Formel (90), eine der wichtigsten in der Facultäten-Lehre, findet sich in der oben (Seite 225) erwähnten Abhandlung von Gauss, wenn auch in etwas anderer Form; ich habe sie hier hergeleitet, ohne die allgemeinen Relationen, aus denen sie dort hervorgeht, vorauszusetzen.

Die Reihe für $(u+k,-x)^y$ lässt sich auf ganz ähnliche Weise finden, noch leichter aber aus der vorhergehenden herleiten, indem nach der ersten Formel (82)

$$(u+k,-x)^y=(u+k-(y-1)\,x,+x)^y$$

ist, und daher in (74) nur $(u,+x)^y$ in $(u-(y-1)x,+x)^y=(u,-x)^y$ zu verwandeln und in der eingeklammerten Reihe $u-(y-1)x$ statt u zu setzen ist. Da nun aber, nach (73) u. (78),

$$\frac{(u,-x)^y}{(u-(y-1)\,x,+x)^n}=\frac{(u,-x)^y}{(u-yx+nx,-x)^n}=(u,-x)^{y-n}$$

ist, so ergiebt sich

$$(92.)\quad (u+k,-x)^y=(u,-x)^y+y(u,-x)^{y-1}k+\frac{y(y-1)}{1.2}(u,-x)^{y-2}k(k-x)$$
$$+\frac{y(y-1)(y-2)}{1.2.3}(u,-x)^{y-3}k(k-x)(k-2x)+\cdots$$

Dem Obigen zufolge gilt diese Reihe für alle Werthe von u, x, y, k, bei denen der reelle Theil von $\frac{u-(y-1)x+k}{x}+y=\frac{u+k}{x}+1$ positiv ist.

Dagegen ist die von Kramp u. A. aufgestellte Gleichung

$$(u+k,+1)^y = \sum_{\nu=0}^{\nu=+\infty} \left\{ \frac{(y,-1)^\nu}{(1,+1)^\nu} (u,+1)^{y-\nu} (k,+1)^\nu \right\}.$$

zu welcher man gelangt, wenn man $(u+k,+1)^y$ auf ähnliche Weise, wie im Vorhergehenden entwickelt, aber $\Delta u = -1$ setzt, im Allgemeinen unrichtig.

Weil nämlich

$$(u,+1)^{y-\nu}(k,+1)^\nu = \frac{(u,+1)^y(k,+1)^\nu}{(u+y-\nu,+1)^\nu}$$

$$= \frac{(u,+1)^y(k,+1)^\nu}{(u+y-1,-1)^y} = \frac{(u,+1)^y(-k,+1)^\nu}{(1-u-y,+1)^\nu}$$

ist, so hat in Folge der Gleichung (91), wenn in dieser $1-u-y$ statt u, ferner $-k$ statt k und $x=1$ gesetzt wird, sobald der reelle Theil von $1-u-k$ positiv ist, die Reihe auf der Rechten der vorstehenden Gleichung den Werth

$$\frac{(u,+1)^y(1-u-y-k,+1)^y}{(1-u-y,+1)^y} = \frac{(u,+1)^y}{(-u,-1)^y}(-u-k,-1)^y.$$

Es ist aber*)

$$\frac{(u,+1)^y}{(-u,-1)^y} = \frac{Fc(u)\,Fc(1-u)}{Fc(u+y)\,Fc(1-u-y)} = \frac{\sin(u\pi)}{\sin(u+y)\pi},$$

und es ergiebt sich demnach an Stelle der obigen Gleichung die folgende:

$$(93.)\quad \sum_{\nu=0}^{\nu=+\infty} \left\{ \frac{(y,-1)^\nu}{(1,+1)^\nu} (u,+1)^{y-\nu} (k,+1)^\nu \right\} = \frac{\sin(u\pi)}{\sin(u+y)\pi} \cdot \frac{\sin(u+k+y)\pi}{\sin(u+k)\pi} (u+k,+1)^y$$

wie dies bereits Ohm**) bemerkt hat.

Man hat hier ein treffendes Beispiel zu dem oben Gesagten, dass man beim Gebrauch der Formel

$$F(u+k) = F(u) + \frac{\Delta F(u)}{\Delta u} k + \frac{\Delta^2 F(u)}{\Delta u^2} \frac{k(k-\Delta u)}{2} + \dots + \frac{\Delta^n F(u)}{\Delta u^n} \frac{(k,-\Delta u)^n}{(1,+1)^n} + R_n$$

*) S. d. folg. §.

**) System der Mathematik, Thl. 2, S. 89.

nicht schliessen dürfe, es sei $R_n = 0$ für $n = \infty$, sobald die Summe der n ersten Glieder bei stets wachsendem Werthe von u sich einer bestimmten Grenze nähert.

Aus (91) folgt

$$\frac{1}{k}\left(\frac{(u+k,+x)^y}{(u,+x)^y}-1\right)=\frac{y}{u}+\frac{y(y-1)}{1.2}\,\frac{k-x}{u(u+x)}+\frac{y(y-1)(y-2)}{1.2.3}\,\frac{(k-x)(k-2x)}{u(u+x)(u+2x)}+\cdots.$$

Nimmt man nun an, es sei der reelle Theil $\frac{u}{x}+y$ positiv, und lässt k unendlich klein werden, so ergiebt sich:

$$(94.)\qquad \frac{\partial\log(u,+x)^y}{\partial u}=\frac{y}{u}-\frac{y(y-1)}{1.2}\,\frac{x}{u(u+x)}+\frac{y(y-1)(y-2)}{1.2.3}\,\frac{2x^2}{u(u+x)(u+2x)}-\cdots$$

$$+(-1)^{n-1}\frac{(y,-1)^n}{(1,+1)^n}\,\frac{(1,+1)^{n-1}}{(u,+x)^n}\,x^{n-1}+\cdots$$

$$=\frac{y}{u}-\frac{y(y-1)}{2}\,\frac{x}{u(u+x)}+\frac{y(y-1)(y-2)}{3}\,\frac{x^2}{u(u+x)(u+2x)}+\cdots$$

Nun folgt aber aus der Formel (87), wenn man in derselben $n-1$ statt n und $u+x$ statt u setzt:

$$(95.)\qquad \Delta^{n-1}(u+x,+x)^y=(y,-1)^{n-1}\,\frac{(u+x,+x)^y x^{n-1}}{(u+x,+x)^{n-1}},\ \text{für } \Delta u = x,$$

und hieraus, wenn man $y=-1$ setzt:

$$(96.)\qquad \Delta^{n-1}\left(\frac{1}{u}\right)=(-1)^{n-1}\,\frac{(1,+1)^{n-1}x^{n-1}}{(u,+x)^n},\ \text{für } \Delta u = x;$$

folglich ist

$$(97.)\qquad \frac{\partial\log(u,+x)^y}{\partial u}=\frac{y}{u}+\frac{y(y-1)}{1.2}\,\Delta\left(\frac{1}{u}\right)+\frac{y(y-1)(y-2)}{1.2.3}\,\Delta^2\left(\frac{1}{u}\right)+\cdots$$

$$+\frac{(y,-1)^n}{(1,+1)^n}\,\Delta^{n-1}\left(\frac{1}{u}\right)+\cdots$$

Legt man nun, bei gegebenen Werthen von x, y, der Grösse u nur solche Werthe bei, für welche nicht nur der reelle Theil von $\frac{u}{x}+y$, sondern auch der reelle Theil von $\frac{u}{x}$ positiv ist, so sind die Ausdrücke auf beiden Seiten dieser Gleichung stetige Functionen von u, und man erhält durch Integration:

$$\text{(98.)}\quad \log(u,+x)^{y} = y\log u + \frac{y(y-1)}{1.2}\Delta\log u + \frac{y(y-1)(y-2)}{1.2.3}\Delta^{2}\log u + \cdots$$
$$+ \frac{(y,-1)_{n}}{(1,+1)_{n}}\Delta^{n-1}\log u + \cdots,$$

in welcher Gleichung die Werthe der darin vorkommenden Logarithmen folgendermassen zu fixiren sind. Man bestimme den Werth von $\log x$ so, dass $e^{y\log x}$ gleich der in dem Ausdrucke (60.) von $(u,+x)^{y}$ vorkommenden Potenz x^{y} ist. Ferner setze man, wenn w eine Grösse ist, für welche der reelle Theil von $\frac{w}{x}$ einen positiven Werth hat,

$$\log w = \log x + \log\left(\frac{w}{x}\right)$$

und lege dem Logarithmus von $\frac{w}{x}$ dessen Hauptwerth*) bei. Dann wird einer der Werthe von $\log(u,+x)^{y}$ durch die Formel

$$y\log x + \log u - \log(u+xy) + \sum_{\alpha=1}^{\alpha=+\infty}\Big\{\log(u+\alpha x) - \log(u+(y+\alpha x)) + y\log\Big(1+\frac{1}{\alpha}$$

(wo dem Logarithmus von $1+\frac{1}{\alpha}$ sein reeller Werth beizulegen ist) dargestellt, und dieser wird durch die Gleichung (98) gegeben, wenn man auch in dem Ausdrucke auf der Rechten die Werthe der Logarithmen

$$\log u,\ \log(u+x),\ \log(u+2x),\ \ldots\ .$$

*) Ist ξ eine positive und η eine beliebige reelle Grösse, so ist der Hauptwerth von $\log(\xi+\eta i)$ gleich $\frac{1}{2}\log(\xi^{2}+\eta^{2}) + i\,\text{arc.tg}\left(\frac{\eta}{\xi}\right)$, wo dem Logarithmus von $(\xi^{2}+\eta^{2})$ sein reeller Werth beizulegen und der Arcus zwischen $-\frac{\pi}{2}$ und $+\frac{\pi}{2}$ anzunehmen ist.

aus denen die Glieder desselben zusammengesetzt sind, so, wie bestimmt worden ist, fixirt.

Auf diese Weise definirt, sind nämlich beide Seiten der genannten Gleichung stetige Functionen von u, welche der Gleichung (97) zufolge nur um eine von u unabhängige Grösse von einander verschieden sein können.

Setzt man ferner, unter ν eine ganze positive Zahl verstehend, $u = \nu x$, so werden die Grössen

$$\log(u,+x)^y - y\log u, \quad \Delta\log u, \quad \Delta^2\log u, \quad \ldots$$

sämmtlich unendlich klein für einen unendlich grossen Werth von ν; es muss also die genannte Grösse gleich Null sein.

Da

$$(u,+x)^{y+\nu} = (u,+x)^y\,(u+yx,+x)^\nu = (u,+x)^\nu\,(u+\nu x,+x)^y,$$

also

$$(u,+x)^y = \frac{(u,+x)^\nu}{(u+yx,+x)^\nu}\,(u+\nu x,+x)^y$$

ist, und man die ganze positive Zahl ν so gross annehmen kann, dass die reellen Theile von

$$\frac{u}{x}+\nu \text{ und } \frac{u}{x}+\nu+y$$

beide positiv sind, so folgt, dass die Formel (98) in allen Fällen zur Berechnung von $(u,+x)^y$ ausreicht.

Aus der Gleichung $(u,-x)^y = \dfrac{1}{(u+x,+x)^{-y}}$ ergiebt sich ferner, wenn die reellen Theile von

$$\frac{u}{x}+1, \text{ und } \frac{u}{x}+1-y$$

beide positiv sind:

(99.) $$\log(u,-x)^y = y\log(u+x) - \frac{y(y+1)}{1.2}\Delta\log(u+x) + \frac{y(y+1)(y+2)}{1.2.3}\Delta^2\log(u+x) - \cdots$$
$$\cdots + (-1)^{n-1}\frac{(y,+1)^n}{(1,+1)^n}\Delta^{n-1}\log(u+x) + \cdots,$$

wo wieder, wie in (97), $\Delta u = x$ zu setzen ist.

Ferner hat man

$$(u,-x)^{y-\nu} = (u,-x)^{y}(u+yx,-x)^{-\nu} = \frac{(u,-x)^{y}}{(u+yx+x,+x)^{\nu}},$$

$$(u,-x)^{y-\nu} = (u,-x)^{-\nu}(u+\nu x,-x)^{y} = \frac{(u+\nu x,-x)^{y}}{(u+x,+x)^{\nu}},$$

also

$$(100.)\qquad (u,-x)^{y} = \frac{(u+yx+x,+x)^{\nu}}{(u+x,+x)^{\nu}}(u+\nu x,-x)^{y},$$

und es lässt sich wieder in allen Fällen ν so gross annehmen, dass die Formel (99) zur Berechnung von $(u,-x)^{y}$ benutzbar ist.

9.

Um eine Anwendung der im vorhergehenden Paragraphen entwickelten Formeln zu geben, will ich daraus die Ausdrücke der trigonometrischen Functionen durch Facultäten herleiten.

Man hat, wenn $\sin u = z$ gesetzt wird,

$$u = z + \frac{1}{2}\frac{z^{3}}{3} + \frac{1.3}{2.4}\frac{z^{5}}{5} + \frac{1.3.5}{2.4.6}\frac{z^{7}}{7} + \cdots,$$

für alle reellen Werthe von u zwischen den Grenzen $-\frac{1}{2}\pi$ und $+\frac{1}{2}\pi$, diese selbst nicht ausgeschlossen.

Substituirt man nun, unter m eine ganz beliebige (complexe) Grösse verstehend, den vorstehenden Ausdruck von u in die Reihe

$$1 + (mi)u + (mi)^{2}\frac{u^{2}}{1.2} + (mi)^{3}\frac{u^{3}}{1.2.3} + \cdots = e^{mui},$$

und entwickelt dann die Formel nach Potenzen von z, so muss die daraus hervorgehende Reihe, die von der Form

$$\sum_{\alpha=0}^{\alpha=+\infty} a_{\alpha} z^{\alpha} = \sum_{\alpha=0}^{\alpha=+\infty} a_{\alpha}\sin^{\alpha} u$$

ist, in Folge des Satzes (5, B. d. § 7) ebenfalls für alle jene Werthe von u convergiren, und die Gleichung

$$e^{mui} = \sum_{\alpha=0}^{\alpha=+\infty} a_\alpha \sin^\alpha u$$

bestehen.

Nachdem auf diese Weise die Bedingung, unter welcher die vorstehende Gleichung gilt, festgestellt ist, kann man sich zur Bestimmung der Coëfficienten a_α irgend einer passenden Methode bedienen. Man erhält z. B. durch zweimaliges Differentiiren der Gleichung nach u, indem

$$\frac{d\sin^\alpha u}{du} = \alpha \sin^{\alpha-1} u \cos u,$$

$$\frac{d^2 \sin^\alpha u}{du^2} = \alpha(\alpha-1)\sin^{\alpha-2} u \cos^2 u - \alpha \sin^2 u,$$

$$= \alpha(\alpha-1)\sin^{\alpha-2} u - \alpha^2 \sin^\alpha u$$

ist,

$$-m^2 e^{mui} = \sum_{\alpha=0}^{\alpha=+\infty} a_\alpha (\alpha(\alpha-1)\sin^{\alpha-2} u - \alpha^2 \sin^\alpha u)$$

$$= \sum_{\alpha=0}^{\alpha=+\infty} ((\alpha+2)(\alpha+1) a_{\alpha+2} \sin^\alpha u) - \sum_{\alpha=0}^{\alpha=+\infty} (\alpha^2 a_\alpha \sin^\alpha u),$$

oder

$$e^{mui} = \sum_{\alpha=0}^{\alpha=+\infty} \frac{1}{m^2} (\alpha^2 a_\alpha - (\alpha+1)(\alpha+2) a_{\alpha+2}) \sin^\alpha u;$$

es muss also

$$\frac{1}{m^2} (\alpha^2 a_\alpha - (\alpha+1)(\alpha+2) a_{\alpha+2}) = a_\alpha, \qquad (\alpha = 0, 1, \cdots +\infty)$$

oder

$$a_{\alpha+2} = \frac{\alpha^2 - m^2}{(\alpha+1)(\alpha+2)}$$

sein,

Hieraus ergiebt sich (für $\nu = 0, 1, \cdots + \infty$)

$$a_{2\nu} = \frac{\left(\frac{1}{2}m, -1\right)^{\nu}\left(-\frac{1}{2}m, -1\right)^{\nu}}{(1, +1)^{\nu}\left(\frac{1}{2}, +1\right)^{\nu}}$$

$$= (-1)^{\nu}\frac{(m, -2)^{\nu}(m, +2)^{\nu}}{(2, +2)^{\nu}(1, +2)^{\nu}}$$

$$= (-1)^{\nu}\frac{(m, -2)^{\nu}(m, +2)^{\nu}}{(1, +1)^{2\nu}},$$

$$a_{2\nu+1} = \frac{im\left(\frac{1}{2}m - \frac{1}{2}, -1\right)^{\nu}\left(-\frac{1}{2}m - \frac{1}{2}, -1\right)^{\nu}}{(1, +1)^{\nu}\left(\frac{3}{2}, +1\right)^{\nu}}$$

$$= (-1)^{\nu}\frac{mi(m-1, -2)^{\nu}(m+1, +2)^{\nu}}{(1, +1)^{2\nu+1}},$$

indem dann wirklich

$$\frac{a_{2\nu}}{a_{2\nu-2}} = -\frac{(m - 2(\nu-1))(m + 2(\nu-1))}{(2\nu-1)\,2\nu} = \frac{(2\nu-2)^2 - m^2}{(2\nu-1)\,2\nu}$$

$$\frac{a_{2\nu+1}}{a_{2\nu-1}} = -\frac{(m - 1 - 2(\nu-1))(m + 1 + 2(\nu-1))}{2\nu(2\nu+1)} = \frac{(2\nu-1)^2 - m^2}{2\nu(2\nu+1)}$$

ist, und durch Substitution der Reihe $u = \sin u + \cdots$ in die Reihe für e^{mui} sich $a_0 = 1$, $a_1 = mi$ findet. Man hat daher

$$\text{(101.)} \qquad \cos mu = \sum_{\nu=0}^{\nu=+\infty}\left\{\frac{\left(\frac{1}{2}m, -1\right)^{\nu}\left(-\frac{1}{2}m, -1\right)^{\nu}}{(1, +1)^{\nu}\left(\frac{1}{2}, +1\right)^{\nu}}\sin^{2\nu}u\right\}$$

$$= \sum_{\nu=0}^{\nu=+\infty}\left\{(-1)^{\nu}\frac{(m, -2)^{\nu}(m, +2)^{\nu}}{(1, +1)^{2\nu}}\sin^{2\nu}u\right\}$$

$$(102.)\qquad \sin mu = m\sum_{\nu=0}^{\nu=+\infty}\left\{\frac{\left(\frac{1}{2}m-\frac{1}{2},-1\right)^{\nu}\left(-\frac{1}{2}m-\frac{1}{2},-1\right)^{\nu}}{(1,+1)^{\nu}\left(\frac{3}{2},+1\right)^{\nu}}\sin^{2\nu+1}u\right\}$$

$$= m\sum_{\nu=0}^{\nu=+\infty}\left\{(-1)^{\nu}\frac{m(m-1,-2)^{\nu}(m+1,+2)^{\nu}}{(1,+1)^{2\nu+1}}\sin^{2\nu+1}u\right\}$$

für jeden Werth von m, und für alle diejenigen reellen Werthe von u, die nicht ausserhalb des Intervalls $-\frac{1}{2}\pi$ und $+\frac{1}{2}\pi$ liegen.

Setzt man nun $u=\frac{1}{2}\pi$, und $2m$ statt m, so erhält man durch Vergleichung der so sich ergebenden Ausdrücke von $\cos m\pi$, $\sin m\pi$ mit der Formel (90), indem man in dieser $u=\frac{1}{2}$, $y=m$, $k=-m$, und auch $u=\frac{3}{2}$, $y=m-\frac{1}{2}$, $k=m-\frac{1}{2}$ setzt:

$$(103.)\qquad \begin{cases} \cos m\pi = \dfrac{1}{\left(\frac{1}{2},+1\right)^{+m}\left(\frac{1}{2},+1\right)^{-m}}, \\[2ex] \sin m\pi = \dfrac{2m\left(\frac{3}{2},+1\right)^{-1}}{\left(\frac{3}{2},+1\right)^{m-\frac{1}{2}}\left(\frac{3}{2},+1\right)^{-m-\frac{1}{2}}}, \end{cases}$$

oder, weil

$$\left(\frac{3}{2},+1\right)^{-1} = \frac{1}{\frac{3}{2}-2} = 2,$$

$$(1,+1)^{m} = (1,+1)^{\frac{1}{2}}\left(\frac{3}{2},+1\right)^{m-\frac{1}{2}},$$

$$(1,+1)^{-m} = (1,+1)^{\frac{1}{2}}\left(\frac{3}{2},+1\right)^{-m-\frac{1}{2}}$$

ist,

$$(104.)\qquad \sin m\pi = \frac{4m(1,+1)^{\frac{1}{2}}(1,+1)^{\frac{1}{2}}}{(1,+1)^{+m}(1,+1)^{-m}}.$$

Dividirt man diese Gleichung durch m und setzt darauf $m = 0$, so ergiebt sich:

$$\frac{1}{2}\sqrt{\pi} = (1, +1)^{\frac{1}{2}}, \tag{105.}$$

und daher

$$\sin m\pi = \frac{m\pi}{(1, +1)^{-m}(1, +1)^{+m}}. \tag{106.}$$

Da (nach 83)

$$(1, +1)^m = \frac{1}{Fc(1+m)}$$

ist, so erhält man aus den vorstehenden Formeln:

$$\begin{aligned} \sin m\pi &= m\pi Fc(m+1)\, Fc(1-m) \\ &= \pi Fc(m)\, Fc(1-m), \end{aligned} \tag{107.}$$

$$\sqrt{\pi} = \frac{1}{Fc\left(\frac{1}{2}\right)} \tag{108.}$$

und, da

$$\left(\frac{1}{2}, +1\right)^m = \frac{Fc\left(\frac{1}{2}\right)}{Fc\left(m+\frac{1}{2}\right)}$$

ist:

$$\cos m\pi = \pi Fc\left(\frac{1}{2}+m\right) Fc\left(\frac{1}{2}-m\right), \tag{109.}$$

übereinstimmend mit (107), wenn man dort $m + \frac{1}{2}$ statt m setzt.

Alle diese Formeln*) gelten, nach der hier gegebenen Ableitung, für jeden reellen und imaginären Werth von m.

*) Setzt man die Darstellungen von $\sin u\pi$, $\cos u\pi$ in der Form unendlicher Producte als bekannt voraus, so ergeben sich die Formeln (107, 109) unmittelbar aus dem Ausdrucke von $Fc(u)$.

Berichtigungen.

S. 19, Z. 10	ist hinter	enthalten, der Zwischensatz in ein Glied zusammenzieht fortgefallen.		
S. 49, Z. 6 v. u.	lies	$G_{\nu+n}$	statt	$G_{\nu+1}$.
S. 57, Z. 11, 14, 15, 16 S. 58, Z. 1, 3	lies	m_ν	statt	m.
S. 58, Z. 3 v. u.	lies	m	statt	m_ν (dreimal).
S. 58, Z. 3 v. u.	lies	Man kann also für m_ν jede ganze, nicht negative Zahl m nehmen, die der Bedingung genügt, ...		
S. 58, Z. 14	lies	kleine positive	statt	kleine.
S. 58, Z. 16	lies	$\left\|\frac{x}{a_\nu}\right\| < \varepsilon, \quad \sum_{\nu=r}^{\infty} \varepsilon_\nu < \delta$.		
S. 60, Z. 13, 15	lies	l_ν	statt	l, (dreimal).
S. 60, Z. 2 v. u.	lies	so	statt	es.
S. 65, Z. 3, 1 v. u.	lies	$f_\lambda(x; c_\lambda$	statt	$f_\lambda^{(x;c_\lambda)}$.
S. 71, Z. 9 v. u.	lies	andere	statt	anderen.
S. 80, Z. 4	lies	verschiedene	statt	verschieden.
S. 83, Z. 7	lies	$\frac{\pi}{2\omega}$	statt	$\frac{\omega}{2\omega}$.
S. 95, Z. 3	lies	$\wp(u\|\omega, \omega')$	statt	$p(u\|\omega, \omega')$.
S. 97, Z. 2	lies	ϑ_3	statt	ϑ_0.
S. 116, Z. 12	lies	μ	statt	m.
S. 117, Z. 13	lies	t_1	statt	t_ν.
S. 120, Z. 14	lies	λ	statt	λ_1.
S. 122, Z. 19	lies	$(\tau_2, \ldots \tau_n)$	statt	$(t_2, \ldots t_n)$.
S. 146, Z. 5	lies	$\overline{\mathfrak{P}}_0(t_1, \ldots t_n)$	statt	$\mathfrak{P}_0(t_1, \ldots t_n)$.
S. 159, Z. 8 v. u.	lies	$u_n + 2\omega_{n\beta}$	statt	$u_\alpha + 2\omega_{\alpha\beta}$.
S. 162, Z. 3	lies	x_γ	statt	x_ν.
S. 176, Z. 13	lies	$\sum_{\gamma=1}^{r}$	statt	$\sum_{\gamma=1}^{r+1}$
S. 188, Z. 2 v. u.	lies	§ 2.	statt	§ 8.
S. 189, Z. 3 v. u.	ist das Wort	positive zu tilgen.		
S. 193, Z. 9	lies	$1 + \frac{u}{n-1}$	statt	$1 + \frac{u}{n}$, (zweimal).
S. 203, Z. 4 v. u.	lies	u	statt	n, (zweimal).
S. 208, Z. 8	ist das Wort	indem zu tilgen.		
S. 208, Z. 9	lies	nähern	statt	nähert.
S. 211, Z. 3, 4	lies	der absolute	statt	den absoluten.
S. 218, Z. 1	lies	das	statt	dass.

S. 155, Z. 13—18. Diese Stelle wird besser folgendermassen gefasst:

Denn wäre dies nicht der Fall, so hätte sie innerhalb (𝔈) unendlich viele Unendlichkeits-Stellen, welche eine $(2n-2)$fache Mannigfaltigkeit bildeten und sämmtlich Null-Stellen der Function q wären; unter denselben müsste es dann, da diejenigen Stellen von (𝔈), an welchen p, q beide verschwinden, nur eine $(2n-4)$fache Mannigfaltigkeit ausmachen, auch solche geben an denen p, und somit auch p_α einen von Null verschiedenen Werth besässe — dies aber widerspricht der Gleichung

$$\frac{1}{q}\frac{\partial q}{\partial x_\alpha} - \frac{q'_\alpha}{q_\alpha} = \frac{1}{p}\frac{\partial p}{\partial x_\alpha} - \frac{p'_\alpha}{p_\alpha}.$$

Buchdruckerei von Gustav Lange jetzt Otto Lange, Berlin.